"基础设施即代码"
模式与实践

［美］罗斯玛丽·王(Rosemary Wang)　著

姚冬　徐磊　陈计节　张扬　译

清华大学出版社

北　京

北京市版权局著作权合同登记号　图字：01-2024-0790

Rosemary Wang

Infrastructure as Code, Patterns and Practices: With examples in Python and Terraform
EISBN: 9781617298295

Original English language edition published by Manning Publications, USA © 2022 by Manning
Publications Co. Simplified Chinese-language edition copyright © 2024 by Tsinghua University
Press Limited. All rights reserved.

图书在版编目(CIP)数据

"基础设施即代码"模式与实践 / (美) 罗斯玛丽·王 (Rosemary Wang) 著；姚冬等译. —北
京：清华大学出版社，2024.4
　　书名原文：Infrastructure as Code，Patterns and Practices：With examples in Python and
Terraform
　　ISBN 978-7-302-65822-1

　　I. ①基… II. ①罗… ②姚… III. ①程序设计 IV. ①TP311.1

　　中国国家版本馆 CIP 数据核字(2024)第 060650 号

责任编辑：王　军
封面设计：孔祥峰
版式设计：思创景点
责任校对：成凤进
责任印制：刘　菲

出版发行：清华大学出版社
　　　　　网　　　址：https://www.tup.com.cn，https://www.wqxuetang.com
　　　　　地　　　址：北京清华大学学研大厦 A 座　　　　邮　　编：100084
　　　　　社　总　机：010-83470000　　　　　　　　　　邮　　购：010-62786544
　　　　　投稿与读者服务：010-62776969，c-service@tup.tsinghua.edu.cn
　　　　　质　量　反　馈：010-62772015，zhiliang@tup.tsinghua.edu.cn
印　装　者：大厂回族自治县彩虹印刷有限公司
经　　销：全国新华书店
开　　本：170mm×240mm　　　印　　张：23.5　　　字　　数：448 千字
版　　次：2024 年 4 月第 1 版　　　印　　次：2024 年 4 月第 1 次印刷
定　　价：128.00 元

产品编号：097316-01

推 荐 序

众所周知，在当下这个 DevOps 盛行的时代，持续交付能力已成为企业追求的核心竞争力。要实现端到端的持续交付，IaC 无疑是不可或缺的基础。

以网络、计算资源和存储为代表的基础设施是所有软件运行的坚实基石。依赖手动搭建和配置，还是依赖 IaC 实现可重复的自动化创建和配置，是团队管理基础设施能力的分水岭。即使团队实现了敏捷项目/产品管理、建立了完整的 CI/CD 流水线，基础设施的自动化也将成为团队实现持续交付的关键所在。尤其是在云计算环境下，这一需求显得尤为迫切。在云上，为了在业务流量变化时实现系统的横向扩展，我建议采用 Cattle 模式来管理云服务器，也就是任何一台云服务器随时都能被创建、配置、部署和销毁。但如果没有基于 IaC 的自动化手段，这个过程将难以持续，也无法应对实时的业务流量变化。可以说，IaC 也是系统韧性的基础。

通过 IaC，我们可以把企业的规范固化到代码中，确保所创建的资源能够满足规范。我们一向坚信，要使规范和流程执行到位，靠人的自觉性是不行的，靠日常管理也是费时而不可持续的，唯有将规范和流程固化到系统和代码中，才是可以信赖的。但我们不得不承认，人对于改变天生具有惰性。通过 IaC 实现自动化不仅是一种投入，还是一种工作方式的转变。对于那些习惯于手动维护一切的团队来说，管理者学会引导各团队提升 IaC 的能力也很重要。

在此，我分享以下两个有用的实践：

- 监控各团队使用特权账号的频率，并要求逐年降低这个频率。在管理规范的企业中，在生产环境中手动搭建和配置基础设施常常涉及特权账号的使用。减少使用特权账号的频率，旨在激励团队思考如何通过自动化手段来规避对特权账号的依赖。
- 逐步取消手动搭建和配置基础设施的权限。以云平台为例，用户原来可通过用户界面创建云资源，也可通过 Terraform 这样的 IaC 方式创建资源。当通过不断培训和引导用户习惯使用 Terraform 后，可以考虑逐步取消手动搭建和配置基础设施的权限，使 Terraform 成为用户管理云资源的唯一方式。

然而，理念虽好，实施却难。如何确保这些措施能够落地生根，如何精准把控每个细节，《"基础设施即代码"模式与实现》一书中均给出了详尽的解答，这无疑是本书的最大价值所在。几位译者都是国内 DevOps 领域的知名专家,他们为读者带来了有关 IaC 完整的知识体系。对于那些与基础设施打交道的团队,以及要打通 DevOps 持续交付最后一公里的系统交付团队来说,这本优秀的译作无疑是一本不可或缺的宝典。

刘华

汇丰科技云平台与 DevOps 中国区总监

译者简介

姚冬，华为云 PaaS 产品部首席解决方案架构师

资深云计算、DevOps 与精益敏捷专家。IDCF(国际 DevOps 教练联合会)社区发起人，中国 DevOps 社区 21 年度理事长，《敏捷无敌之 DevOps 时代》《数字化时代研发效能跃升方法与实践》《价值流动》《DevOps 业务视角》《运维困境与 DevOps 破解之道》等书的作(译)者。

徐磊，LEANSOFT，CEO/首席架构师

微软最有价值专家(MVP)，微软区域技术总监，GitHub Star，GitHub 中国区授权服务团队负责人，华为云 MVP，认证 Scrum Master，EXIN DevOps Master/Professional 认证讲师，中国最大的敏捷精益社区 IDCF 创始人，SmartIDE 开源项目创始人，AI 驱动软件工程系统(AISE)创始人。专注于软件工程，敏捷精益商业创新方面的管理咨询。

陈计节，Kong 资深软件工程师

曾就职于腾讯、红帽和 Thoughtworks 等企业，长期从事敏捷、DevOps、容器和服务网格等云原生方面的研究实践。培训师、讲师、译者，认证 Scrum Master，微软认证 DevOps 专家。

张扬，极狐(GitLab)，解决方案总监

十多年面向企业客户服务经验，专注 DevOps 与云原生解决方案的设计与落地。JiHu GitLab DevOps Expert, EXIN DOM, CKA, RHCE, CSPO。EXIN DevOps Professional 认证讲师，研发效能 (DevOps) 工程师(初级)认证讲师。中国 DevOps 社区核心组织者，TGO 鲲鹏会武汉分会成员。

作 者 简 介

Rosemary Wang 致力于跨越基础设施、安全和应用开发之间的技术和文化障碍。作为一名撰稿人、演讲者、作家和开源基础设施工具的倡导者，她非常热衷于解决棘手的问题。当 Rosemary 不在白板上绘制架构图时，她会在笔记本电脑上调试各种基础设施系统，同时也不忘给她心爱的室内植物浇水。

致　　谢

写一本好书需要一个社区的力量，而帮助我写本书的社区力量则非常特别。

感谢我的搭档 Adam，他腾出时间(并提供大量的咖啡)帮助我专注于本书的写作。同时还要感谢我的家人，他们鼓励我继续对基础设施保持兴趣，他们给予我鼓励和耐心，即便不理解我正在整理的那些技术概念。

非常感谢 Manning 的编辑 Chris Philips、Mike Shepard、Tricia Louvar 和 Frances Lefkowitz，他们给予我足够的耐心、鼓励、指导和建议。感谢你们对一些非常粗略的草稿始终保持一致的反馈和承诺。我还要感谢本书的出版和推广团队。

非常感谢那些阅读了我的手稿并花时间和精力为我提供反馈的审稿人：Cosimo Attanasi、David Krief、Deniz Vehbi、Domingo Salazar、Ernesto Cárdenas Cangahuala、George Haines、Gualtiero Testa、Jeffrey Chu、Jeremy Bryan、Joel Clermont、John Guthrie、Lucian Maly、Michael Bright、Ognyan Dimitrov、Peter Schott、Ravi Tamiri、Sean T. Booker、Stanford S. Guillory、Steffen Weitkamp、Steven Oxley、Sylvain Martel 和 Zorodzayi Mukuya，你们的建议使本书变得更好。

感谢 HashiCorp 的社区团队，感谢你们发表意见，评审概念并鼓励我写作。你们激励了我在技术挑战中不断写作。特别感谢我的同事兼技术校对 Taylor Dolezal，他不辞辛劳地检查了我的代码，并阅读了本书的各个迭代版本。

感谢所有与我共事过的系统管理员、测试人员、产品经理、基础设施工程师、业务分析师、软件开发人员和安全工程师，本书中记录了我们结对讨论、沟通或辩论的一些模式和实践。谢谢你们教会我一些关于基础设施即代码的知识，你们是社区中让这一切成为可能的重要成员。

关于封面插图

本书封面图片的标题为"Bayadere",意指"印度舞姬",取自 Jacques Grasset de Saint-Sauveur 于 1797 年出版的一本作品合集,其中的每幅插图都是纯手工精细绘制和上色的。

在那个时代,很容易通过着装来区分人们住在哪里,以及他们的职业或社会地位。Manning 以几个世纪前丰富多样的地区文化为基础来设计图书封面,颂扬了计算机行业的革新性和首创精神,同时也通过这些收藏的画作来重现过往的生活。

序　言

在我第一次参观数据中心时，我被入口的视网膜扫描仪、闪光灯、冷却系统和五颜六色的布线迷住了。我有电气工程背景，能够深刻体会到管理硬件的复杂性。当一家公司聘用我管理一个私人云平台时，我遇到了云计算这个令人困惑的概念。我不再插入线缆和精心伺服服务器，而是盯着数千台服务器的用户界面中的进度条，并编写了糟糕的脚本来置备它们。

在那一刻，我意识到我需要不断地学习更多内容。我想自动化更多的基础设施，编写让其他团队成员可以使用的更具持续性的代码。我的学习之旅也从侧面反映了云计算和DevOps的发展。为了跟上业务创新的步伐并避免影响关键系统，我们需要学习如何改变和扩展我们的基础设施！随着公共云的发展，按需获取基础设施资源变得更加容易，我们几乎可以开始将基础设施视为软件来进行扩展。

经历了一段艰难的学习之后，我成了一名多面手。我为公共云迁移定价，与资深Java开发人员结对(这一挑战令我苦不堪言)，将设计模式和软件开发理论应用到编码中。我尝试使用敏捷方法，并向质量保证和安全专业人士提出许多问题。在吸收了不同的观点和技术经验后，我试图以顾问的身份帮助其他人学习，最终成为开源基础设施工具的开发倡导者。

之所以决定写这本书，是因为有足够多的系统管理员、安全专业人员和软件开发人员表示，他们想学习基础设施即代码(Infrastructure as Code，IaC)，并且需要一种能够整合编写模式和实践的资源。这本书反映了我在早些时候希望了解的关于IaC的一切，以及将特定模式和实践应用于IaC之上的考量和挑战，这些模式和实践是与工具及技术无关的。

我从没想过这本书会有这么多细节。每当我发布一章时，我都会收到读者的反馈，他们会提醒我应添加某些内容，或者将某个主题扩展成一章。虽然许多章节涵盖的主题需要一整本书来专门讨论(堪比纪录片)，但在本书中却只有只言片语(仅作一般性的、高层次的抽象处理)。我把重点放在大家必须知道的、最重要的事上，以便更好地把这些主题应用到IaC中。

当你看到本书中的例子时，可能会问："为什么不使用其他工具呢？"因为我很难兼顾理论和实际用例的需求。书中的代码清单曾引起我的审稿员和编辑们的热烈讨论，他们中的许多人建议用不同的语言、工具和平台进行扩展或替换。为此，我尽力找到了一种组合。使用Python编写代码清单，使用HashiCorp Terraform部署,并在谷歌云平台(Google Cloud Platform,GCP)上运行,以演示模式。每个代码清单都附带了对模式与实践的高级描述,无论语言、工具或平台如何,我们都可以应用这些模式与实践。

希望你在读过本书后,能找到一两种模式来帮助编写更整洁的 IaC,使团队能更高效地在 IaC 上进行协作,并在整个公司范围内扩展和保护 IaC。不要试图使用每种模式,或一次性应用所有模式,这样做可能会让你不知所措!当你在 IaC 中遇到挑战时,可以再次回顾书中的内容,参考更多的模式与实践。

关 于 本 书

我撰写本书的初衷是帮助大家更好地编写基础设施即代码(Infrastructure as Code，IaC)，并且能够在不影响关键业务系统的情况下，稳定高效地变更基础设施资源。本书重点介绍了个人、团队或公司在基础设施系统中应用的模式与实践，聚焦能够应用到 IaC 中的高级模式与实践，同时也提供示例演示了具体的实现方法。

本书读者对象

本书适用于任何开始使用云基础设施和 IaC，并希望在团队或公司范围内对其进行扩展的人(软件开发人员、安全工程师、质量保证工程师或基础设施工程师)。通过本书，你将能编写一些 IaC，并手动运行它们以在公有云上创建资源。

你可能正面临着在整个团队或公司中推动 IaC 协作的挑战。你需要解决多个团队成员和其他团队在安全性、合规性或功能性方面对基础设施进行更改并请求更新所导致的摩擦问题。有许多的资源都是围绕某个工具来介绍 IaC 的，而本书则提供了一些通用的模式与实践方法，适用于将随着时间的推移而持续演进的各种基础设施用例、工具和系统。

本书的组织方式：路线图

本书共分为 3 个部分，包含 13 章内容。

第 I 部分介绍了 IaC，以及如何编写它。

- 第 1 章对基础设施即代码进行了定义，并介绍了其好处和原则。本章解释了本书包含的一些用 Python 编写的例子，由 HashiCorp Terraform 运行，并部署到谷歌云平台(GCP)。另外，还会讨论在你的 IaC 旅程中，你会遇到的工具和用例。
- 第 2 章深入探讨了不可变性原理以及如何将现有的基础设施资源迁移到 IaC。另外，还介绍了编写整洁 IaC 的实践。
- 第 3 章提供了一些将基础设施资源划分和归类为模块的模式，每种模式的介绍都包含一个代码示例和一个用例。

- 第 4 章介绍了如何管理基础设施资源和模块之间的依赖关系,并通过依赖注入和一些常见模式将它们解耦。

第 II 部分描述了如何以团队形式来开展 IaC 的编写与协作。

- 第 5 章介绍了在不同的存储库结构中呈现 IaC 并在团队中共享它们的一些实践和考量。
- 第 6 章提供了基础设施的测试策略,描述了每种类型的测试,以及如何为 IaC 编写这些测试。
- 第 7 章将持续交付应用于 IaC,涵盖了分支模型的高级视图,以及团队如何使用这些模型对基础设施进行变更。
- 第 8 章提供了构建安全和合规 IaC 的技术,其中包括测试和标记。

第 III 部分介绍了如何在整个公司范围内管理 IaC。

- 第 9 章将不可变性应用于基础设施变更,引入了一个蓝绿部署的示例。
- 第 10 章通过重构大规模的 IaC 来提高它们的可维护性,并限制变更的影响范围以减轻任一代码库中出现变更失败造成的影响。
- 第 11 章描述了如何还原和回滚 IaC 对系统的变更。
- 第 12 章讨论了使用 IaC 来管理云计算成本的方法,以及 IaC 成本估算的示例。
- 第 13 章总结了本书中介绍的管理和更新 IaC 工具的实践方法。

你会发现整本书中有许多概念是相互关联的,如果你以前没有实践过 IaC,推荐你按顺序阅读所有章节。当然,你也可以选择从最能应对你在 IaC 实践中所面临的挑战的那部分开始阅读。

在阅读包含特定概念的各章节前,你可能需要先阅读第 1 章或附录 A,以了解如何阅读和运行示例。附录 A 提供了与示例相关的库、工具和平台的更多详细信息,附录 B 则提供了所有练习题的答案。

关于代码和 Links 文件下载

GitHub 上提供了本书完整的代码清单,读者可通过链接[1]下载,也可扫描本书封底的二维码下载。由于基础设施的配置较冗长,为了清晰起见,书中的一些代码清单并没有包含整个基础设施的定义。第 2~12 章中所包含的代码清单,主要作为其概念的示例。

现有的代码清单使用 Python 3.9、HashiCorp Terraform 1.0 和 Google Cloud Platform 的组合。附录中包含了有关如何运行示例及其工具和库的更多信息,我会在 GitHub 上针对这些工具的小版本来更新源代码。

本书包含了许多源代码的例子,既有带编号的代码清单,也有普通的文本行。在这两种情况下,源代码都以固定宽度的字体进行格式化,方便阅读时区分。有时，代码也会用粗体来高亮显示不同于前面章节的内容，例如当某一个新的功能添加到已存在的代码行时。

在大多数情况下，原始的源代码已被重新格式化；添加了换行符和重做了缩进以适应书中可用的页面空间。在极少数情况下，即使这样也不够，所以代码清单中会包含行连续标记(➥)。此外，当代码在正文中做了描述时，源代码中的注释通常会从代码清单中删除。那些附带了注释的代码清单，主要为了突出重要的概念。

在此要说明的是，读者在阅读本书时会看到一些有关链接的编号，形式是数字编码加方括号，例如，[1]表示读者可扫描封底二维码下载 Links 文件，在其中可找到对应章节中的[1]所指向的链接。

关于云提供商

我在决定使用哪家云提供商作为示例时遇到了一个挑战。虽然亚马逊网络服务(Amazon Web Services，AWS)或微软 Azure 可能在本书出版时更受欢迎，但使用它们需要创建许多资源。例如，在使用它们的网络服务之前，需要创建网络、子网、路由表、网关和安全组。最终我决定使用谷歌云平台(Google Cloud Platform，GCP)作为主要的云提供商，以便简化需要创建的资源量。

尽管我在示例中使用了 GCP，但概念、流程和指导方针是通用的，可以用于其他云提供商。对于喜欢使用 AWS 或 Azure 的读者来说，每个示例都包含了适用于这两个平台的等效信息。此外，也在代码库中提供了一些示例的等效代码。

第 1 章中详述了我选择使用 GCP 的众多原因，以及如何将这些示例应用于AWS 和 Azure。在附录 A 中，给出了在 GCP 上设置和运行示例的说明，以及对AWS 和 Azure 用户的提示。

其他在线资源

请参考你的特定 IaC 工具或基础设施提供商的在线资源，这些资源可能包括在其工具中实现相应实践与模式的示例。

目　录

第 I 部分　起步

第 1 章　基础设施即代码简介········3

1.1　什么是基础设施············ 5

1.2　什么是 IaC·············· 7

  1.2.1　手动配置基础设施········7

  1.2.2　基础设施即代码········· 8

  1.2.3　哪种不是基础设施

      即代码··········10

1.3　基础设施即代码的原则 ···10

  1.3.1　可重建性·············10

  1.3.2　幂等性·············12

  1.3.3　可组合性·············14

  1.3.4　可演进性·············15

  1.3.5　原则的应用··········16

1.4　为什么使用基础设施

   即代码·············17

  1.4.1　变更管理·············18

  1.4.2　时间投资回报··········18

  1.4.3　知识共享·············19

  1.4.4　安全·············20

1.5　工具·············21

  1.5.1　本书示例·············21

  1.5.2　资源置备·············23

  1.5.3　配置管理·············24

  1.5.4　镜像构建·············25

1.6　本章小结·············26

第 2 章　编写基础设施代码·········27

2.1　表述基础设施变更·······29

2.2　理解不可变性·········31

  2.2.1　计划外手工变更补偿···33

  2.2.2　迁移到基础设施即

      代码···········35

2.3　编写整洁的基础设施

   即代码·············41

  2.3.1　把沟通上下文记录到

      版本控制·········41

  2.3.2　风格检查与格式化······42

  2.3.3　为资源命名·········43

  2.3.4　变量和常量·········44

  2.3.5　依赖项参数化········45

  2.3.6　妥善处理机密信息·······49

2.4　本章小结·············50

第 3 章　基础设施模块的模式·······51

3.1　单例模式·············52

3.2　组合模式·············55

3.3　工厂模式·············58

3.4　原型模式·············61

3.5　生成器模式·············65

3.6　模式的选择·············70

3.7　本章小结·················73

第4章　基础设施依赖模式·········**75**
4.1　关系的单向性··············76
4.2　依赖注入················77
    4.2.1　控制反转············77
    4.2.2　依赖倒置············80
    4.2.3　应用依赖注入·········85
4.3　外观模式················88
4.4　适配器模式···············92
4.5　中介者模式···············96
4.6　选择正确的模式··········100
4.7　本章小结···············102

第Ⅱ部分　团队规模化实践

第5章　模块的存储结构与
    共享·················**105**
5.1　存储库组织结构··········107
    5.1.1　单存储库············107
    5.1.2　多存储库············110
    5.1.3　选择一种存储库
           结构·········114
5.2　版本控制···············117
5.3　发布·················120
5.4　模块共享···············123
5.5　本章小结···············125

第6章　测试·················**127**
6.1　基础设施测试周期········129
    6.1.1　静态分析············129
    6.1.2　动态分析············130
    6.1.3　基础设施测试环境····131
6.2　单元测试···············132
    6.2.1　测试基础设施配置····133

    6.2.2　测试领域特定
           语言 DSL············135
    6.2.3　何时编写单元测试·····138
6.3　契约测试···············140
6.4　集成测试···············142
    6.4.1　模块测试············142
    6.4.2　环境配置测试·········145
    6.4.3　测试挑战············146
6.5　端到端测试·············148
6.6　其他测试···············150
6.7　测试的选择·············151
    6.7.1　模块测试策略·········153
    6.7.2　配置测试策略·········154
    6.7.3　识别有用的测试·······155
6.8　本章小结···············156

第7章　持续交付与分支模型·····**159**
7.1　交付变更至生产··········161
    7.1.1　持续集成············161
    7.1.2　持续交付············162
    7.1.3　持续部署············164
    7.1.4　交付方式的选择·······165
    7.1.5　模块··············169
7.2　分支模型···············170
    7.2.1　基于特性的开发·······171
    7.2.2　基于主干的开发·······176
    7.2.3　分支模型的选择·······178
7.3　同行评审···············182
7.4　GitOps················186
7.5　本章小结···············188

第8章　安全与合规·············**189**
8.1　管理访问与机密··········190
    8.1.1　最小权限原则·········190
    8.1.2　保护配置中的机密····193

8.2　标记基础设施…………194

8.3　策略即代码…………197

8.3.1　策略引擎和标准……198

8.3.2　安全测试…………200

8.3.3　策略测试…………202

8.3.4　实践和模式…………204

8.4　本章小结…………208

第Ⅲ部分　管理生产环境复杂性

第9章　执行变更…………211

9.1　变更前实践…………212

9.1.1　按工作清单行事……213

9.1.2　增加可靠性…………214

9.2　蓝绿部署…………219

9.2.1　部署绿色分组的基础设施…………221

9.2.2　部署绿色分组基础设施的高层级依赖……222

9.2.3　金丝雀部署…………225

9.2.4　开展回归测试…………230

9.2.5　删除蓝色版本的基础设施…………232

9.2.6　其他注意事项…………234

9.3　有状态基础设施…………235

9.3.1　蓝绿部署…………235

9.3.2　修改交付流水线……236

9.3.3　金丝雀部署…………237

9.4　本章小结…………239

第10章　重构…………241

10.1　最小化重构的影响……242

10.1.1　通过滚动更新减小影响范围…………243

10.1.2　在重构中使用特性开关…………244

10.2　拆分单体应用…………250

10.2.1　对高级别资源进行重构…………251

10.2.2　重构具有依赖项的资源…………262

10.2.3　重复重构工作流……265

10.3　本章小结…………268

第11章　修复故障…………269

11.1　恢复功能…………270

11.1.1　前滚以还原变更……270

11.1.2　新变更的前滚……272

11.2　故障诊断…………273

11.2.1　检查漂移…………273

11.2.2　检查依赖…………275

11.2.3　检查环境差异……277

11.3　解决问题…………278

11.3.1　解决漂移…………279

11.3.2　解决环境差异……281

11.3.3　推进最初的变更……282

11.4　本章小结…………284

第12章　管理云服务费用………285

12.1　管理成本驱动因素……286

12.1.1　实施测试以控制成本…………288

12.1.2　将成本估算自动化…………291

12.2　降低云浪费…………298

12.2.1　停止未标注和未使用的资源………298

12.2.2　按计划启动和停止资源…………299

12.2.3 选择正确的资源类型
和大小 …………… 301
12.2.4 使用自动缩放 …… 302
12.2.5 为资源添加过期时间
标签 …………… 304
12.3 成本优化 ……………… 308
12.3.1 按需构建环境 …… 309
12.3.2 使用多云环境 …… 309
12.3.3 对多云和多区域
之间的数据传输
进行评估 ………… 310
12.3.4 在生产中测试 …… 312
12.4 本章小结 …………… 313
第13章 工具管理 ……………… 315
13.1 使用开源的工具和
模块 …………… 316

13.1.1 功能性 …………… 317
13.1.2 安全性 …………… 318
13.1.3 生命周期 ………… 319
13.2 工具升级 ……………… 321
13.2.1 升级前检查清单 … 321
13.2.2 向后兼容性 ……… 322
13.2.3 升级中的破坏性
变更 …………… 324
13.3 工具替换 ……………… 327
13.3.1 新工具支持导入 … 327
13.3.2 不支持导入能力 … 329
13.4 事件驱动的 IaC ……… 330
13.5 本章小结 …………… 332
附录 A 示例运行说明 ………… 335
附录 B 练习题答案 …………… 349

第 I 部分

起　　步

什么是基础设施即代码(Infrastructure as Code，IaC)，需要如何编写？第 I 部分将讨论这些问题，并介绍可用于编写 IaC 的相关实践与模式。第 1 章将介绍 IaC 的工作原理，所能解决的问题，以及本书将如何帮助你开始使用 IaC。第 2 章将讨论如何编写整洁的代码，以及如何为存量系统实现 IaC。

第 3 章和第 4 章将深入研究用于声明基础设施组(称为模块)及其依赖关系的模式。你将学习基础设施模块的模式，以及如何解耦模块依赖关系以便支持变更并最小化爆炸半径。本章还提供了相关指南，以帮助选择最合适你的范围和情况的模式。

第 *1* 章

基础设施即代码简介

本章主要内容
- 定义基础设施
- 定义基础设施即代码
- 理解基础设施即代码的重要性

如果你刚开始接触公有云服务提供商或数据中心基础设施，你可能会感到不知所措，觉得自己需要学习的东西太多，不知道该学什么才能胜任工作。的确，你在数据中心基础设施的概念、新的公有云产品、容器编排器、编程语言和软件开发等方面，有太多需要研究的东西。

除了尽自己所能学习一切，你还必须跟上公司的创新和发展要求。你需要一种方法来支持更复杂的系统，最大限度地减少维护的工作量，并避免对使用你的应用程序的客户造成干扰。

那么要使用云计算或数据中心基础设施需要哪些技能？如何在团队和组织中扩展自己的系统？

这两个问题的答案都涉及基础设施即代码(IaC)，IaC 是一种自动化基础设施变更的编码方式，以实现可扩展性、可靠性和安全性。

实际上，每个人都可以使用 IaC，从系统管理员、站点可靠性工程师、DevOps 工程师、安全工程师和软件开发人员，到质量保证工程师。无论是第一次运行某个 IaC 教程，还是通过了一个公有云认证(恭喜！)，都可以将 IaC 应用于更大的系统和团队，以简化、维持和扩展自己的基础设施。

本书通过将软件开发实践和模式应用于基础设施管理，提供了一种实用的 IaC 方法。本书展示了与基础设施紧密结合的实践(如测试、持续交付、重构)和设计模式。无论是自动化、工具、平台还是技术，我们都可以找到有助于管理基础设施的实践和模式。

我将本书分为三部分(见图 1.1)。第 I 部分介绍可用于编写 IaC 的实践，第 II 部分则描述团队在 IaC 上进行协作的模式与实践，第III部分介绍在整个组织中扩展 IaC 的一些方法。

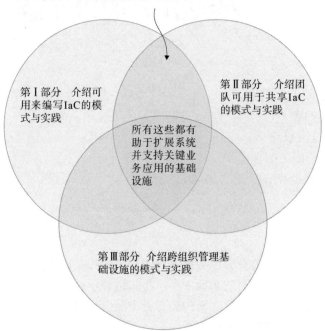

本书涵盖个人、团队和组织之间运用IaC的模式与实践的交叉点，以扩展资源和系统并支持关键业务应用

第 I 部分　介绍可用来编写IaC的模式与实践

第 II 部分　介绍团队可用于共享IaC的模式与实践

所有这些都有助于扩展系统并支持关键业务应用的基础设施

第III部分　介绍跨组织管理基础设施的模式与实践

图 1.1　通过本书，你将了解个人、团队和组织之间的实践交叉点，以及如何以此来扩展系统和支持关键业务应用

本书中的许多模式与实践都与这三个关注点交叉。单独编写良好的 IaC，有助于更好地在团队和组织中进行共享和扩展。良好的 IaC 有助于解决 IaC 上的合作问题，特别是当越来越多的人采用它时。

第 I 部分首先定义基础设施，并解释常见的 IaC 设计模式。这些主题涉及基础设施的基本概念，以帮助你在团队中扩展 IaC。你可能早已熟悉本部分的一些内容，但还是请回顾这些章节，以为学习更高级的概念奠定基础。

在第 II 部分和第III部分，你将学习为关键业务应用扩展系统和支持基础设施所需的模式和实践。这些实践从个人延伸到团队和组织，从为一个应用程序创建一个指示警报到在一个拥有 5 万人的组织中实施网络变更。这两部分中的许多术语和概念会相互依赖，因此按顺序阅读章节会有助于理解。

1.1　什么是基础设施

在深入探讨 IaC 前，先介绍一下基础设施的定义。当我最初在数据中心工作时，资料文献上通常将基础设施定义为提供网络、存储或计算能力的硬件或设备。图 1.2 显示了应用程序如何在服务器(计算)上运行，如何通过交换机(网络)连接以及如何在磁盘(存储)上维护数据。

图 1.2　数据中心的基础设施定义包括用于运行应用程序的网络、计算和存储资源

这 3 个类别与我们在数据中心所管理的物理设备相匹配。我们以往变更的方式：刷工卡进入大楼，插入设备，输入命令，然后希望一切都依然工作正常。随着云计算的出现，我们将继续按照这样的分类方式来进行特定设备的虚拟化。

然而，数据中心对基础设施的定义并不完全适用于当今的服务和产品。想象另一个团队请求你帮助他们将应用程序交付给用户。你浏览了清单，需要完成以下设置：

- 足够的服务器
- 用户的网络连接
- 用于存储应用程序数据的数据库

完成此清单是否意味着团队可以在生产中运行这一应用程序？不一定。你并不知道是否设置了足够的服务器或正确的访问权限来登录应用程序。此外，你还需要知道网络延迟是否会影响应用程序的数据库连接。

下面是狭义的基础设施定义包括的内容(我们忽略了生产就绪所需的一些关键任务)：

- 监控应用程序指标
- 导出指标以进行业务报告
- 为应用程序的运维团队设置警报
- 为服务器和数据库添加健康检查
- 支持用户身份验证
- 记录并聚合应用程序事件
- 在机密管理器中存储并轮换数据库密码

这些待办事项是为了将应用程序可靠、安全地交付到生产环境中。你可以将它们看作是运维的要求，但它们仍然需要基础设施资源的支持。

除了与运维相关的基础设施，公有云厂商抽象了基础网络、计算和存储的管理，并提供平台即服务(Platform as a Service，PaaS)产品，例如从存储桶之类的对象存储，到事件流平台的托管 Apache Kafka 等。厂商甚至提供了函数即服务(Function as a Service，FaaS)或容器即服务，对计算资源提供了进一步的抽象。随着软件即服务(Software as a Service，SaaS)市场的不断增长，托管的应用程序性能监控软件也要用来支持生产环境中的应用程序，同样也可以算作基础设施。

有了上述这么多的服务，我们不能仅用计算、网络和存储的类别来描述基础设施。我们还需考虑运维基础设施、PaaS 或 SaaS 等服务在应用程序交付中的作用。图 1.3 调整了基础设施模型，包含了 SaaS 和 PaaS 等额外的服务，这些服务有助于我们交付应用程序。

图 1.3　应用程序的基础设施可能包括公有云上的队列、运行应用程序的容器、用于额外处理的无服务器函数，甚至是用于系统健康检查的监控服务

由于数据中心管理的复杂性不断增加、运维模型不断变化以及用户抽象化，无法将基础设施的定义仅仅局限于与计算、网络或存储相关的硬件或物理设备。

定义　基础设施是指向生产交付或部署应用程序的软件、平台或硬件。

以下是你可能会遇到的基础设施的不完整列表：
- 服务器
- 工作负载编排平台(如 Kubernetes、HashiCorp Nomad)
- 网络交换机
- 负载均衡器
- 数据库
- 对象存储
- 缓存
- 队列
- 事件流平台
- 监控平台
- 数据管道系统
- 支付平台

扩展基础设施的定义，为团队提供了一种通用语言，来管理各种用途的资源。例如，负责管理组织的持续集成(Continuous Integration，CI)框架的团队可以使用持续集成 SaaS 或公有云的计算资源来构建他们的基础设施；另一个团队则在这个CI 框架上进行应用的开发，那么 CI 框架就成为关键的基础设施。

1.2　什么是 IaC

在解释 IaC 之前，我们必须了解如何手动配置基础设施。本节将简要描述基础设施和人工配置的问题，随后定义 IaC。

1.2.1　手动配置基础设施

作为网络团队的一员，我学会了通过从文本文件复制和粘贴命令来修改网络交换机配置。我曾不小心将 shutdown 粘贴成了 no shutdown，导致一个网络接口关闭！我很快又把它打开，希望没有人注意到并且没有影响任何事。然而，一周后，我发现它关闭了一个关键应用程序的连接，并影响了一些客户请求。

在复盘过程中，我发现这是由于对命令、基础设施配置进行手工复制和粘贴而导致的问题。首先，我不知道我的改变会影响哪些资源(也称爆炸半径)，我也不知道哪个网络或应用程序使用了该接口。

定义　爆炸半径是指失败的变更对系统的影响。较大的爆炸半径往往会影响更多组件或最关键的组件。

其次，网络交换机没有检测命令的影响或意图就接受了我的命令。最后，其他人都不知道是什么影响了应用程序处理客户请求，他们花了一周的时间才确定根本原因是我复制了错误的命令。

将基础设施编写成可编码的形式为何有助于捕获这种错误？因为我可以在源代码管理系统中存储我的配置和自动化脚本，来记录这些命令。为了捕获错误，我创建了一个虚拟交换机和一个测试，来运行我的脚本并检查接口的运行状况。

测试通过后，我会将变更推送到生产环境，因为测试会检查命令是否正确。如果我应用了错误的命令，我可以搜索基础设施配置来确定哪些应用程序在受影响的网络上运行。第 6 章的测试实践以及第 11 章的恢复变更内容中对此有详细介绍。

除了配置错误的风险，由于需要手动配置基础设施，开发速度有时也会大大减慢。有一次，我花了近两个月的时间来测试我的应用程序和数据库。在这两个月里，我的团队提交了 10 多张工单，包括创建数据库、配置新路由以将应用程序连接到数据库，以及打开防火墙规则以允许我的应用程序(访问)等相关的工单。平台团队在公有云中手动配置了所有内容，而开发团队由于安全问题无法直接访问。

换句话说，基础设施的手动配置通常无法随着系统和团队的增长而扩展。手动变更会增加系统的变更失败率，降低开发速度，并暴露系统的受攻击面，使其面临潜在的安全漏洞。虽然人们总想直接从控制台进行更新，然而，这些变更会逐渐累积起来最终导致问题。

如果没有对系统中的变更进行审核和组织，下一个对系统进行变更的人可能会将故障引入系统，这些故障可能很难排除。在开发过程中，诸如更新防火墙以允许某些流量之类的变更，都可能会无意中使系统遭受攻击。

1.2.2　基础设施即代码

如果手动变更不可取，那么应该如何变更基础设施？我们可以采用 IaC 的形式，将软件开发生命周期管理方法应用于基础设施资源和配置。事实上，基础设施开发生命周期不止是配置文件和脚本。

基础设施需要扩展、管理故障、支持快速软件开发以及应用安全。基础设施的开发生命周期涉及更具体的模式和实践，以支持协作、部署和测试。图 1.4 展示了一个简化的工作流，编写配置或脚本并将其提交到版本控制系统以变更基础设施。提交操作(Commit)会自动启动一个工作流，以部署和测试基础设施的变更。

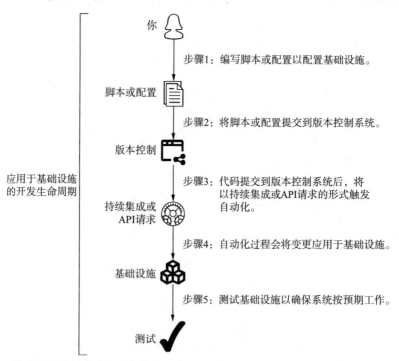

图 1.4　基础设施的开发生命周期包括：将代码编写为文档，将其提交到版本控制系统中，
以自动化的方式将其应用于基础设施，并对其进行测试

为什么要采用开发生命周期？你可以将其视为一种用于管理变更并验证变更不会影响系统的通用模式。生命周期将基础设施捕获为代码，以编码的方式自动化基础设施的变更，并应用如版本控制和持续交付等 DevOps 实践。

定义 基础设施即代码(IaC)通过应用 DevOps 实践，以编码的方式自动化基础设施的变更，以实现可扩展性、灵活性和安全性。

IaC 通常被认为是 DevOps 的必要实践。它与 CAMS 模型(文化、自动化、度量和共享)中的自动化部分紧密相关。图 1.5 将 IaC 定位为 DevOps 模型中自动化实践和理念的一部分。其中的代码即文档、版本控制、软件开发模式以及持续交付等实践，也与我们之前讨论的(IaC)开发生命周期工作流相匹配。

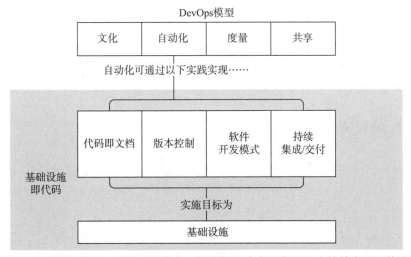

图 1.5　IaC 将版本控制、软件开发模式、持续集成/交付和代码即文档等应用于基础设施

为什么要将 IaC 作为 DevOps 模型中自动化的一部分？实际上，组织不必采用 DevOps 来使用 IaC。IaC 的好处是可以提升 DevOps 的交付效率和质量，但它也同样适用于任何基础设施配置。即使不采用 DevOps 模型，组织仍然可以使用 IaC 实践来改进基础设施变更的过程，而不会对生产环境产生影响。

注意 你会在本书中看到一些 DevOps 实践，但不会涉及其理论或原则。推荐阅读 Nicole Forsgren 等人的 *Accelerate*(IT Revolution Press，2018)以获得对 DevOps 的更高层次理解。你也可以阅读 Gene Kim 等人的 *The Phoenix Project*(IT Revolution Press，2013)，该书讲述了一个组织在采纳 DevOps 过程中的转型故事。

本书介绍了一些编写基础设施的方法，在为应用用户保障基础设施的可靠性和安全性的同时，消除了规模化的阻碍(无论是使用数据中心还是云)。其内容包括软件开发实践，如配置文件的版本控制、持续集成(CI)流水线以及测试，以帮助扩展和演化基础设施的变更，同时减少停机时间和构建安全的配置。

1.2.3　哪种不是基础设施即代码

如果在文档中输入一些配置，可以算是 IaC 吗？在变更单中包含配置相关的说明呢？或者构建队列的教程以及用于配置服务器的 shell 脚本都应算作 IaC 吗？上述这些示例实际上都可以算作 IaC 的一种形式,前提是它们需要满足以下条件：

- 能可靠、准确地复现所表达的基础设施
- 支持将配置还原到特定版本或特定时间点
- 可沟通和评估资源变更的爆炸半径

然而，配置或脚本通常是过时的、未版本化的或意图模糊的。通过 IaC 工具编写的配置也很难理解和变更。虽然 IaC 工具可以简化 IaC 工作流程，但并不一定能够提供使系统在增长的同时减少运维责任和变更失败的实践和方法。所以你需要一套原则来鉴定 IaC。

1.3　基础设施即代码的原则

正如我提到的，并不是每一段与基础设施相关的代码或配置都可以扩展或缩短系统的停机时间。在整本书中，我强调了如何将 IaC 的原则应用于某些代码清单或实践。你甚至可以使用这些原则来评估你的 IaC。

也许其他人可能会对这组原则进行增删，但我用助记符 RICE 来记忆这四个最重要的原则。RICE 代表可重建性(reproducibility)、幂等性(idempotency)、可组合性(composability)和可演进性(evolvability)。我将在接下来的章节中定义并应用每一个原则。

1.3.1　可重建性

假设有人要求你创建一个包含队列和服务器的开发环境。你分享了一组配置文件给团队成员。他们用这组配置文件在不到一小时的时间内为自己重建了一个新的环境。图 1.6 展示了如何通过共享配置使队友能够重现新环境。你能够发现可重建性的力量，这正是 IaC 的第一原则！

为什么 IaC 要遵循可重建性这一原则？因为能够复制并重复使用基础设施配置可以节省你和团队的初始工程时间。你不必重新发明轮子来创建新的环境或基础设施资源。

图 1.6   手动变更会导致版本控制和实际状态之间的漂移，并影响可重建性，因此你应该
　　　　将变更更新到版本控制中

定义 可重建性原则意味着你可以使用相同的配置来重现环境或基础设施资源。

但我们发现，遵循可重建性原则比复制和粘贴配置要更复杂。为了证明这种细微差别，假设你需要将网络地址空间从/16 减少到/24。你已经编写了表述网络的 IaC。然而，你决定选择简单方式，登录云厂商控制台，并在文本框中输入/24。

在登录到云之前，你需要反思工作流程的变化是否符合可重建性。你问自己以下几个问题：

- 队友会知道你更新了网络吗？
- 如果运行配置，网络地址空间是否会返回到/16？
- 如果使用版本控制中的配置创建一个新环境，它的地址空间是否为/24？

如果答案都是"否"，那么你无法保证可以成功地重现这些手动变更。

如果你继续在云厂商的控制台中输入/24，则你的网络已偏离了 IaC 所表示的理想状态(见图 1.7)。为了符合可重建性，你决定在版本控制系统中将配置更新为/24 并运用自动化(更新网络)。

从上述场景中，我们可以感受到可重建性的实现难度。你需要尽量减少预期配置和实际基础设施配置之间的不一致，这种不一致也称配置漂移。

定义 配置漂移指的是基础设施的配置与期望配置之间的偏差，即实际配置与预期配置的差异。

作为一种实践，可以将配置文件置于版本控制中，并尽可能保持版本控制的更新，来遵循可重建性原则。坚持可重建性原则有助于你更好地协作和管理类似于生产环境的测试环境。

在第 6 章中，我们将了解更多有关基础设施测试环境的内容，这些环境均符合可重建性原则。在有关基础设施的测试和升级的实践与模式中，我们也可以运用可重建性：从创建用于测试的基础设施生产环境镜像，到部署新的基础设施以替代旧系统(蓝绿部署)。

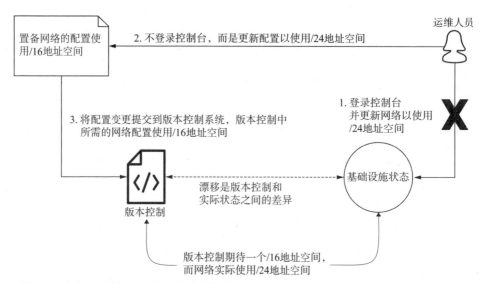

图 1.7　手动变更导致版本控制和实际状态之间的漂移，并影响了可重建性，因此你需要在版本控制中进行变更

1.3.2　幂等性

　　一些 IaC 将可重建性作为一种原则，这意味着运行相同的自动化会产生一致的结果。我认为 IaC 需要更严格的要求。对基础设施资源(重复)运行自动化应始终保持相同的最终状态。毕竟，我在编写自动化时的主要目标是，拥有多次运行自动化并获得相同结果的能力。

　　让我们思考一下为什么 IaC 需要更严格的要求。假设你编写了一个网络脚本：首先配置一个接口，然后重新启动。第一次运行脚本时，交换机会配置接口并重新启动。你将此脚本保存为版本 1。

　　几个月后，你的队友需要你在交换机上再次运行此脚本。你运行了脚本，交换机重新启动。然而，重新启动会断开某些关键应用程序！既然你已经配置了网络接口，为什么要重启交换机？如果你已配置了网络接口，那么需要找到一种防止交换机重新启动的方法。在图 1.8 中，你创建了脚本的版本 2，并添加了一个 if 条件语句。该语句在重新启动交换机前检查是否已配置好接口。当再次运行版本 2 脚本时，不要断开应用程序的连接。

　　条件语句符合幂等性原则。幂等性可确保在不影响基础设施的情况下重复自动化操作，除非配置改变或者发生漂移。如果基础设施配置或脚本是幂等的，那么可以多次重新运行自动化，而不会影响资源的状态或可操作性。

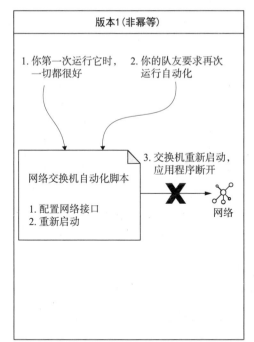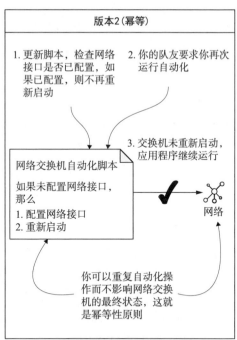

图 1.8　在脚本的版本 1 中，每次运行脚本都会重新启动交换机；在版本 2 中，在重新启动
　　　　交换机前，检查网络接口是否已配置，这将保持网络的工作状态

定义　幂等性原则确保你可以在基础设施上重复运行自动化脚本，而不会影响其最终状态或产生任何副作用。只有当你在自动化脚本中更新基础设施的属性时，才会影响基础设施。

为什么要在 IaC 中应用幂等性原则？例如，在前面的网络脚本示例中就应用了该原则。在该示例中，我们希望避免重新启动网络交换机以保持网络正常运行。既然已配置了网络接口，为什么还要重新配置？应该只在接口不存在或变更时，才需要配置它。

如果没有幂等性，我们的自动化就可能会意外中断。例如，我们可能会重复执行脚本，并创建一组新的服务器，这会导致服务器数量加倍。甚至，我们可能只想自动化更新数据库，却删除了关键数据库！

通过检查脚本和配置的可重建性，可以确保幂等性原则。作为一种常规做法，应在运行自动化之前添加一系列条件语句来检查配置是否与预期匹配。条件语句有助于在需要时应用变更，同时避免可能影响基础设施可操作性的副作用。

根据幂等性原则来设计自动化可以降低风险，因为它鼓励包含逻辑检查以保持系统的最终预期状态。如果自动化失败一次并导致系统中断，组织可能不愿意再进行自动化，因为它存在风险。在第 11 章中，你将学习如何安全地前滚变更以及在部署之前对自动化变更进行预览，在该章幂等性将成为指导性原则。

1.3.3　可组合性

无论是工具还是配置，我们都希望可以组合并匹配任意一组基础设施组件。还需要在不影响整个系统的情况下更新各个配置。这两个需求都体现了有必要模块化和解耦基础设施的依赖性，更多内容将在第 3 章和第 4 章中涉及。

举个例子，假设你要为通过 hello-world.com 访问的应用程序创建基础设施。以下是一个安全的、可生产的配置所需的最低资源要求：

- 服务器
- 负载均衡器
- 服务器的专用网络
- 负载均衡器的公共网络
- 允许流量流出专用网络的路由规则
- 允许公共流量流入负载均衡器的路由规则
- 允许流量从负载均衡器流入服务器的路由规则
- hello-world.com 的域名

你可以从零开始编写这些配置，但如果有预先构造好的模块将基础设施组件分组，可以使用这些模块来组装系统，你会怎么做？比如，现在你有各种模块可以用来创建以下内容：

- 网络(专用网络和公用网络、从专用网络路由流量的网关、允许流量流出专用网络的路由规则)
- 服务器
- 负载均衡器(域名、允许流量从负载均衡器流入服务器的路由规则)

如图 1.9 所示，你可以选择网络、服务器和负载均衡器模块来构建生产环境。随后，你意识到需要一个高级负载均衡器。你可以将标准负载均衡器更换为高级负载均衡器，以便为更多的流量服务。服务器和网络在不受影响的情况下继续运行。

你的队友甚至可以在不影响负载均衡器、服务器或网络的情况下将数据库添加到环境中。你可以在各种组合中对基础设施资源进行分组和选择，这也遵循了可组合性原则。

定义　**可组合性**确保你可以以任意组合组装基础设施资源，并且能在不影响其他资源的情况下更新其中的每一个。

配置的可组合性越高，越容易创建新的系统。想象一下，若通过基础模块来构建 IaC，我们希望能够在不破坏整个系统的情况下更新或扩展部分资源。如果你不基于 IaC 的可组合性来考虑，将面临由复杂基础设施系统中的未知依赖导致

变更失败的风险。

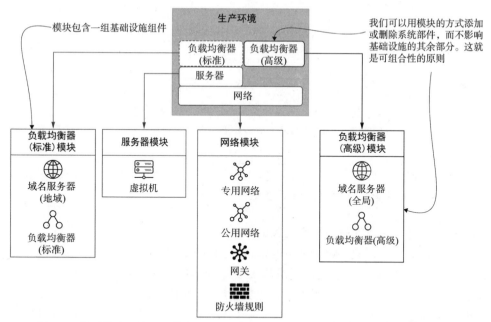

图 1.9　使用基础设施基础模块构建生产环境以轻松添加新资源(如高级负载均衡器)

可组合性的自助服务优势，可以帮助你的组织扩展并增强团队与基础设施系统安全交互的能力。第 3 章和第 4 章研究了一些模式，这些模式可以帮助你实现更模块化的基础设施构建，并提升可组合性。

1.3.4　可演进性

虽然我们要考虑系统的规模和增长，但不要过早地、非必要地优化配置。许多基础设施配置将随着时间的推移而改变，包括其架构。

举个例子，假设你先以"example"命名了一个基础设施资源；稍后，你需要将其改名为"production"。你可以通过查找和替换数百个标记、名称、依赖资源等来依次更改。而查找和更换的工作量很大。

你注意到，在应用变更时忘记修改某些字段，导致新的基础设施变更失败。为了确保名称、标记和其他元数据能适应未来的变化，你可以为资源名称创建一个变量 NAME，在配置中引用该变量。在图 1.10 中，我们通过更新全局变量 NAME，在整个系统中传递变更。

这个例子十分简单，仅仅是改个名称而已，但说明 IaC 以可演进性为原则，能最大限度地减少变更系统的工作量(时间和成本)以及变更失败的风险。

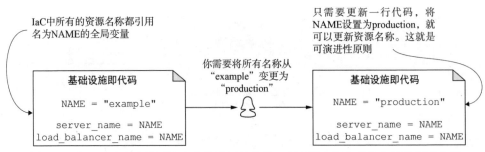

图 1.10　你可以为所有资源的名称设置顶级变量，而不用查找和替换名称的所有实例

定义　**可演进性**原则确保你可以改变基础设施资源，以适应系统的规模或增长，同时将工作量和故障风险降至最低。

系统演进包括诸如命名变更之类的微小变更。有的基础设施变更会产生更大的破坏性，比如，采用 Amazon ElasticMap Reduce(EMR) 来替代 Google Cloud Bigtable。考虑到未来的发展，要求这一变更的应用程序已经提前布局，用上了 Apache HBase，这是一个开源的分布式数据库，同时支持上述两种产品，并且只需要提供数据库端点信息。

通过使用数据库端点来检索应用程序，并通过为这两种产品创建配置来完成后台更新，我们在 IaC 中完成了这一演进。在测试过 AWS 数据库之后，我们输出其端点供应用程序使用。

注意　在本书中，我并没有完全涵盖架构演进背后的理论。如果你想了解更多信息，我强烈推荐 Neal Ford 等人合著的 *Building Evolutionary Architectures* (O'Reilly，2017)。这本书讨论了如何构建基础设施以应对变化。

如果你发现自己在拼命地演进自己的系统，那是因为你没有采用允许变化的模式和实践。有用的 IaC 偏向于运用能适应未来发展的技术。本书中的许多章节展示了一些模式，这些模式有助于维护可演进性并将关键系统变更的影响降至最低。

1.3.5　原则的应用

可重建性、幂等性、可组合性和可演进性的定义似乎很特别。然而，它们都有助于约束你的基础设施，并规范许多 IaC 工具的行为。你的 IaC 必须符合所有这四个原则，才能实现扩展、团队协作，以及改变你的公司。图 1.11 总结了这四个重要原则及其定义。

当编写 IaC 时，要确认是否符合这四项原则。这些原则可确保你以更少的工作量完成 IaC 的编写和共享，并且理想情况下能将变更对系统的影响降至最低。如果未能遵循某一原则，可能会阻碍基础设施资源的变更，或增加潜在故障的爆炸半径。

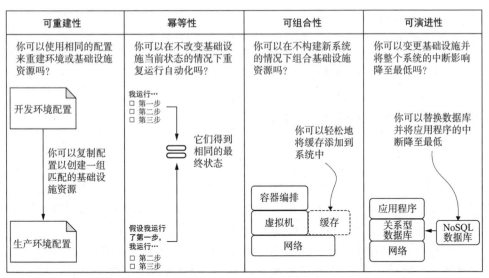

图 1.11　IaC 应该是可复制的、幂等的、可组合的和可演进的。你可以问自己一系列问题，
以确定你的 IaC 是否符合所有四个原则

在践行 IaC 时，要确认你的配置或工具是否符合实践。例如，就你的工具提出以下问题：

● 该工具是否允许你重建整个环境？
● 当重新运行该工具以重新实施配置时会发生什么？
● 可以组合和匹配各种配置片段来创建一组新的基础设施组件吗？
● 在不影响其他系统的情况下该工具能否帮助你演进基础设施资源？

本书使用这些原则来回答上述问题，并帮助你在学习测试、升级和部署基础设施的技能时不忘基础设施的弹性和可扩展性。

练习题 1.1

请从你所在的组织选择一个基础设施脚本或配置，评估它是否遵守 IaC 的原则。它是否促进了可重建性，使用了幂等性，有助于可组合性和简化可演进性？
答案见附录 B。

1.4　为什么使用基础设施即代码

IaC 通常被视为 DevOps 实践。然而，你不必通过在整个组织中应用 DevOps 来使用 IaC。但你仍然希望以降低变更失败率和平均解决时间(MTTR)的方式来管理基础设施。这样，作为运维人员，你就可以在周末睡懒觉；或者，作为开发人员，你可以花更多时间在编写代码上。即使你认为自己根本用不到 IaC，也有足够的理由让你采用它。

1.4.1　变更管理

当你执行了某项基础设施的变更，但有人报告该变更造成了某些破坏时，你将非常沮丧。为防止这种情况，组织会采用变更管理，执行一系列的步骤和审查，来确保你的变更不会影响生产环境。该过程通常包括变更审查委员会审查变更，或者通过变更窗口来限制执行变更的时间。

定义　**变更管理**描述了你为了在你的公司中实施生产环境变更并防止变更失败而采取的一系列步骤和审查。

然而，没有任何变更是无风险的。通过模块化基础设施(第 3 章)和前滚变更(第 11 章)来限制爆炸半径，应用 IaC 的实践可以降低变更风险。

我有一次懊悔的经历，没能使用 IaC 来降低变更风险。我需要向服务器发布一个新的二进制文件，这需要它们重新启动一组依赖的服务。我编写了一个脚本，让我的同事进行了检查，并让变更审查委员会签字批准运行。在周末申请并验证了变更后，我周一收到了几条消息，告诉我支持对账应用程序的服务器一夜之间全部宕机。同事将其归因于较旧的操作系统与我脚本中的依赖项不兼容。

事后复盘，IaC 本可以减轻这种变更风险。当用 RICE 原则核查变更时，我意识到自己忘记了以下内容：

- **可重建性**—我没有在模拟各种服务器的各类测试实例上重现我的脚本。
- **幂等性**—在运行命令前，我没有添加检查操作系统的逻辑。
- **可组合性**—我没有将变更的爆炸半径限制在一小组不太关键的服务器上。
- **可演进性**—我没有用新的操作系统来更新服务器并减少整个基础设施的变化。

减少变化可以实现基础设施的演进并缓解风险，因为实际配置与你在自动化过程中所期望的配置相匹配，进而使得变更更易于应用且更可靠。我们将在第 7 章讨论如何将 IaC 纳入你的变更管理流程。

1.4.2　时间投资回报

很难证明在 IaC 上的时间投入是合理的，特别是设备或硬件没有合适的自动化接口时。除了缺乏简便的自动化方法，有些自动化任务有可能一年甚至十年才用到一次，你很难保证这些操作是值得花时间自动化的。虽然 IaC 可能需要额外的时间来实现，但从长远看，它可以缩短执行变更的时间。这究竟是如何奏效的呢？

假设你需要在 10 台服务器上更新相同的软件包。以往你会在没有 IaC 的情况下这样做：手动登录，更新软件包，验证一切是否正常，修复错误，然后转到下一个。平均来说，你需要花费 10 小时来更新服务器。

图 1.12 显示，随着时间的推移，在无 IaC 的情况下变更所需的工作量是一成

不变的。如果有其他的变更，你可能需要多花几小时来修复或更新系统。失败的变更会导致你在接下来的几天内花费更多的精力来修复系统。

你决定投入时间为这些服务器构建 IaC(图 1.12 中的实线)。你减少服务器的配置漂移大约需要 40 小时。在最初的时间投入之后，未来每次进行变更时，更新所有服务器的时间不会超过 5 分钟。

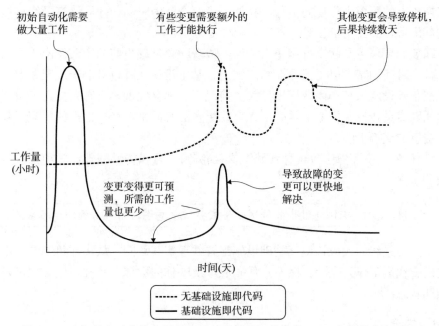

图 1.12　在初始自动化的高投入之后，随着时间的推移，IaC 方式的成本更低。如果没有 IaC，执行变更的时间相当不稳定

为什么要去理解 IaC 的时间和工作量之间的关系呢？采取有效的预防措施可减少补救工作。如果没有 IaC，你可能会发现自己花费了数周时间试图补救重大系统故障。这几周时间内你通常会尝试对手动变更进行逆向工程，恢复特定变更，或者最坏的情况下，从头开始构建新系统。

你必须对编写 IaC 进行初始投资，即使该曲线看起来很陡峭。从长期看，这项投资有助于减少调试故障配置或系统从故障中恢复的时间。即使有一天你的系统完全失败了，也可通过运行你的 IaC 轻松地重现它。

自动化和测试鼓励可预测性，并限制故障变更的爆炸半径。它们降低了变更失败率和故障系统 MTTR。随着基础设施系统的演进和扩展，你可以使用本书中涵盖的详细测试实践来降低系统中的变更失败率，并减轻未来变更的负担。

1.4.3　知识共享

IaC 能体现基础设施的架构和配置，这有助于减少人为错误并提高可靠性。一位工程师曾这样提醒我,"我们才不要为第三级被动数据中心(用于备份)的网络交换机做 IaC。无论如何,我只需要配置一些东西,我们只需要做一次这样的变更,然后再也不用碰它。"

然而,那位工程师在配置交换机后不久就离职了。后来,我的团队需要将第三级被动数据中心转换为主动数据中心,以满足合规要求。慌乱中,我们匆忙地对交换机上的配置进行逆向工程。我们花了两个月的时间,才弄清楚网络连接,修改其配置,并使用 IaC 进行管理。

即使一项任务看起来特别令人费解,或者配置基础设施的团队仅由一个人组成,投入时间和精力以"代码"的方式进行基础设施配置也有助于适应发展,尤其是在基础设施系统和团队规模扩大的情况下。你会发现,当有人报告停机或向新的团队成员传授服务器配置时,你会花更多的时间来回忆自己是如何配置那个令人费解的交换机的。

将任务"作为代码"(也称代码即文档)编写,可以传递基础设施和系统架构的预期状态。

定义 代码即文档,确保通过代码传递软件或系统的意图,而无需额外的参考文档。

不熟悉系统的人应该检查基础设施配置并理解其意图。从实际角度看,不能指望所有代码都作为文档。然而,代码应该反映你的大部分基础设施架构以及系统预期状态。

1.4.4 安全

通过 IaC 审核和检查不安全配置,可以在开发过程的早期找出安全问题。这被称为"安全左移"。如果你在过程的早期进行安全检查,那么当系统配置在生产环境中运行时,你会发现更少的漏洞。你将在第 8 章中了解有关安全模式和实践的更多信息。

例如,开发过程中可能会临时增加对存储对象的访问,以便任何人都可以对其进行写入和读取。之后,你将这些新添加的存储对象推送到生产环境。然而,一些存储对象将允许任何人写入和读取它们。虽然这看起来是一个简单的错误,但如果存储包含客户数据,这一配置将产生严重影响。

注意 有关不安全的基础设施配置的更多示例,你可以在新闻中搜索"错误配置的存储对象暴露了驾驶证信息",甚至可以搜索"具有默认密码的数据库泄露了数百万消费者的信用卡信息"。一些安全漏洞在合法范围内,但许多漏洞涉及不安全的配置。将防止这类错误配置置于首位的组织,通常可以快速检查配置、审核访问控制、评估爆炸半径并补救漏洞。

IaC 通过在单个配置中表示访问控制将其进行了简化。使用 IaC，你可以测试配置以确保对象存储不允许公共访问。此外，还可以包括生产环境检查，以验证策略是否只允许对特定对象进行读取访问。即使是数据中心中的安全策略，如防火墙规则，也可以在 IaC 中表达并审核，以确保其规则只允许已知来源的入站连接。

如果你遇到安全漏洞，IaC 会允许你检查配置、快速审核访问控制、评估爆炸半径并补救漏洞。你可以使用相同的 IaC 实践来进行各种变更。本书提供了一些实践，以帮助你根据 IaC 原则审核和保护基础设施。

1.5　工具

IaC 工具的差异性很大，因为需要适用于各种资源。大多数工具都用于以下三种场景之一(这些场景的功能不同，行为也不同)：

- 资源置备
- 配置管理
- 镜像构建

在本书中，我主要关注用于资源置备的工具，这些工具可部署和管理基础设施资源集。我加入了一些配置管理和镜像构建的补充和示例，以突出方法上的差异。

1.5.1　本书示例

在这本书中，我面临着一个挑战，即要编写不依赖某个工具和平台的具体示例。作为一本模式与实践方面的书籍，我需要找到一种在不重写工具逻辑的情况下，用通用编程语言表达概念的方法。

Python 与 Terraform

图 1.13 简要展示了代码清单及示例的工作机制。更多的信息请参阅附录 A，其中详细介绍了技术实现。我用 Python 编写了代码清单，以创建供 HashiCorp Terraform 使用的 JavaScript 对象标记(JavaScript Object Notation，JSON)文件，Terraform 是一款置备工具，支持跨公有云和其他基础设施提供商进行各种集成。

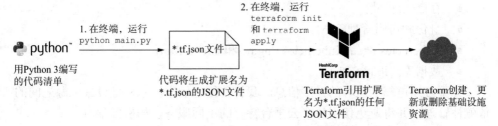

图 1.13　本书的示例使用 Python 创建可供 Terraform 使用的 JSON 文件

当使用 Python main.py 运行 Python 脚本时,代码会创建一个扩展名为*.tf.json 的 JSON 文件。JSON 文件使用 Terraform 特有的语法。然后进入*.tf.json 文件目录,并运行 terraform init 和 terraform apply 来创建资源。虽然 Python 代码似乎增加了不必要的抽象,但它确保我可以提供具体的示例,而不依赖于平台和工具。

诚然,我也不希望引入如此复杂的操作流程。然而,它服务于两个目的:Python 文件使用编程语言提供了模式和实践的通用实现;JSON 配置允许我们使用工具来运行和创建资源,而不是编写抽象内容。

注意 可以在本书的代码库中找到完整的代码示例,详见链接[1]。

不必深入了解 Python 或 Terraform,就可以理解代码示例。如果想运行示例并创建资源,建议你查看 Terraform 或 Python 的语法和命令入门教程。

注意 你可以找到大量有关 Terraform 和 Python 的资源。例如,Scott Winkler 撰写的 *Terraform in Action*(Manning,2021)、Naomi R.Cedar 撰写的 *The Quick Python Book*(Manning,2018)或 ReuvenM.Lerner 撰写的 *Pythone Workout*(Manning,2020)。

谷歌云平台

虽然 AWS 或 Microsoft Azure 可能更受欢迎,但出于三个主要原因,我决定使用谷歌云平台(Google Cloud Platform,GCP)作为主要云提供商。首先,GCP 在实现类似的架构时需要更少的资源。这减少了示例的冗长性,并将重点放在模式和方法上,而不是配置上。

其次,GCP 的产品使用更直观的命名和通用基础设施术语。即便你在数据中心工作,仍能识别服务所创建的内容。例如,使用 Google Cloud SQL 创建 SQL 数据库。

如果运行这些示例,将在 GCP 中使用以下资源:

- 网络(网络、负载均衡器和防火墙)
- 计算
- 托管队列(发布/订阅)
- 存储(云存储)
- 身份和访问管理(IAM)
- Kubernetes 产品(Kubernetes Engine 和 Cloud Run)
- 数据库(Cloud SQL)

你不必知道每项服务的详细信息。我将使用它们来演示基础设施资源之间的依赖性管理,并将避免使用每个云平台特有的不同服务,如机器学习。

AWS 和 Azure 等效用法说明

每个示例都包括旁注，提供了 AWS 和 Azure 的等效服务，以进一步巩固特定的模式和技术。如果要把例子改为使用你选用的云厂商，可能需要进行一些语言转换并变更一些依赖项。例如，你可以使用内置网关创建 GCP 网络，但是在 AWS 网络中必须显式地构建它们。

有些示例在本书的代码存储库(详见链接[2])中存在等价的 AWS 示例。你还可以在附录 A 中找到有关设置 AWS 或 Azure 以运行示例的更多信息。

我使用 GCP 编写示例的第三个原因涉及成本。GCP 提供了免费套餐。如果你使用 GCP 创建了一个新账户，将获得最高 300 美元的免费试用(截止本书出版时)。如果有一个现成的账户，你可以使用免费套餐中的产品。在本书出版时，所有不符合免费套餐的资源，我都会标注出来。

使用谷歌云平台

有关 GCP 免费计划的更多信息，详见链接[3]。

我建议创建一个单独的 GCP 项目来运行所有示例。单独的项目将有助于隔离你的资源。这样完成本书后，就可以删除项目及其资源。创建 GCP 项目的教程详见链接[4]。

1.5.2　资源置备

置备工具为给定的提供商创建和管理一组基础设施资源，无论是公有云、数据中心还是主机监控解决方案。提供商指的是负责提供基础设施资源的数据中心、IaaS、PaaS 或 SaaS。

定义　置备工具(provisioning tool)为公有云、数据中心或托管监控解决方案创建和管理一组基础设施资源。

一些置备工具仅支持特定的提供商，而其他工具则支持与多个提供商集成(见表 1.1)。

表 1.1　置备工具和提供商示例

工具	提供商
AWS CloudFormation	Amazon Web Services
Google Cloud Deployment Manager	Google Cloud Platform
Azure Resource Manager	Microsoft Azure
Bicep	Microsoft Azure
HashiCorp Terraform	各种(完整列表详见链接[5])

(续表)

工具	提供商
Pulumi	各种(完整列表详见链接[6])
AWS Cloud Development Kit	Amazon Web Services
Kubernetes manifests	Kubernetes(容器编排器)

大多数置备工具可以预览对系统的变更，并显示基础设施资源之间的依赖关系，也称模拟运行。

定义 在将变更应用于资源之前，**模拟运行**将分析并输出基础设施的预期变更。

例如，你可以声明网络和服务器之间的依赖关系。如果变更网络，配置工具将显示服务器也可能会变更。

1.5.3　配置管理

配置管理工具可确保服务器和计算机系统处于所需状态。大多数配置管理工具擅长设备配置，如服务器安装和维护。

定义 **配置管理工具**可以为托管的包和属性配置一组服务器或资源。

例如，如果数据中心有 10 000 台服务器，你如何确保所有服务器都运行安全团队批准的特定版本的软件包？你不需要登录到 10 000 台服务器并手动输入命令进行检查。如果使用配置管理工具配置服务器，只需要运行一条命令就可以查看所有 10 000 台服务器并执行软件包的更新。

解决此类问题的配置管理工具包括：

- Chef
- Puppet
- Red Hat Ansible
- Salt
- CFEngine

虽然本书侧重于介绍置备工具和管理多类提供商的系统，但我将介绍一些与基础设施测试、变更基础设施和安全相关的配置管理实践。配置管理可以帮助调整服务器和网络基础设施。

注意 建议你阅读有关所选的配置管理工具的书籍和教程，以获取更多信息。这些书籍和教程会根据工具的设计提供更详细的指南。

更令人困惑的是，你可能会注意到一些配置管理工具提供了与数据中心和云提供商的集成。因此，你可能会考虑使用配置工具作为置备工具。虽然这种方法可行，但可能并不理想，因为置备工具通常有不同的设计方法来专门解决基础设施资源之间的依赖关系。下一章将探讨这一细微差别。

1.5.4　镜像构建

创建服务器时，必须在操作系统中指定服务器镜像。镜像构建工具将创建用于应用程序运行时(容器或服务器)的镜像。

定义　**镜像构建工具**为应用程序运行时(如容器或服务器)构建机器镜像。

大多数镜像构建器允许你指定运行时环境和构建目标。表 1.2 简要列举了一些工具、所支持的运行时环境及其构建目标和平台。

表 1.2　镜像构建器和提供者示例

工具	运行时环境	生成目标
HashiCorp Packer	容器和服务器	各种(完整列表详见链接[7])
Docker	容器	容器镜像仓库
EC2 Image Builder	服务器	Amazon Web Services
Azure VM Image Builder	服务器	Microsoft Azure

本书中并未详细讨论镜像构建。然而，在第 6～8 章测试、交付和合规的模式中，确实有镜像构建的补充内容。在下一章，你将了解不可变性，这是一个关键的范例，展示了镜像构建器的工作原理。

图 1.14 显示了镜像构建、配置管理和置备工具如何协同工作。部署新服务器配置的过程通常从配置管理工具开始，然后开始构建基础并测试服务器配置是否正确。

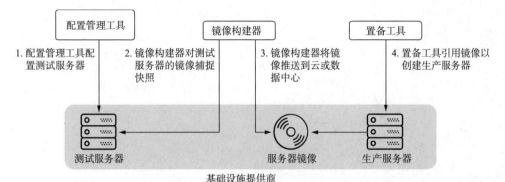

图 1.14　每种类型的 IaC 工具都服务于服务器基础设施资源的生命周期，从配置到镜像获取和部署

在建立所需的服务器配置后，可以使用镜像构建器来保存服务器的镜像及其版本控制和运行时。最后，置备工具引用镜像构建器的快照来创建具有所需配置的新生产服务器。

这一工作流代表了使用 IaC 工具管理和部署服务器的理想的端到端方法。然而，正如你将要了解的那样，基础设施可能很复杂，这个工作流可能并不适用于每个场景。不同的基础设施系统及其依赖关系使资源置备变得复杂，所以我选择将资源置备作为本书的重点，这也是这些示例使用置备工具的原因。

1.6   本章小结

- 基础设施可以向生产环境提供或部署应用程序的软件、平台或硬件。
- IaC 是一种 DevOps 实践，它将基础设施自动化以实现可靠性、可扩展性和安全性。
- IaC 的原则包括可重建性、幂等性、可组合性和可演进性。
- 通过遵循 IaC 的原则，你可以改进变更管理流程，减少修复故障系统所需的时间，更好地共享知识和上下文，并为基础设施构建安全性。
- IaC 工具包括资源置备、配置管理和镜像构建工具。

第 *2* 章

编写基础设施代码

本章主要内容
- 基础设施的实际状态对基础设施可重建性的影响
- 检测并处理可变更基础设施中的漂移问题
- 通过编写 IaC，实施可重建基础设施的最佳实践

想象一下，你有一个示例应用程序 hello-world，在为它构建开发环境时，你采用了逐步累积的方式：按需随时添加新组件。最后，为了配置公开给人们访问的生产环境，就需要重复一次这个配置过程。生产环境要求实现高可用性，所以你还需要对生产环境跨三个地理区域进行扩容。

为了实现这一目的，你需要在生产环境的多个网络之间，创建并维护防火墙、负载均衡器、服务器和数据库。图 2.1 描绘了开发环境的复杂性，其中包含防火墙、负载均衡器、服务器和数据库，以及在搭建生产环境时需要重复部署的组件。

从图中我们还能看出开发环境和生产环境的区别。生产环境需要三台服务器实现高可用性，放宽了防火墙规则从而允许所有 HTTP 流量；而在可连接数据库的服务器方面，它的防火墙规则更严。了解这些差异后，你可能会产生很多疑问，什么才是便捷地实现这些变更的最佳方式？

例如，你可能想知道为什么在开发环境中不使用 IaC 会影响到你搭建生产环境的能力。首先，没有 IaC 的情况下基础设施资源无法轻松地重建。你需要对数周以来的手工配置过程进行逆向工程。有了 IaC，就可以复用其中的一部分配置，再针对生产环境进行修改。

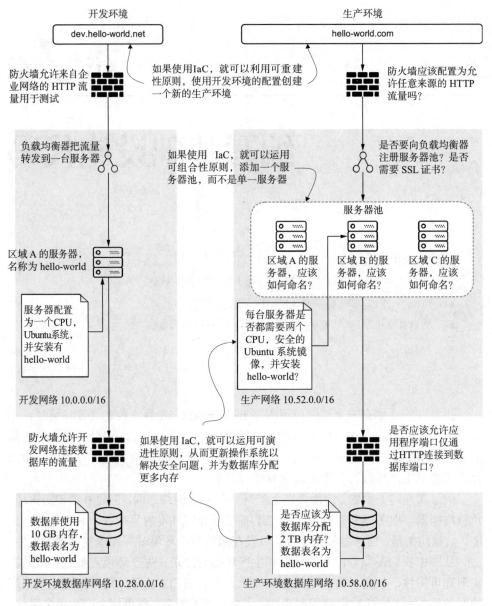

图 2.1　基于开发环境搭建生产环境时，需要回答很多有关新基础设施配置的问题，
　　　　并对开发环境的功能进行逆向工程

　　其次，新的基础设施资源之间的组合过程也不简单。在生产环境中，我们需要一组服务器，而不只是一台。如果把基础设施构建成为模块，就能以它为基础构件，搭建多台服务器，而不需要从零开始编写配置。

　　最后，手工搭建的生产环境难以针对特定的要求进行演进。生产环境对基础设施资源的要求会有所不同，比如更安全的操作系统、更大型的数据库。你必须手工调整你从未在开发环境中运行过的配置。

为了解决这些问题，需要提升可重建性、可组合性和可演进性，这可以通过两种方式实现。首先要把手工配置的基础设施迁移为 IaC 模式；然后，要以科学的方式编写 IaC，获得可重建性和可演进性。

本章的前半部分会简要介绍编写 IaC 和将现有的基础设施迁移为代码的基本概念。本章的后半部分会在基础设施上运用一些代码匠艺(code hygiene)方法。结合运用这些方法，能让你编写的 IaC 具备可重建性，并为未来的系统组合与演进打下基础。

2.1　表述基础设施变更

在第 1 章，我提到过，IaC 可让变更过程自动化。事实上，随着时间的推移，要对大量的变更实现重复和自动化的处理，还是需要不小的成本的。比如，要在 GCP 上置备资源并管理服务器，一般要执行下面这些变更：

(1) 通过控制台、命令行或者代码，在 GCP 上创建服务器。

(2) 从 GCP 读取服务器信息，以确保创建过程的参数正确——比如，使用的操作系统确实为 Ubuntu 18.04。

(3) 变更 GCP 服务器配置，向它添加可公开访问的网络地址，以便登录。

(4) 不再需要时，删除 GCP 服务器。

如果要做更复杂的变更，或者要在另一套环境里重建服务器，就要执行下面的步骤：

(1) 创建服务器。

(2) 使用 read 命令检查服务器已创建完成。

(3) 需要登录时，就变更配置。

(4) 不再需要时，删除服务器。

无论你自动化哪种资源，变更步骤都可以细化为创建、读取、更新和删除(CRUD)操作：创建基础设施资源、查询它的元数据、对它的属性进行更新，以及在不再需要时删除它。

注意 通常不会有显式声明的"读取服务器信息"变更记录。变更记录通常意味着通过读取步骤来验证资源已完成创建或变更。

CRUD 操作允许我们按顺序一步步地自动化你的基础设施。这种方式称为命令式风格，它描述了基础设施的配置过程，类似于一种操作指引手册。

定义 命令式风格的 IaC 会描述基础设施资源的配置过程中的各个操作步骤。

命令式风格尽管看起来很直观,但如果需要对系统进行增量变更,就难以维护。有一次,我需要基于开发环境创建一个新的数据库环境。我开始重建两年以来提交到开发环境的 200 个变更请求。把每个变更请求的内容转译为一系列对资源的创建、更新和删除操作。我花了一个半月才搭建好环境,但该环境还是不能与实际的开发环境保持一致。

与其大费周章地重做每个步骤,我希望只需要基于当前运行状态的开发环境,描述出新的数据库环境,然后通过某个工具去研究如何实现这一状态。在多数 IaC机制中,我们会发现声明式风格会让重建环境和变更过程更为简单。声明式风格描述的是我们所期望的基础设施资源的目标状态。由具体的工具负责确定完成基础设施配置所需的步骤。

定义　**声明式风格**的 IaC 描述了基础设施资源的最终期望状态。自动化机制及工具决定了如何在不依赖用户经验的情况下实现最终状态。

具体的 IaC 过程又分为多个步骤。首先,我要知道从哪里能找到数据库服务器的信息。接着,从中找到数据库的 IP 地址列表。最后,基于收集到的信息编写配置内容。

这样,存储到版本控制中的配置就成为基础设施的可信来源。我们在其中声明新数据库环境的期望状态,而不是具体的一系列步骤——这些步骤导向的最终状态可能并不一致。

定义　维护基础设施系统状态的一致且唯一的设施称为基础设施的**可信来源**。

我们对基础设施的所有变更都应体现到可信来源上。然而,即使在理想的情况下(比如使用第 7 章介绍的 GitOps),随着逐渐引入的手工变更,可能还是会有一些配置漂移。如果以声明式风格创建可信来源,就可以在基础设施变更时运用不可变性思想,降低故障风险。

> **练习题 2.1**
>
> 下面的基础设施配置代码使用的是命令式还是声明式风格?
>
> ```
> if __name__ == "__main__":
>   update_packages()
>   read_ssh_keys()
>   update_users()
>   if enable_secure_configuration:
>     update_ip_tables()
> ```
>
> 答案见附录 B。

2.2　理解不可变性

怎样才能避免配置漂移，并快速重建基础设施？首先，我们要改变对变更的认知。试想，如果你有一台服务器，创建时它的 Python 版本是 2。你可以修改脚本，登录到服务器并升级 Python 的版本，这一过程中不需要重启服务器。由于我们能够对服务器进行就地更新而不需要重启，因此服务器可视作可变基础设施。

定义　可变基础设施是指可以在不重新创建或不重新启动的情况下就地执行修改的基础设施资源。

然而，将服务器视作可变基础设施带来一个问题，即服务器上的其他软件包不支持 Python 3。与其更新所有其他软件包而有可能破坏服务器，还不如修改更新脚本，创建一台使用 Python 3 及兼容依赖项的新服务器。然后，旧的 Python 2 服务器就可以删除了。图 2.2 所示即为这一过程。

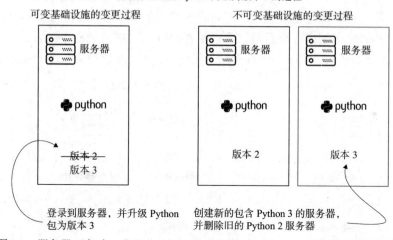

图 2.2　服务器可变时，登录后更新 Python 软件包的版本；而服务器不可变时，
旧的服务器替换为升级到 Python 3 的新服务器

新的脚本将服务器视为不可变基础设施，它以换新的方式，体现对现有的基础设施的变更，而不再对基础设施进行就地修改。不可变性意味着，资源一经创建，其配置就不会再被修改。

定义　不可变基础设施是指每当要对基础设施的配置进行变更时，就需要创建新的资源。资源一经创建，其配置就不再修改。

为什么要以两种不同的方式来处理服务器的变更？因为，如果以可变的方式进行变更，某些修改可能会破坏这一资源的功能。为了消除故障风险，我们可以用新的配置完整地创建新的资源，然后基于不可变性，删除旧的实例。

不可变性依赖一系列创建和删除的变更步骤。新资源的创建不会有太多漂移（即实际效果与期望配置间的差异），因为新的实例是根据 IaC 描述来创建的。这一方法还可推广到服务器资源之外，甚至是无服务器函数和整体基础设施集群的维护上。我们不再对现有资源进行修改，而是创建新资源，并在新资源中体现变更。

注意　系统镜像制作工具就运用了不可变基础设施的概念。对服务做任何变更，制作工具都会生成并提供一个新的系统镜像。对服务器的修改，比如 IP 地址的注册过程，应该以参数的形式，传递给镜像制作工具定义的启动脚本。

实施不可变性会影响执行变更的思路。新资源的创建会依赖可重建性原则。因此，IaC 很适合在你的变更过程中强制执行不变性。比如，可以在每次要修改防火墙规则时，就创建新的防火墙。新防火墙会覆盖其他人在 IaC 以外手工添加的所有规则，可以在确保安全的同时，减少漂移。

不可变性还有助于提高系统的可用性，减少核心业务系统的故障。由于不再对现有资源进行就地更新，新建资源可将变更内容隔离在新的资源之内，即使出现问题，其影响范围也十分有限。我们将在第 9 章详细讨论这个问题。

不过，不可变性有时会以时间和精力为代价。图 2.3 比较了可变与不可变基础

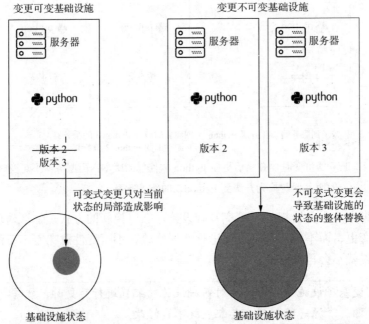

图 2.3　对可变资源的变更，只影响一小部分基础设施状态；而不可变式资源变更，则会替换资源的整体状态

设施的效果。把服务器视为可变资源时，Python 就地更新的影响比较小，更新内容只占服务器整体状态的很小一部分。而将服务器视为不可变资源时，整个服务器的状态都被替换了，也就会对依赖该服务器的所有资源都造成影响。

同时，相比于可变基础设施，为了不可变性而整体替换的过程可能需要更长时间。你不能期望任何时候所有的基础设施都一直保持不变。如果要以不可变的方式变更数万台服务器，创建工作就需要花费数天。而如果不出错，就地更新可能只需要一天。

我们常常要根据实际情形，对资源的可变性与不可变性做出选择。不可变基础设施有助于减少系统中潜在的故障风险，而可变基础设施可使变更过程更为高效。通常，在需要修复系统的问题时，会将基础设施视为可变的。那么，如何在可变与不可变基础设施之间进行切换？

2.2.1　计划外手工变更补偿

我们不能期待对所有的变更都创建新资源。有些变更很微小，影响也不大。所以，我们可能会以可变的方式实施变更。

想象你和朋友约在一家咖啡店会面。朋友点了一杯不含牛奶的卡布奇诺，而咖啡师已经加了牛奶。这时咖啡师需要为你的朋友新制作一杯卡布奇诺，因为牛奶会影响整杯咖啡的口味。这样，你的朋友就需要再等 5 到 10 分钟。而你只是点了一杯不加牛奶的美式咖啡，通常可以通过添加牛奶和糖来调味。如果糖不够，只需要多加一点就好。

你对可变的美式咖啡的变更比你的朋友对他的不可变卡布奇诺的变更要更快。类似地，对可变资源执行变更的时间精力和成本都要少得多。将基础设施临时视为可变资源并执行的变更，称为计划外手工变更。

> **定义**　计划外手工变更是一种将不可变基础设施临时视为可变基础设施，并快速实施的变更。

一旦使用计划外手工变更打破不可变性，在节省了变更时间的同时，也就增加了对未来其他变更造成影响的风险。在进行计划外手工变更后，要更新可信来源，以确保基础设施回到不可变状态。那么这种补偿过程要如何着手实施？

在执行计划外手工变更时，必须协调实际状态与所需配置。下面将该条件应用到图 2.4 所示的服务器例子中。首先，登录服务器，把 Python 升级到版本 3；然后修改版本控制中的配置，这样未来新产生的服务器将会安装 Python 版本 3。从而服务器的状态与作为可信来源的版本控制中的配置就相互匹配了。

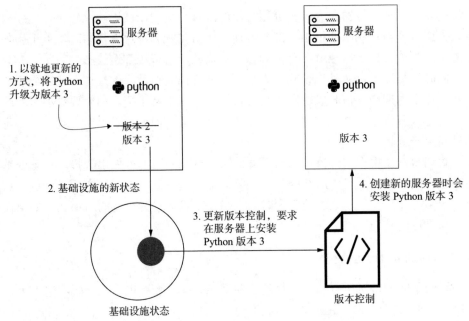

图 2.4　更新可变资源时，需要更新版本控制，记录计划外手工变更的内容

　　为什么要将计划外手工变更的内容更新到 IaC 中？回想一下第 1 章所提到的，手工变更可能会影响可重建性。只要确保所有针对可变基础设施所做的变更内容，都能转变为未来的不可变基础设施，可重建性就得以保持。计划外手工变更的内容添加到 IaC 后，手工变更过程就得以补偿，后续就可以继续向服务器重复部署新的变更，一切恢复如初。这一行为也符合幂等性！

　　如果执行了多次手工变更，就需要持续对系统状态与可信来源进行对比分析。为了确保可重建性，应该采用不可变性优先的原则。在上面的咖啡示例中，咖啡师总是能够替换一杯饮品，即使糖包都掉到"可变的"咖啡里去了也是如此。我建议企业应该利用变更流程对计划外手工变更予以限制，同时确保变更内容要同步到 IaC 的配置中。我们总是能够利用不可变基础设施配置来修复"可变"变更中的故障。

练习题 2.2

不可变性有助于改善下列哪些变更？(多选)

A. 网络缩容，减少可用 IP 地址数

B. 向关系型数据库添加新的列

C. 向现有的 DNS 记录添加新的 IP 地址

D. 更新服务器上的软件包，更新至向后不兼容版本

E. 将基础设施资源迁移到另一个区域

答案见附录 B。

2.2.2 迁移到基础设施即代码

有了 IaC 提供的不可变性，我们就能运用版本控制来管理基础设施配置，使它成为可信来源，并主导未来的系统重建工作。事实上，坚持运用不可变性意味着总是创建新的资源。对于没有活动资源的绿地环境(greenfield，意为未开垦之地，在这种类型的地上开展建设约束较少。greenfield 软件项目常表示全新的、没有历史包袱的项目。与之相对的是 brownfield(棕地)。棕地表示已开垦过或已废弃的地。因此 brownfield 软件项目常表示存量的或遗留的软件项目)来说，这种方法很有效。

然而，大多数组织都是棕地环境，环境里存在活动的服务器、负载均衡器和网络。本章开篇介绍的示例应用程序 hello-world 就是一个棕地开发环境。之前，人们就是联系基础设施提供商，手工创建一组资源。

通常，棕地环境中的基础设施被视作可变基础设施。我们需要一种途径，把针对可变基础设施的手工变更，改为自动变更的不可变 IaC。怎样才能把环境中的基础设施资源迁移为具有不可变性？

下面将 hello-world 开发环境迁移到不可变的 IaC。在开始之前，我们要列出环境中的基础设施资源，包括网络、服务器、负载均衡器、防火墙，以及域名系统(Domain Name System，DNS)记录。

底层基础设施

首先，我们找出其他资源需要使用的底层基础设施资源。比如，开发环境中所有的资源都要依赖于网络。我们先编写数据库网络和开发网络的 IaC，因为服务器、负载均衡器和数据库都要基于它运行。如果不先用代码描述好网络，那么其他需要在网络上运行的资源就无法重建了。

图 2.5 中，我们通过终端来访问基础设施提供商的应用程序编程接口(Application Programming Interface，API)。终端命令会打印开发环境的数据库与网络的名称和 IP 地址段(即无类别的域间路由，或 CIDR，网段)。通过把网络的名称和 CIDR 网络复制到 IaC 即可重建网络。

为什么要在 IaC 中进行逆向工程并复制网络？因为必须让 IaC 与网络资源的实际状态严格匹配。如果不匹配，就会发生配置漂移；漂移发生后，IaC 可能会在不经意间对网络(以及网络上的所有资源)造成破坏！

如果有可能，应该把资源导入 IaC 状态。资源已存在时，我们需要让置备工具来识别它。使用导入步骤可将现有资源导入 IaC 的管理之下。在完成网络资源的迁移前，需要再次运行 IaC，确保不存在漂移情况。

很多置备工具提供了导入资源的功能。比如在 CloudFormation 中，可以使用 resource import 命令。类似地，Terraform 提供了 terraform import。

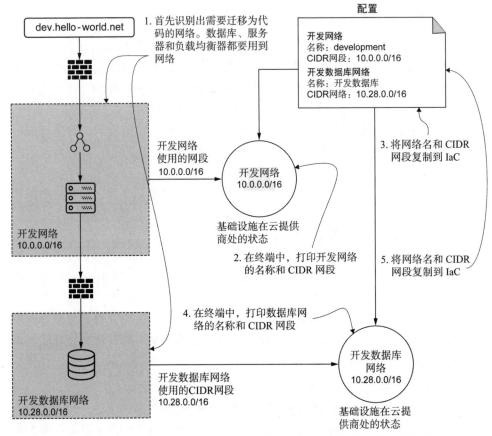

图 2.5 先对数据库和服务器的网络进行逆向工程，再编写它们的配置即代码

如果在编写 IaC 时没有指定置备工具，也就不需要直接导入功能了。你只需要编写创建资源的代码。有时，运用可重建性创建新资源更简单。如果不能轻松地创建新资源，那么可用条件语句编写代码来检查资源是否存在。

图 2.6 展示了网络重建，以及迁移为不可变性资源过程中会否使用置备工具的整体决策过程。

图中包含了要选择创建新资源还是编写条件语句以检查现在资源的考虑因素。在迁移过程中，要多次运行 IaC 来检查漂移情况。

为什么在迁移为不可变资源的过程中会存在这么多决策流程？因为所有这些实践都要遵循可重建性、幂等性和可组合性的原则。我们希望用 IaC 尽可能精确地重建资源。在资源无法导入的情况下，至少可以复制一个新的资源。

此外，重新运行代码的过程中用到了幂等性原则，因为它要确保我们不会多次创建同一份资源(除非必要)。在分析漂移时，幂等性确保了当前的活动网络不会被变更。类似地，可组合性让我们能够单独迁移每个资源，以免破坏系统。

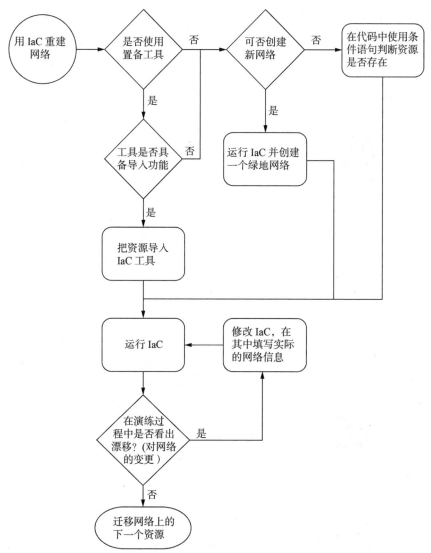

图 2.6 迁移决策流程有助于我们选择如何使用置备工具导入基础设施，是重建新资源，还是
编写检查资源是否存在的条件语句。不管选用哪种方式，都要再次运行 IaC 并分析漂
移情况

在处理其他资源时，要持续运用上面的决策流程。你可以将其应用于每个迁
移到 IaC 的资源，直到迁移完成。在第 10 章讨论 IaC 的重构时，我们还会再次回
顾这个流程。

依赖底层基础设施的资源

完成了底层网络基础设施的重建后，就可以处理服务器和其他组件了。我们
再次使用终端来打印 hello-world 服务器的相关信息。它在 A 区运行，使用 Ubuntu

操作系统,有一个 CPU。我们把这些规格写入它的配置,标记它要依赖开发网络。
我们从终端可以了解数据库使用了 10 GB 内存,将这一信息复制到 IaC,并记录
它要用到的开发数据库网络。图 2.7 所示为服务器和数据库迁移到代码的过程。

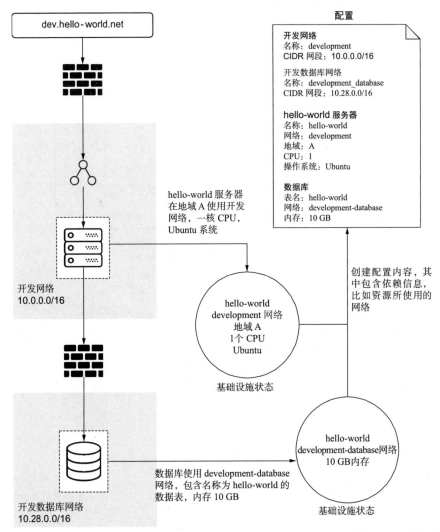

图 2.7　网络之类的底层基础设施迁移完成后,开始迁移服务器和数据库资源。它们都依赖
　　　　底层的基础设施,但相互之间没有依赖

接下来迁移第二批用到网络的资源。我们要运用可组合性来隔离这些基础
设施资源,以迭代的方式进行修改。应逐步对下层基础设施进行修改,这有助
于避免大的系统故障。第 7 章中,我们将学习更多有关为基础设施部署小型变
更的内容。

在开始处理下一批资源前,先要完成本轮迁移周期,也就是运行 IaC 并检查

漂移，直到不再需要对网络、服务器和数据库的 IaC 进行修改。完成所有新的漂移的对比分析后，就可以转向其他资源(DNS、防火墙规则和负载均衡器)的迁移。

最后，图 2.8 展示了剩余的 DNS、防火墙规则和负载均衡器的配置过程。它们依赖服务器和数据库的配置，没有其他资源会依赖它们。

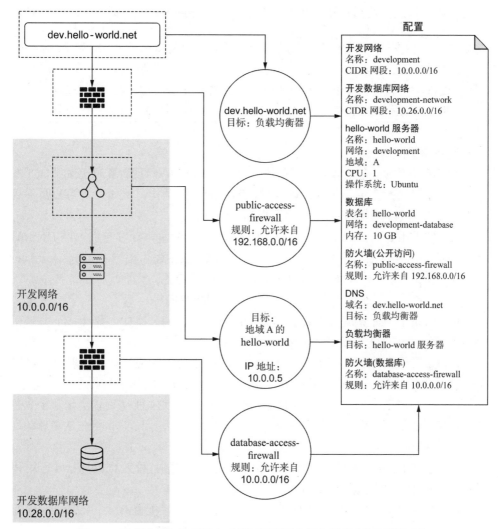

图 2.8　最后迁移依赖项最少或需要用到服务器与数据库配置的资源

为什么要如此费心劳力，还要分这么多层次来重构这些基础设施？这是因为棕地环境此前还没有一致的可信来源，因此需要建立一个。在你将基础设施资源都添加到配置之后，你就为这套环境重建了一个可信来源。有了具备 IaC 能力的可信来源，棕地环境也可视作不可变基础设施了。

将此方法推广到示例之外，在迁移到不可变资源时，通常先从低层级资源开始，再到高层。在开始迁移时，先识别出那些其他资源大量依赖的资源。先将这些低层资源——如网络、账户或项目，以及 IAM(身份与访问控制系统)等写入 IaC。

接着选择服务器、队列和数据库这样的资源。而防火墙、负载均衡器、DNS，以及警报等资源会要求这些服务器、队列和数据库先行创建。而其他依赖性较弱的资源则可以放到最后迁移。我们将在第 4 章更详细地讨论基础设施间的依赖。

> **注意**　可以使用一种依赖图谱来呈现基础设施资源间的依赖关系。比如 Terraform 这样的 IaC 工具，运用这一概念可使变更的执行更为结构化。资源迁移的过程，也正是重建依赖图谱的过程。我们也可以通过一些工具将基础设施的实时状态映射出来，并且突出展示其中的依赖关系，从而简化分析过程。

迁移步骤

我通常会按照一般的步骤来评估依赖关系和结构，以将现有资源迁移到 IaC：

(1) 迁移初始登录、账号，以及供应商资源隔离结构。比如，我为云服务商的账号、项目及初始服务账号编写了自动化配置。

(2) 如果用到网络、子网、路由，以及根 DNS 配置，迁移它们。根 DNS 配置部分可能还要包括安全套接字(SSL)证书。比如，我创建了根域名 hello-world.net 和 SSL 证书，为子域名(如 dev.hello-world.net)做好准备。

(3) 迁移计算资源，比如应用程序服务器和数据库等。

(4) 如果用到计算编排平台及配套组件，迁移它们。比如，我迁移了用来在多台服务器间调用工作负载的 Kubernetes 集群。

(5) 如果用到计算编排平台，迁移计算编排平台上的应用程序部署信息。比如，我导出了 hello-world 应用程序在 Kubernetes 集群上的部署配置。

(6) 迁移消息队列、缓存和事件流处理平台。重建这些服务时，会依赖于业务应用程序。比如，我为一个用于在 hello-world 和另一个应用程序间通信的消息队列编写了配置。

(7) 迁移 DNS 子域名、负载均衡器及防火墙。比如，我为 hello-world 应用和数据库之间的防火墙规则重建了配置。

(8) 迁移资源相关的警报或监控。比如，我重建了一项配置，它可以在 hello-world 应用程序停机时通知我。

(9) 最后，迁移不依赖于应用程序的 SaaS 资源，如数据处理或存储库。比如，这可以是一个 GCP 上的数据转换任务，只有数据库这一个依赖项。

在每个步骤之间，一定要通过重复运行配置对迁移过程进行测试，以确保对最初资源的迁移是正确的。通常在实际试验之前，很难收集到完整的参数和依赖信息。

注意 根据幂等性，重复运行迁移后的配置不应该修改现有的基础设施。我们可
以多次实施配置，并检测演练过程。演练过程产生的差异，意味着我们编
写的配置还没能精确地记录资源的实际状态。

如果配置运行产生了一些差异，就需要修正配置的内容。这个过程需要反复
试验。因此，我建议对每组资源都进行测试和验证。

迁移到不可变基础设施的过程可以作为一种练习来减少漂移。这个过程展示
了一种极端情况，即配置偏离实际状态很远，可通过修改可信来源在版本控制中
的配置来让它重回正轨。把现有资源导入新的可信来源的过程，要用到 IaC 的重
构技术，这正是第 10 章要讨论的话题。

2.3 编写整洁的基础设施即代码

除了不可变性，我们还可以通过编写整洁的配置来提高可重建性。代码匠艺
指的是能够增强代码的可读性和结构的一系列实践方法。

定义 代码匠艺是能增强代码的可读性和可维护性的一系列实践风格与方法。

如果我们需要重建一些配置，IaC 匠艺将为我们节省时间。我常常看到基础
设施配置中的硬编码值到处被复制粘贴和修改。硬编码值会降低可读性和可重建
性。虽然不少实践来自软件开发领域，但建议还是采用一些基础设施领域专有的
实践。

2.3.1 把沟通上下文记录到版本控制

怎样高效地运用版本控制提升可重建性？有一组围绕版本控制的实践方法，
能让我们快速地重新实施配置，执行必要的变更。比如，如果要更新开发环境的
防火墙规则，允许从 app-network 网络到 shared-services-network 网络的流量。就
可以添加下面的提交消息来描述你为什么要添加这些放行规则：

```
$ git commit -m "Allow app to connect to queues
app-network needs to connect to shared-services-network
because the application uses queues.
All ports need to be open."
```

几周之后，我们需要在生产环境重建这些网络。然而，此时可能已忘记了当
初为什么要添加这些放行规则。如果检查提交历史，就会记起这些描述性的消息。

在为 IaC 编写提交消息时，不需要解释配置。变更的内容已包含了配置的最
终形态。相反，要用提交消息来解释为什么要做这些变更，以及它将如何影响其

他基础设施。

注意 在本书中，我只会介绍与 IaC 相关的版本控制实践方法。如果要了解更多
与版本控制相关的知识，请参阅 Git 教程 "Getting Started——About Version
Control"，网址见链接[1]。关于如何编写更好的提交消息，请参阅
"Distributed Git—Contributing to a Project"，网址见链接[2]。以上教程都
来自 Scott Chacon 和 Ben Straub 编写的 Pro Git 一书。

有时候可能还会出于审计要求，在提交消息的前面包含提案编号和工单编号。
比如，假设当前处理一个单号为 TICKET-002 的工单，它包含一个允许应用程序
和共享服务之间通信的请求。为了把工单与代码提交关联起来，就可以在提交消
息的前面加上工单号：

```
$ git commit -m "TICKET-002 Allow app to connect to queues
app-network needs to connect to shared-services-network
because the application uses queues.
All ports need to be open."
```

在提交消息里添加工作项或工单编号，可以更容易地跟踪变更。这样，配置
就成为一种变更文档，因为它正是基础设施资源的可信来源。版本控制工具也成
为一种记录变更的机制。通过检视版本控制及其配置，就可以复现变更历史和重
建环境了。

2.3.2 风格检查与格式化

提交代码之前，要对代码的风格进行检查，并处理好代码的格式。IaC 常常由
于少写了一两个空格或是用错了字段名而无法运行。字段名用错就可能导致错误。
不严格对齐的代码，常常会让人误读，或者忽略一行配置。

试想，在配置服务器时，它需要名为 ip_address 的字段，而你却将字段命名
为 ip，稍后你就会发现 IaC 不能用于创建服务器。要怎样才能确保将字段写成
ip_address 呢？

我们可以使用风格检查技术对代码进行分析，从而检查非标准或是错误的配
置。大多数的工具都提供了对配置或代码进行风格检查的方法。对 ip_address 进
行风格检查就能在开发的早期发现 ip 是一个错误的字段名。

定义 风格检查是一种自动检查代码风格的机制，用于发现不标准的配置。

为什么要检查非标准和错误的配置？因为我们要确保配置的正确性，防止出
现大的语法谬误。如果工具没有提供风格检查的功能，我们通常可以从社区查找
相关扩展，或者使用编程语言编写自己的检查规则。检查规则应涉及安全标准相

关的问题，比如不应将机密信息提交到版本控制(见第 8 章)。

除了风格检查，还可以利用格式化工具来检查空格问题和配置格式。格式化是一种常见的软件开发实践，但在 IaC 领域却显得尤其重要。

定义　**格式化自动处理代码的对齐，修正其中的空格问题，以及配置的格式。**

多数工具都使用一种与特定领域相关的语言(Domain-Specific Language, DSL)，它是为编程语言提供的高层抽象。DSL 为不了解编程语言的人降低了学习门槛。这些语言均使用具有特定格式要求的 YAML 或 JSON 数据结构。利用工具对格式进行检查非常有用，比如，可以检查在 YAML 文件中是否少写了空格等。

我们还可以在版本控制工具中添加钩子，以在代码提交前进行格式检查。比如，如果我们用 YAML 数据格式的 CloudFormation 来创建基础设施资源，就可以使用 AWS CloudFormation Linter 来验证基础设施的字段与值(网址详见链接[3])。同时还可以使用 AWS CloudFormation Template Formatter 对 YAML 文件进行格式化处理(网址详见链接[4])。

如果不希望每次都输入这些命令，可以把它们添加为 Git 的 pre-commit 钩子。这样当运行 git commit 时，命令在被推送到存储库之前会检查配置和格式是否正确。我们还可以把它们添加到持续交付的工作流中，我将在第 7 章介绍相关内容。

2.3.3　为资源命名

当 IaC 成为一种文档时，其中的资源、配置和变量，都应该使用描述性的名称。有一次我创建了一个用于测试的防火墙规则，将其命名为 firewall-rule-1。两周之后，当我需要在生产环境中重建它时，却忘记了之前为什么要创建它。

回想起来，我认为应该把防火墙规则命名为更具描述性的名称。我又花了 30 分钟追踪这条规则的 IP 地址和权限。命名的差异可能会导致你花费更多的时间识别一个基础设施的用途，以及它在其他环境中的变体。

资源名称应该包含环境名、基础设施的资源类型及其用途。图 2.9 中的防火墙规则命名为 dev-firewall-rule-allow-hello-world-to-database，其中包含了环境名(dev)、资源类型(firewall-rule)和用途(allow-hello-world-to-database)。

图 2.9　资源的名称应该包含环境名、资源类型和用途

为什么要在名称中包含如此多的细节？因为我们希望在问题诊断、分享和审核时，能快速识别这些资源。通过简单一瞥即可注意到环境名，可以确保我们的

配置目标的正确性(不会无意中操作到生产环境上)。用途则可以把资源的作用传
达给其他人，也方便给自己提醒。

名称还可以包含资源类型。我通常不会在名称中写明资源类型，因为我可以
从资源的元信息中看出类型。省略资源类型可让名称更短，更加符合云提供商的
字符限制。如果想记录更多有关资源用途和类型的信息，我们总是可以把它们作
为资源的标签写入(见第 8 章)。

向其他人描述资源

在需要对资源命名时，我会尝试向其他人描述它。如果另一个人能通过名称
理解这一资源，我就知道名称不错。而如果别人需要询问很多关于环境或资源类
型的问题，我就知道信息还不够。

这个练习可能会让名称稍微长一些，但我倾向于让它更具描述性。从资源的
名称上就能识别它的用途，可以节省宝贵的重建环境的时间。

除了资源的名称，变量名和配置也要尽可能具有描述性。大多数基础设施提
供商对资源都有其特有的命名方法。AWS 的网络 IP 地址为 CidrBlock，而 Azure
则为 address_space。

我倾向于直接使用这些提供商的命名，以便于未来需要修改和重建时，更容
易查询提供商的文档。如果把 Azure 配置重命名为 cidr_block，使用前就要记住把
参数转译为 Azure 的 address_space。而对于其他提供商或环境，需要记住转译变
量或配置的更通用的字段名。

2.3.4 变量和常量

除了命名变量，我们还需要关心哪些值应为变量。比如 hello-world 应用程序
总是会在 8080 端口启动。我们并不计划经常修改端口，所以在一开始编写配置时，
把它设置为 application_port = 8080。同时把 hello-world 直接硬编码到基础设施资
源的 name 属性中。

一年之后，我们希望在端口 3000 上重建 hello-world 的新版本，希望新的 name
值为 hello-world-v2。这时，可以先把早前的 application_port 更改为 3000。把端
口放在一个变量中，我们可以在配置中随处引用 application_port，而只需要把值
存储在一个位置。我们为不需要到处查找和替换 8080 而庆幸。但我们在基础设施
配置中搜索 hello-world 来更改名称却要花上 1 小时。

在这个例子里，我们有两种类型的输入。变量的用途是存储由基础设施配置
引用的值。大多数的基础设施值最好都存储为变量，然后由配置引用。

定义 变量可存储由基础设施配置引用的值。预计在创建新资源或新环境时，变
量的值会更改。

应用程序的名称 hello-world 应定义为变量，因为它的值可能根据环境、版本或用途而改变。但是，端口却不会根据环境或用途而变化。常量定义的是一种可以由多种资源使用的公用值，通常不会随着环境或用途而变化。

定义　常量定义可用于多套基础设施配置的公用值。常量的值不会频繁变化。

在决定何时把配置值设为变量或常量时，要考虑的是改变值带来的影响和安全问题。变化的频率不是最关键因素。如果值的改变会影响基础设施的依赖关系，或妨害敏感信息，就定义为变量。名称和环境等信息，应该总是定义为变量。

与软件开发领域推荐少用常量的做法不同，IaC 领域里常量优先于变量。我们要避免定义过多的变量，否则就会使配置的维护工作变得艰难。我们可以用静态配置文件中定义的局部常量作为替代。

例如，Terraform 使用局部值(网址见链接[5])来存储常量。常见的常量有操作系统、标签、账户身份及域名。基础设施供应商定义的标准值，比如用于描述网络的类型 internal 和 external，也可以作为常量。

2.3.5　依赖项参数化

在创建服务器时，需要指定它使用的网络。早期我们用硬编码的方式指定要使用的网络名称，具体为 development。这样在你阅读配置时，能够精确地了解服务器所使用的网络。

但我们发现，为了在生产环境中重建这台服务器，就要到处搜索，把所有 development 替换为 production，麻烦在于，对 development 的引用太多了！无聊的搜索和替换可能要持续几小时。

代码示例

现在我们要对 GCP 网络名进行参数化处理，把它定义成变量，这样就可以在新环境中使用不同的网络复制服务器。只需要把网络名作为变量传入，就可以修改所有引用变量的服务器的网络。我们按照代码清单 2.1 所示的方式，以变量的形式传递网络名。

代码清单 2.1　将网络参数化为变量

```
import json


def hello_server(name, network):          ◄──────  以参数的形式向配置
    return {                                        传入名称和网络
        'resource': [
            {
                'google_compute_instance': [ ◄──┐
                    {                            利用 Terraform 的 google_compute_instance
                                                 资源配置服务器
```

```
                    name: [
                        {
                            'allow_stopping_for_update': True,
                            'zone': 'us-central1-a',
                            'boot_disk': [
                                {
                                    'initialize_params': [
                                        {
                                            'image': 'ubuntu-1804-lts'
                                        }
                                    ]
                                }
                            ],
                            'machine_type': 'f1-micro',
                            'name': name,
                            'network_interface': [
                                {
                                    'network': network
                                }
                            ],
                            'labels': {
                                'name': name,
                                'purpose': 'manning-infrastructure-as-code'
                            }
                        }
                    ]
                }
            ]
        }
    ]
}

if __name__ == "__main__":
    config = hello_server(name='hello-world', network='default')

    with open('main.tf.json', 'w') as outfile:
        json.dump(config, outfile, sort_keys=True, indent=4)
```

用 "network" 变量设置网络

在运行脚本时,将网络依赖项设置为 default

使用服务器对象创建一个 JSON 文件,并用 Terraform 运行它

AWS 和 Azure 等效用法说明

在 AWS 上,引用网络时需要用到 Terraform 资源 aws_instance(网址见链接[6])。可以在默认的虚拟专有云(VPC)上创建这个资源。

在 Azure 上,需要创建一个虚拟网络和子网,然后在网络上创建 Terraform 资源 azurerm_linux_virtual_machine(网址见链接[7])。

为什么要把名称和网络以变量的方式传入?因为我们常常要根据环境来修改这二者。参数化这些值有利于可重建性和可组合性。这样就可以在不同的网络上创建新的资源,并且在建立多个资源时不必担心相互冲突。

运行示例

下面逐步运行这个示例，以此来庆祝我们的第一个 hello-world 服务器。有关运行示例所需的工具详见第 1 章；附录 A 提供了具体的操作说明。下面是操作步骤：

(1) 在终端输入下面的命令，用 Python 运行脚本：

```
$ python main.py
```

这个命令会生成一个以*.tf.json 为扩展名的文件。Terraform 会自动查找这个文件，用于创建资源。

(2) 通过列举文件，检查所生成的文件是否存在：

```
$ ls *.tf.json
```

输出的内容应为：

```
main.tf.json
```

(3) 在终端登录 GCP：

```
$ gcloud auth login
```

(4) 用环境变量 CLOUDSDK_CORE_PROJECT 设置要使用的 GCP 项目：

```
$ export CLOUDSDK_CORE_PROJECT=<your GCP project>
```

(5) 初始化命令行中的 Terraform，以读取 GCP 插件：

```
$ terraform init
```

输出的内容应包含：

```
Initializing the backend...

Initializing provider plugins...
- Finding latest version of hashicorp/google...
- Installing hashicorp/google v3.58.0...
- Installed hashicorp/google v3.58.0 (signed by HashiCorp)

Terraform has created a lock file .terraform.lock.hcl to
➥record the provider selections it made above.
➥Include this file in your version control repository
➥so that Terraform can guarantee to make the same
➥selections by default when
➥you run "terraform init" in the future.

Terraform has been successfully initialized!

You may now begin working with Terraform. Try running
➥"terraform plan" to see any changes that are
➥required for your infrastructure. All Terraform commands
➥should now work.
```

```
If you ever set or change modules or backend configuration
➡for Terraform, rerun this command to reinitialize
➡your working directory. If you forget, other
➡commands will detect it and remind you to do so if necessary.
```

(6) 从终端运行 Terraform 配置。请记得输入 yes 才能让变更生效并创建实例：

```
Bash

$ terraform apply
```

输出的内容应包括配置的信息，以及服务器实例的名称：

```
Do you want to perform these actions?
 Terraform will perform the actions described above.
 Only 'yes' will be accepted to approve.

 Enter a value: yes

google_compute_instance.hello-world: Creating...
google_compute_instance.hello-world: Still creating... [10s elapsed]
google_compute_instance.hello-world: Still creating... [20s elapsed]
google_compute_instance.hello-world: Creation complete after 24s
➡[id=projects/infrastructure-as-code-book/zones
➡/us-central1-a/instances/hello-world]

Apply complete! Resources: 1 added, 0 changed, 0 destroyed.
```

注意　本书不会详细介绍 Terraform 的所有用法。关于 Terraform 入门的详细信息，请查阅 HashiCorp 的 "GetStarted" 教程，网址见链接[8]。另外，关于 Terraform 与 GCP 协同工作的文档，请访问链接[9]。

(7) 可以通过 GCP 控制台来检查服务器的网络和元数据，也可以使用 Cloud SDK 的命令行工具(CLI)从终端检查网络信息。输入下面的命令，可以筛选出 hello-world 服务器的信息：

```
$ gcloud compute instances list --filter="name=( 'hello-world' )" \
 --format="table(name,networkInterfaces.network)"
```

输出的内容应包含网络的 GCP URL：

```
NAME            NETWORK
hello-world     ['https://www.googleapis.com/compute/v1/projects/
➡<your GCP project>/global/networks/default']
```

这台服务器使用的网络是 default，正是我们在示例中传入的参数。如果要修改网络，只需要为变量指定一个新值。IaC 工具就会使用变更后的值，创建一台新服务器。

如果要销毁服务器，可以在终端调用 Terraform。需要输入 yes 进行确认，才能删除所有服务器。

```
$ terraform destroy
```

依赖项声明为变量后，两个基础设施资源之间的耦合就降低了。第 4 章会进一步介绍对基础设施资源进行解耦合、解依赖的模式。因此，我们要尽可能地避免以硬编码的方式声明依赖项，而应以传递参数的方式指定。

2.3.6　妥善处理机密信息

IaC 在对第三方执行变更时，常会用到机密信息，如令牌、密码或密钥。

定义　机密信息是一种敏感信息，如密码、令牌或密钥。

在 GCP 上创建服务器时，需要一个可访问项目和服务器资源的服务账号密钥或令牌。为确保能够创建资源，需要把这些机密信息作为基础设施配置的一部分进行维护。但是在配置中存放机密信息是不妥的。如果其他人看到了这些机密信息，他们就可以用这个账号创建资源，访问被保护的数据！

所以，机密信息也需要以参数的形式传入配置。比如，假设需要用 IaC 为负载均衡器设置 SSL 证书，SSL 证书将于两年后过期。那么两年之后就要重新生成这套环境。但我们会发现，包含证书的加密字符串已经过期，于是不得不生成一张新证书。

图 2.10 展示了如何在确保证书安全的同时，提高它在未来的可演进性。把证书作为变量输入，就可以为每个环境指定不同的证书。接着，我们把证书存储在机密管理器中，该管理器能够存储并管理证书。

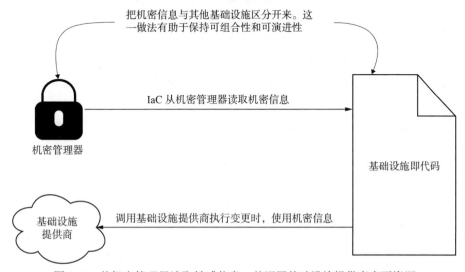

图 2.10　从机密管理器读取敏感信息，并调用基础设施提供商变更资源

每次修改证书时，只需要从机密管理器中进行修改。IaC 从机密管理器读取证书后，即可变更配置。把配置和证书管理的职责加以区分，就能消除证书过期后所带来的各种问题。

为什么要把机密信息存储到 IaC 之外？区别对待机密信息与其他的基础设施资源，是对可组合性和可演进性原则的实际运用。这种区分，让人们无法通过 IaC 检索到密码或用户名，同时通过重新运行 IaC 可更新机密信息，可最小化故障的影响。

机密信息应该总是以参数的形式传递，并在内存中使用。机密信息包括 SSH 密钥、证书、私钥、API 令牌、密码，以及各种登录信息。应该用机密管理器之类的额外设施来存储和管理敏感的认证数据。专门的机密管理还有利于重建过程，尤其是在需要为各个环境使用不同的密码与令牌的场景中。任何时候都不应该对机密信息进行硬编码，或者以明文的形式提交到版本控制。

2.4　本章小结

- 应优先考虑不可变性，因为它能降低配置漂移，建立可信来源，并提升可重建能力。
- 按照不可变性的要求，对资源的更改会创建一个全新的资源，并替换原有的状态。
- 如果执行可变的变更，应该将基础设施中的局部变更与配置进行对比。
- 在编写 IaC 时，可以用版本控制的提交记录把变更内容与上下文联系到一起，并对代码进行格式化，从而改善可读性。
- 应把名称、环境，以及对其他基础设施的依赖关系定义为参数。如果配置中的属性是某个资源专用的，就可以将它定义为常量。
- 机密信息应该总是以参数的形式传递，而不能以明文的形式硬编码或提交到版本控制。
- 在编写脚本时，应该总是把操作简化为资源的创建、读取、更新和删除命令，以便重建资源。

第 *3* 章

基础设施模块的模式

> **本章主要内容**
> - 基于功能将基础设施资源划分为可组合的模块
> - 使用软件开发的设计模式来构建基础设施模块
> - 将模块的模式应用于常见的基础设施用例

在第 2 章中，我们介绍了 IaC 的基本实践。尽管知道这些基本实践，但我们的第一个 Python 自动化脚本还是将所有杂乱无章的功能代码放到了一个文件中。几年后，我学会了软件设计模式。设计模式提供了一套标准的模式，使我们可以更容易地变更脚本，并平滑地将其交给另一个同事进行维护。

在接下来的两章中，我将介绍如何将设计模式应用于 IaC 的配置和依赖项。软件设计模式有助于识别共性问题，并构建可重用、面向对象的解决方案。

定义 **设计模式**是对软件中共性问题的一种可重复的解决方案。

将软件设计模式应用于 IaC 存在一定的缺陷。尽管 IaC 具有可重用的对象(如基础设施资源)，然而它固有的行为和 DSL 并不能与软件设计模式非常直接地对应上。

IaC 提供了一个不可变的抽象层，这就是本章借用了创建型(用于创建对象)和结构型(用于构造对象)的设计模式来适配基础设施的原因。大多数 IaC 聚焦于不可变性，变更则意味着自动创建新的资源。因此，那些依赖于可变性的设计模式并不适用于 IaC。

> **注意** 我将 Erich Gamma 等人合著的 *Design Patterns: Elements of Reusable Object-Oriented Software* (Addison-Wesley Professional, 1994)中的许多设计模式与 IaC 相适配。如果你想了解更多关于软件设计模式的信息，建议参考这本书。

我将提供创建 Terraform JSON 文件的 Python 代码清单，它们会引用 GCP 资源。你可以将这些模式扩展到 DSL，如 Terraform、CloudFormation 或 Bicep。根据你选择的 DSL 和工具，可能会用到不同的机制或功能。在可能的情况下，我会指出对于 DSL 的限制，以及 AWS 和 Azure 的等效用法。

3.1 单例模式

假设你需要从头开始在 GCP 中创建一组数据库服务器。数据库系统需要一个 GCP 项目、自定义的数据库网络、服务器模板和服务器组。服务器模板会在每台服务器上安装软件包，服务器组则描述所需的数据库服务器数量。

图 3.1 中展示了如何将项目、数据库网络、服务器模板和服务器组添加到一个目录中。你可以指定 GCP 的项目名称及其组织的属性。接下来，确定名为 development-database-network 网络的 IP 地址段是 10.0.3.0/16。最后，明确数据库网络中应该有三台使用 MySQL 模板的服务器。我们将以上所有属性作为代码写入一个配置文件。

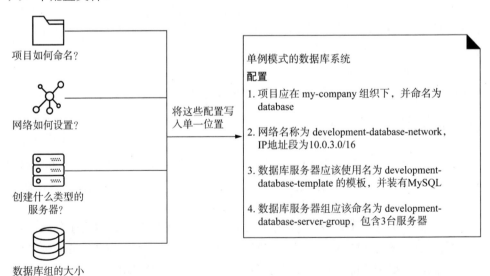

图 3.1   单例模式在一个文件中呈现了初始资源集(如项目、网络和数据库)的配置。该模式在单一位置记录了所有资源之间的关系

该数据库系统的配置使用单例模式，该模式将一组资源声明为系统中的单个实例。

定义　**单例模式**将一组资源声明为系统中的单个实例，并使用一个命令部署所有资源。

为什么称为单例模式？因为将创建一个静态配置的文件或目录，并且通过多个内联参数的定义，使我们可以使用单个命令创建所有的基础设施资源。该配置表达了由配置创建的环境所独有且特定的资源。

因为所有内容都放在一个配置中，所以单例模式简化了 IaC 的编写。当在单个配置中表达所有基础设施资源时，你会有一个单一的引用，更便于对置备顺序和必需参数进行调试和排错。

然而，单例模式会带来挑战。当使用单例模式时，我们会将基础设施配置视为一个杂物抽屉，用于存放那些没有其他放置位置的随意物品。如果找不到任何东西，该抽屉会成为你首先查看的地方(见图 3.2)。

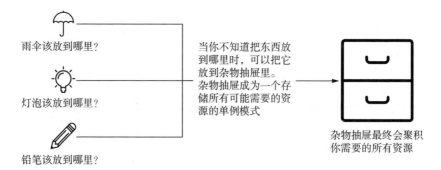

图 3.2　如果你不知道将物品放在何处，请将其放到杂物抽屉中，它使用单例模式聚积所有资源

因为不知道在何处配置基础设施资源，我们就将它们添加到一个文件中。最终，单例模式会变得像杂物抽屉一样凌乱不堪！但我们又不得不在这个单例中搜索基础设施资源。此外，单例模式中基础设施资源的数量意味着识别、变更和创建这些资源要消耗时间。

随着系统资源的增加，单例模式对可重建性提出了挑战。生成用于生产环境的配置意味着要将其复制并粘贴到新文件中。当有更多资源需要更新时，复制并粘贴配置的方式显然不具备可扩展性！单例模式以牺牲可扩展性和可组合性为代价，只适用于少数基础设施资源，并不适用于复杂的系统。

什么时候应该使用单例模式？如果你的资源只需要单个实例且很少更改(如GCP 的项目)，那么它能发挥最大作用。而网络、数据库服务器模板和服务器组必须放到另一个配置中。

所有的 GCP 项目都必须有一个唯一的标识符，使其成为单例模式的理想选择。项目只能有一个实例，例如你可以创建一个名为 databases 的项目，并根据当前系统的用户名生成唯一的标识符。代码清单 3.1 展示了单例模式的实现，它使用系统用户名创建 GCP 项目。

代码清单 3.1　使用单例模式在 GCP 中创建项目

为数据库的 Google 项目
创建一个对象

```
    import json
    import os

    class DatabaseGoogleProject:
        def __init__(self):
            self.name = 'databases'
            self.organization = os.environ.get('USER')
            self.project_id = f'{self.name}-{self.organization}'
            self.resource = self._build()

        def _build(self):
            return {
                'resource': [
                    {
                        'google_project': [
                            {
                                'databases': [
                                    {
                                        'name': self.name,
                                        'project_id': self.project_id
                                    }
                                ]
                            }
                        ]
                    }
                ]
            }
    if __name__ == "__main__":
        project = DatabaseGoogleProject()

        with open('main.tf.json', 'w') as outfile:
        json.dump(project.resource, outfile, sort_keys=True, indent=4)
```

获取操作系统用户并将其设置为组织的变量

创建 DatabaseGoogleProject，为项目生成 JSON 配置

使用名为 databases 的 Terraform 资源设置该 Google 项目

根据项目名称和操作系统用户创建唯一的项目 ID，以此来创建 GCP 项目

创建 DatabaseGoogleProject，为项目生成 JSON 配置

将 Python 字典写入 JSON 文件，以供 Terraform 稍后执行

AWS 和 Azure 等效用法说明

一个 GCP 项目等同于一个 AWS 账户。为了自动创建 AWS 账户，需要使用 AWS Organizations(网址见链接[1])。

在 Azure 中，将创建一个订阅和一个资源组。你可以使用 azurerm_resource_group Terraform 资源(网址见链接[2])创建一个资源组。

假设我们想在数据库项目中创建一台服务器。你可以调用 DatabaseGoogleProject 单例，并从 JSON 配置中提取项目的标识符。一个单例包含可通过调用模块来引用的唯一资源。例如，如果引用了该数据库项目(DatabaseGoogleProject)，你始终会得到正确的项目，而不是不同的项目。

为 GCP 项目使用单例模式，是因为只用创建一次，并且极少改动它。你可以将单例模式应用于极少修改的全局资源，如提供商的账户、项目、域名注册或 SSL 根证书。它还适用于静态环境，如低使用率的数据中心环境。

3.2　组合模式

相比用一个单例来表示整个数据库系统，可以将这些组件以模块的形式进行组织。模块是一组具备共用功能或业务领域的基础设施资源，它允许你在不影响整体的情况下，实现局部的变更自动化操作。

> **定义**　模块是按功能或业务领域组织的基础设施资源，某些工具或资源可能将其称为基础设施栈或基础设施集。

你可以将模块用作构造系统的基础构建块，其他团队也可以将模块用作其特有基础设施系统的基础构建块。

图 3.3 展示了公司如何以团队的形式来组织并建立汇报结构。每个团队或经理向另一名经理汇报，直到管理层。公司使用不同团队的组合来实现共同的目标。

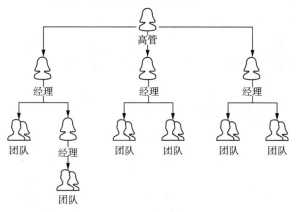

图 3.3　公司使用组合模式将员工划分到汇报结构中，从而允许管理者组织团队及其目标

为什么公司会将汇报结构分解为模块？因为该模式可确保新的提案或业务机会有专门的团队提供支持。随着公司的发展，它促进了系统的可组合性和可

演进性。

　　类似地，大多数 IaC 依赖组合模式对模块进行分组、排列和组织。组合模式通常被归类为结构型模式，因为它在层次结构中构建对象。

定义 **组合模式**将基础设施模块视为单例，允许你在系统中组装、分组和排列模块。

　　工具通常都有自己的模块化特性。Terraform 和 Bicep 使用自己的模块框架来嵌套和组织模块。你可以在 CloudFormation 中使用嵌套堆栈或 StackSet 来重用模板(模块)或跨地域创建堆栈。像 Ansible 这样的配置管理工具也允许你构建顶级的剧本(Playbooks)来导入其他任务。

　　那么该如何实现模块呢？假设你需要为数据库服务器设置网络，并且服务器需要一个子网(subnet)。你可以将网络和子网组合成一个模块，如图 3.4 所示。首先确定如何设置网络并将其写入模块，然后写下子网的配置并将其添加到模块中。

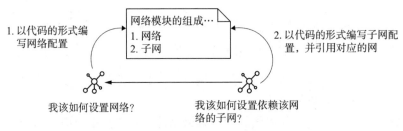

图 3.4　网络模块可以使用组合模式对网络和子网资源进行分组

　　该模块包含了网络和子网的配置。如果需要在生产环境中复现该网络系统，那么总是可以通过复制和粘贴整个模块来创建新的网络和子网。网络的组合模式能确保你始终可以复现一组相互依赖的资源。

　　你可以在模块中实现网络配置的组合模式，如代码清单 3.2 所示，该模块创建一个网络和子网。在传入网络和子网的 CIDR 范围后，模块将为该网络生成一个标准的名称。

代码清单 3.2　创建网络和子网

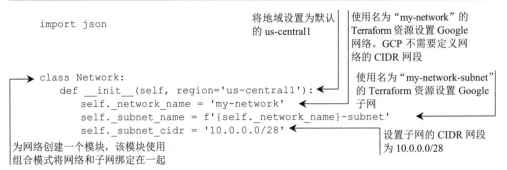

```
            self._region = region
            self.resource = self._build()

    def _build(self):
        return {
            'resource': [
                {
                    'google_compute_network': [
                        {
                            f'{self._network_name}': [
                                {
                                    'name': self._network_name
                                }
                            ]
                        }
                    ]
                },
                {
                    'google_compute_subnetwork': [
                        {
                            f'{self._subnet_name}': [
                                {
                                    'name': self._subnet_name,
                                    'ip_cidr_range': self._subnet_cidr,
                                    'region': self._region,
                                    'network': f'${{google_compute_network
                                    ➡.{self._network_name}.name}}'
                                }
                            ]
                        }
                    ]
                }
            ]
        }
```

将地域设置为默认
的 us-central1

使用模块为网络和子网创建 JSON 配置

使用名为"my-network"的 Terraform 资源设置 Google 网络。GCP 不需要定义网络的 CIDR 网络

使用 Terrraform 变量在网络上创建 Google 子网。Terraform 动态引用网络 ID，并将其插入子网的配置中

使用名为"my-network-subnet"的 Terraform 资源设置 Google 子网

设置子网的 CIDR 网段为 10.0.0.0/28

使用 Terrraform 变量在网络上创建 Google 子网。Terraform 动态引用网络 ID，并将其插入子网的配置中

将地域设置为默认的 us-central1

```
if __name__ == "__main__":
    network = Network()

    with open('main.tf.json', 'w') as outfile:
        json.dump(network.resource, outfile, sort_keys=True, indent=4)
```

使用模块为网络和子网创建 JSON 配置

将 Python 字典写入 JSON 文件，稍后由 Terraform 执行

AWS 和 Azure 等效用法说明

你可以将 GCP 网络和子网等同于 AWS VPC 和子网，或者 Azure 的虚拟网络和子网。然而，在 AWS 和 Azure 中，你需要在每个子网中定义网关和路由表。但在 GCP 上创建网络时，它会自动为你定义这些。

为什么要将网络和子网组成模块？因为除非拥有子网，否则无法使用 GCP 网络！组合允许一同创建一组资源。将所需资源捆绑在一起能帮助对网络不太了解的同事。组合模式提升了可组合性原则，因为它会对必须作为一个单元部署的公共资源进行分类和组织。

组合模式能与基础设施结合得很好,因为基础设施资源本身就具有层次结构。组合模式的模块能反映资源之间的关系,并简化资源的管理。如果需要更新路由,就更新网络组合配置。你可以参考网络的配置来确定子网的 CIDR 范围,并计算网络地址空间。

我们可以应用组合模式根据功能、业务单元或运营职责对资源进行分类。在编写初始模块时,可以通过添加变量来支持更加灵活的参数,或是将配置分发给其他团队使用,我将在第 5 章讨论如何共享模块。为进一步提高 IaC 的再现性,在常规的组合模式之外,我们也可以应用其他模式。

3.3 工厂模式

一开始我们使用单例模式为数据库系统创建 GCP 项目,然后应用组合模式,在不同的模块中构建网络。但是,现在需要一个包含三个子网的数据库网络。与直接复制并粘贴三个子网不同,你希望创建一个配置来接收具有子网名称和 IP 地址段的输入。

创建三个子网和一个网络的配置需要许多参数,引入和维护这些参数会很烦琐。有没有一个像工厂一样的东西,可以用通用的默认值生产所有的资源呢? 图 3.5 显示了可以创建一个网络工厂来实现类似的网络。你可以将所需的参数减少到两个,其他配置则设置为默认值。

图 3.5 工厂模式模块包含一组最小资源配置的默认值,并通过接收输入变量实现自定义

当你知道网络具有特定的默认属性时,可以最小化输入并以更少的工作量生成多个资源,这种方法称为工厂模式。使用工厂模式的模块接收一组输入,如名称和 IP 地址段,并根据这些输入创建一组基础设施资源。

定义 工厂模式接收一组输入变量,并基于输入的变量和默认的常量创建一组基础设施资源。

你可能想要提供足够的灵活性来进行变更,例如修改子网的 IP 地址和名称。通常,这需要在模块中找到一个平衡点,在提供足够的定制选项和使用固定的默认属性之间找到平衡。毕竟在提升重建性原则的同时,我们也希望保持资源的可演进性。我将在第 5 章中讨论共享资源(如模块),并在第 8 章中讨论模块的标准化安全实践。

回到我们的例子，如何在不传递名称列表的情况下创建三个子网呢？模块应该能自动命名子网，从而避免对其进行硬编码。图 3.6 显示了如何将一些逻辑添加到网络工厂模块中，以根据网络地址来标准化子网的名称。

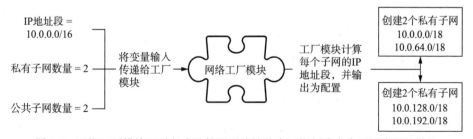

图 3.6　网络工厂模块可以包含计算子网地址并为网络创建多个子网资源的转换

使用工厂模式的模块可以将输入的变量转换为标准模板，这是生成名称或标识符的常见做法。在代码中使用工厂模式实现网络模块时，你将添加一个 SubnetFactory 模块。代码清单 3.3 通过构建一个工厂模块来生成子网的名称。

代码清单 3.3　使用工厂模式在 GCP 中创建 3 个子网

```
import json
import ipaddress

def _generate_subnet_name(address):          ◄
    address_identifier = format(ipaddress.ip_network(   ◄
        address).network_address).replace('.', '-')
    return f'network-{address_identifier}'   ◄
```
针对给定的子网，通过以破折号分隔 IP 地址范围的形式生成子网名称，并将其追加到 "network" 后

创建一个用于子网的模块，该模块使用工厂模式生成任意数量的子网

```
class SubnetFactory:          ◄
    def __init__(self, address, region):
        self.name = _generate_subnet_name(address)
        self.address = address          ◄
```
将子网地址传递给工厂

```
        self.region = region
        self.network = 'default'          ◄
        self.resource = self.build()
```
将子网地域传递给工厂

本例中在 default 网络上创建子网

使用模块创建该网络和子网的 JSON 配置

```
    def _build(self):          ◄
        return {
            'resource': [
                {
                    'google_compute_subnetwork': [
                        {
                        f'{self.name}': [
                            {
                                'name': self.name,
                                'ip_cidr_range': self.address,
                                'region': self.region,
```
基于名称、地址、地域和网络，使用 Terraform 资源创建 Google 子网

```
                        'network': self.network
                    }
                ]
            }
        ]
    }
]
}

if __name__ == "__main__":
    subnets_and_regions = {
        '10.0.0.0/24': 'us-central1',
        '10.0.1.0/24': 'us-west1',
        '10.0.2.0/24': 'us-east1',
    }

    for address, region in subnets_and_regions.items():

        subnetwork = SubnetFactory(address, region)

        with open(f'{_generate_subnet_name(address)}.tf.json',
                'w') as outfile:
            json.dump(subnetwork.resource, outfile,
                sort_keys=True, indent=4)
```

基于名称、地址、地域和网络，使用 Terraform 资源创建 Google 子网

对于每个已定义其 IP 地址段和地域的子网，使用工厂模块逐个进行创建

将 Python 字典写入 JSON 文件，以供 Terraform 后续执行

使用模块创建该网络和子网的 JSON 配置

为什么要将子网拆分到它们自己的工厂模块中？因为为子网创建单独的模块提升了可演进性原则。我们可以通过更改逻辑来为任意数量的子网生成名称，还可以在不影响网络的情况下更新命名的格式。

大多数工厂模块都包括属性的转换或动态生成。例如，你可以修改网络工厂模块，计算出子网的 IP 地址段。这些计算的结果也会自动生成正确数量的私有或公有子网。

然而，建议尽可能减少工厂模块的转换，因为它们会增加资源配置的复杂性。转换的逻辑越复杂，就越需要测试来检查转换。我将在第 6 章中介绍如何测试模块和基础设施配置。

工厂模式平衡了基础设施资源的可重建性和可演进性，它创建类似的基础设施，但名称、大小或其他属性略有不同。如果配置被普遍应用到构建资源(如网络或服务器)，推荐使用工厂模式。

无论何时运行工厂模块，你都可以获得所需的特定资源集。该模块没有包含太多逻辑来确定要构建哪些资源。而工厂模块专注于设置资源的属性。

我经常使用大量的默认常量和极少的输入变量来编写工厂模块。这样，我减少了维护和输入验证的开销。通常，使用工厂模块的基础设施包括网络和子网、服务器集群、托管数据库、托管队列或托管缓存等。

3.4　原型模式

现在你已经创建了一个构建数据库网络的模块，是时候创建数据库服务器了。但是，你必须使用客户名称、业务单元和成本中心来标记数据库系统中的所有资源。审计团队还要求你添加 automated=true 以识别自动化的资源。

理想情况下，标签(或 GCP 中的标记)必须在所有资源中保持一致。如果更新标签，你的自动化应该将它们复制到每个资源。第 8 章中有更多关于标签重要性的内容。

如何将所有标签放在一个位置并一次性更新它们呢？如图 3.7 所示，你可以将所有标签放入一个模块中。数据库服务器会引用标签的公共模块，并将静态值应用于服务器。

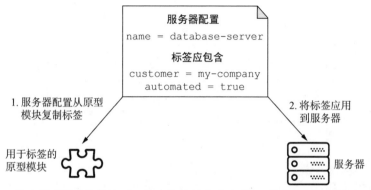

图 3.7　具有原型模式的模块返回静态值的副本(如标签)，供其他基础设施资源使用

比起对每个标签进行硬编码，我们选择创建一个实现原型模式的模块来表达一组静态默认值，并且可供其他模块使用。原型模块用于生成配置的副本以附加到其他资源。

定义　原型模式采用一组输入变量来构建一组静态默认值，以供其他模块使用。它们通常不会直接创建基础设施资源，而是会导出配置的值。

你可以把原型模式想象成一个存储单词和定义的字典(如图 3.8 所示)。字典的创建者改变了单词和定义，你可以参考它并更新你的文本或词汇。

为什么要使用原型模块来引用公有的元数据呢？因为原型模式提升了可演进性和可重建性原则，它确保了跨资源的一致性配置，并简化了通用配置的演变。你完全不必在自己的文件中查找和替换字符串！

下面采用原型模式来实现标签模块。代码清单 3.4 采用返回一组标准标签的原型模式创建一个模块。在后续的基础设施资源中，你可以为需要包含的任何标签引用 StandardTags 模块。模块不会创建标签资源，它只返回预定义标签的副本。

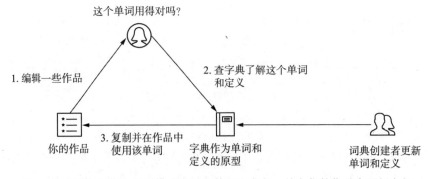

图3.8　使用字典作为原型模式来引用单词和定义，并在你的作品中更新它们

代码清单 3.4　使用原型模式创建标签模块

```python
import json


class StandardTags():
    def __init__(self):
        self.resource = {
            'customer': 'my-company',
            'automated': True,
            'cost_center': 123456,
        'business_unit': 'ecommerce'
        }
```

使用原型模式创建一个模块，该模块返回标准标签的副本，如客户、成本中心和业务单元

```python
class ServerFactory:
    def __init__(self, name, network, zone='us-central1-a', tags={}):
        self.name = name
        self.network = network
        self.zone = zone
        self.tags = tags
        self.resource = self._build()

    def _build(self):
        return {
            'resource': [
                {
                    'google_compute_instance': [
                        {
                            self.name: [
                                {
                                    'allow_stopping_for_update': True,
                                    'boot_disk': [
                                        {
                                            'initialize_params': [
                                                {
                                                    'image': 'ubuntu-1804-lts'
                                                }
                                            ]
                                        }
                                    ],
                                    'machine_type': 'f1-micro',
```

将标签作为变量传递给服务器模块

使用该模块为 'default' 网络上的服务器创建 JSON 配置文件

使用 Terraform 资源创建 Google 计算实例(服务器)

使用工厂模式创建一个模块，根据名称、网络和标签创建一个 Google 计算实例(服务器)

```
                            'name': self.name,
                            'network_interface': [
                                {
                                    'network': self.network
                                }
                            ],
                            'zone': self.zone,
                            'labels': self.tags
```

使用标准标签
模块为服务器
添加标签

将存储在变量中的标
签添加到 Google 计算
实例资源

```
                        }
                    ]
                }
            ]
        }
    ]
}

if __name__ == "__main__":
    config = ServerFactory(
        name='database-server', network='default',
        tags=StandardTags().resource)
```

使用该模块为 'default'
网络上的服务器创建
JSON 配置文件

```
with open('main.tf.json', 'w') as outfile:
    json.dump(config.resource, outfile,
        sort_keys=True, indent=4)
```

将 Python 字典写入 JSON 文件，
以供 Terraform 后续执行

AWS 和 Azure 等效用法说明

要将代码清单 3.4 转换为另一个云提供商，请将资源更改为 Amazon EC2 实例或 Azure Linux 虚拟机。然后，将 self.tags 传递给 AWS 或 Azure 资源的标签属性。

如代码清单 3.5 所示，下面运行 Python 脚本来创建服务器配置。当你检查服务器的 JSON 输出时，会注意到服务器包含一组标签。这些标签与原型模块中的标准标签匹配！

代码清单 3.5　使用模块中的标签创建服务器配置

```
{
    "resource": [
        {
            "google_compute_instance": [
                {
                    "database-server": [
                        {
                            "allow_stopping_for_update": true,
                            "boot_disk": [
                                {
                                    "initialize_params": [
                                        {
                                            "image": "ubuntu-1804-lts"
                                        }
                                    ]
                                }
                            ],
```

JSON 文件使用 Terraform 资源定
义了一个 Google 计算实例

Terraform 将该资源
识别为数据库服务
器。JSON 配置与你
在服务器工厂模块
中使用 Python 定义
的相匹配

```
                    "labels": {                          将标准标签原型
                        "automated": true,               模块中的标签添
                        "business_unit": "ecommerce",     加到服务器配置
                        "cost_center": 123456,            中的 labels 字段
                        "customer": "my-company"
                    },
                    "machine_type": "f1-micro",
                    "name": "database-server",
Terraform 将该资源识别为  "network_interface": [
数据库服务器。JSON 配置       {
与你在服务器工厂模块中            "network": "default"
使用 Python 定义的相匹配       }
                    ],
                    "zone": "us-central1-a"              JSON 配置从区域变量
            }                                            中检索数据，并将其填
          ]                                              充到 JSON 文件中
        }
      ]
    }
  ]
}
```

注意，服务器配置包含了许多硬编码的值，如操作系统和机器类型，这些值会作为全局默认值。随着时间的推移，你会不断向工厂模块添加全局的默认值，到最后发现它们已超出了工厂模块的范围！

要梳理和组织全局的默认值，可以在原型模块中定义它们。通过原型模块可以更容易地随着时间来演进这些默认值，并将它们与其他值相组合。原型将成为资源的定义良好的静态默认值。

例如有一次，我编写了一个工厂模块，用来创建一组基础设施的警报。最初，我通过环境名称和指标阈值来参数化警报及其配置。但我发现这些警报不需要环境名称，而且指标阈值在不同环境中也没有变化。

因此，我将这个模块转换为原型模块。需要在系统中添加这些指标的团队导入了该模块，并将预定义的警报资源添加到他们的配置中。

领域特定的语言(DSL)

Terraform、Kubernetes、CloudFormation 和 Bicep 等工具的 DSL 不像编程语言那样具备全局常量。但是，它们支持模块引用和对象构造。通过将原型作为对象创建，就可以对 DSL 和编程语言使用相同的模式。

原型模式使创建一组标准的资源或配置更加容易，它消除了设置输入值的不确定性。但是，标准值也会有例外。作为解决方案，你可以基于不同的资源进行覆盖或添加相应的配置。例如，我通常会将资源特有的自定义标签与标准标签列表合并。

除了标签，我通常对地域、可用性区域或账户标识符使用原型模块。当我有许多全局默认值或复杂转换的静态配置时，我会使用原型模式创建模块。例如，

有一个在使用 SSL 时运行的服务器初始化脚本，你可以创建一个原型模块，根据是否使用 SSL 来模板化该脚本。

3.5　生成器模式

在学会应用单例模式创建项目，应用工厂模式创建网络，以及应用原型模式设置数据库服务器的标签之后，接下来，我们构建一个用于连接到数据库的负载均衡器。

刚开始就遇到了一个具有挑战性的需求，我们需要一个允许创建私有或公有负载均衡器的模块！私有负载均衡器需要不同的服务器和网络配置。我们必须构建一个模块来方便选择私有或公有负载均衡器，并根据相应的选择来配置服务器和网络。

图 3.9 示范了一个模块，它根据负载均衡器的类型选择防火墙和服务器配置。你可以使用同一模块创建外部或内部负载均衡器，该模块处理负载均衡器的正确配置及其所需的防火墙规则。

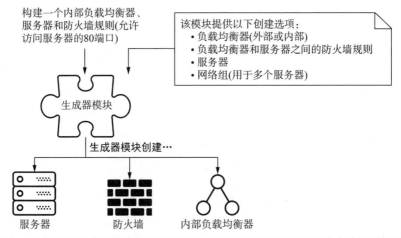

图 3.9　数据库的生成器模块将包含模块必备的负载均衡器类型和防火墙规则的参数

该模块为你提供了构建所需系统的选项，这有助于提高可演进性和可组合性。该模块遵循生成器模式，捕获一些默认值，同时也允许你组合所需的系统。生成器模式组织了一套可启用或禁用的相关资源，能为你构建所期望的系统。

定义　**生成器模式**集合了一组基础设施资源，你可以启用或禁用这些资源来实现所需的配置。

在数据库模块中实现的生成器模式，支持根据你的选择来生成资源组合。生成器模式使用输入来决定需要构建哪些资源，而工厂模块则根据输入变量来配置资源属性。这种模式就像为房地产开发商建造房屋一样，你可以从预设的蓝图中进行选择，并告诉建筑商你想要对布局进行哪些更改(见图 3.10)。例如，一些建筑商可能会通过移除车库来增加额外的空间。

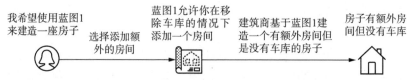

图 3.10　生成器模块使用预设的蓝图建造房屋，该蓝图允许更改布局

下面开始实现生成器模式，如代码清单 3.6 所示。首先，采用工厂模式来定义一个负载均衡器模块，并实现负载均衡器(在 GCP 中也称计算转发规则)的自定义。该模块将负载均衡器的方案设置为外部或内部。

代码清单 3.6　使用工厂模块的负载均衡器

```
class LoadBalancerFactory:
    def __init__(self, name, region='us-central1', external=False):
        self.name = name                          为负载均衡器创建一个模块，该模块使用工
        self.region = region                      厂模式生成内部或外部负载均衡器
        self.external = external
        self.resources = self._build()            使用该模块创建负载均
                                                  衡器的 JSON 配置
    def _build(self):
        scheme = 'EXTERNAL' if self.external else 'INTERNAL'
        resources = []                            设置内部或外部负载均衡方案，
        resources.append({                        负载均衡器默认配置为内部
            'google_compute_forwarding_rule': [{
                'db': [                           使用 Terraform 资源创建 Google 计算转
                    {                             发规则，它等同于 GCP 上的负载均衡
                        'name': self.name,
                        'target': r'${google_compute_target_pool.db.id}',
                        'port_range': '3306',
                        'region': self.region,                将负载均衡器的目
                        'load_balancing_scheme': scheme,      标设置为数据库服
                        'network_tier': 'STANDARD'            务器组。这里会使用
                    }                                         Terraform 的内置变
                ]                     允许到 3306 端口(MySQL 数据库   量插值功能来动态
            }                         端口)的访问流量                 解析数据库服务器
        ]                                                           组的 ID
    })
    return resources
```

AWS 和 Azure 等效用法说明

你可以将 GCP 计算转发规则等同于 AWS 弹性负载均衡(ELB)或 Azure 负载均衡器。类似地，AWS 安全组或 Azure 网络安全组大致等同于 GCP 防火墙规则。有关 AWS 的示例请访问链接[3]。

但是，外部负载均衡器需要以防火墙规则的形式进行额外配置。你必须允许来自外部源的流量进入数据库端口。下面使用工厂模式为额外的防火墙规则定义一个模块，以允许来自外部源的流量进入，如代码清单 3.7 所示。

代码清单 3.7　使用工厂模块的防火墙规则

为防火墙创建一个模块，该模块使用工厂模式生成防火墙规则

```
class FirewallFactory:
    def __init__(self, name, network='default'):
        self.name = name
        self.network = network
        self.resources = self._build()

    def _build(self):
        resources = []
        resources.append({
            'google_compute_firewall': [{
                'db': [
                    {
                        'allow': [
                            {
                                'protocol': 'tcp',
                                'ports': ['3306']
                            }
                        ],
                        'name': self.name,
                        'network': self.network
                    }
                ]
            }]
        })
        return resources
```

使用模块为负载均衡器创建 JSON 配置

使用 Terraform 资源创建 Google 防火墙，这相当于 GCP 的防火墙规则

默认情况下，防火墙规则允许 TCP 流量通过 3306 端口

得益于可组合性原则，我们将负载均衡器和防火墙的工厂模块放入数据库生成器模块中。该模块需要一个变量来帮助你选择负载均衡器的类型，以及决定是否应包含防火墙规则以允许流量到达负载均衡器。

当实现代码清单 3.8 中的数据库生成器模块时，将其设置为默认创建数据库服务器组和网络。之后生成器会接收两个选项：内部或外部负载均衡器和额外的防火墙规则。

代码清单 3.8　使用生成器模式构建数据库

```
import json
from server import DatabaseServerFactory
from loadbalancer import LoadBalancerFactory
from firewall import FirewallFactory


class DatabaseModule:
```

导入工厂模块以创建数据库服务器组、负载均衡器和防火墙

为数据库创建一个模块，该模块使用生成器模式生成所需的数据库服务器组、网络、负载均衡器和防火墙

```
def __init__(self, name):
    self._resources = []
    self._name = name
    self._resources = DatabaseServerFactory(self._name).resources

def add_internal_load_balancer(self):
    self._resources.extend(
        LoadBalancerFactory(
            self._name, external=False).resources)

def add_external_load_balancer(self):
    self._resources.extend(
        LoadBalancerFactory(
            self._name, external=True).resources)

def add_google_firewall_rule(self):
    self._resources.extend(
        FirewallFactory(
            self._name).resources)

def build(self):
    return {
        'resource': self._resources
    }
if __name__ == "__main__":
    database_module = DatabaseModule('development-database')
    database_module.add_external_load_balancer()
    database_module.add_google_firewall_rule()

    with open('main.tf.json', 'w') as outfile:
        json.dump(database_module.build(), outfile,
                  sort_keys=True, indent=4)
```

始终使用工厂模块创建数据库服务器组和网络，生成器模块依赖数据库服务器组

添加一个可以选择构建内部负载均衡器的方法

添加一个可以选择构建外部负载均衡器的方法

添加一个可以选择构建防火墙规则来允许流量进入数据库的方法

使用生成器模块来返回自定义数据库资源的 JSON 配置

使用数据库生成器模块创建具有外部访问权限(通过负载均衡器和防火墙规则)的数据库服务器组

将 Python 字典写入 JSON 文件，供 Terraform 后续执行

　　运行 Python 脚本后会有一个冗长的 JSON 配置，其中包含实例模板、服务器组、服务器组管理器、外部负载均衡器和防火墙规则，生成器生成了构建外部可访问数据库所需的所有资源。注意，为了清晰易懂，代码清单 3.9 省略了其他组件。

代码清单 3.9　截断数据库系统配置后的代码

```
[
    {
        "google_compute_forwarding_rule": [
            {
                "db": [
                    {
                        "load_balancing_scheme": "EXTERNAL",
                        "name": "development-database",
                        "network_tier": "STANDARD",
                        "port_range": "3306",
                        "region": "us-central1",
                        "target": "${google_compute_target_pool.db.id}"
                    }
                ]
            }
        ]
```

JSON 文件使用 Terraform 资源定义了一个 Google 计算转发规则和防火墙。为了清晰起见，该文件省略了实例模板和服务器组

使用 EXTERNAL 方案创建负载均衡器，这使它可以接受外部源的访问

设置负载均衡器的目标为数据库服务器组。这里利用了 Terraform 内置的变量插值功能，以动态解析数据库服务器组的 ID

创建一个防火墙，允许流量通过 TCP 3306 端口(MySQL 数据库端口)

```
                }
            ]
        },
        {
            "google_compute_firewall": [
                {
                    "db": [
                        {
                            "allow": [
                                {
                                    "ports": [
                                        "3306"
                                    ],
                                    "protocol": "tcp"
                                }
                            ],
                            "name": "development-database",
                            "network": "default"
                        }
                    ]
                }
            ]
        }
    ]
```

JSON 文件使用 Terraform 资源定义了一个 Google 计算转发规则和防火墙。为了清晰起见，该文件省略了实例模板和服务器组

创建一个防火墙，允许流量通过 TCP 3306 端口(MySQL 数据库端口)

生成器模式有助于遵循可演进性原则，因此你可以自行选择所需的资源集。生成器模式的模块消除了正确组合配置的属性和资源所带来的挑战。

此外，可以使用生成器模式封装云厂商资源的通用接口。该 Python 示例提供了 add_external_load_balancer 的构造方法，它封装了 GCP 的计算转发规则。在使用该模块时，该选项描述了创建一个通用负载均衡器的意图，而不是一个具体的 GCP 转发规则。

> **DSL**
>
> 一些 DSL(领域特定语言)提供了 if-else(条件)语句或循环(迭代)，你可以将其用于生成器模式。Terraform 提供了 count 参数，用于根据条件语句创建一组资源。CloudFormation 支持通过用户输入条件来选择堆栈。Bicep 则采用部署条件。对于 Ansible，可以使用条件导入来选择任务。
>
> 例如，你可以设置一个名为 add_external_load_balancer 的布尔变量。如果将 true 传递给该变量，DSL 将添加一个条件语句来构建外部负载均衡器资源。否则，它将创建一个内部负载均衡器。
>
> 有些 DSL 不提供条件语句，因此需要使用一些与书中示例类似的代码来模板化 DSL。例如，可以使用 Helm 模板化并发布 Kubernetes 的 YAML 文件。

生成器模式最适合能够创建多个资源的模块。这些用例包括 Kubernetes 等容器编排系统的配置、具有集群架构的平台、应用程序和系统指标的仪表板等。这些用例的生成器模块允许你在不传递特定输入属性的情况下，选择所需的资源。

　　但是，生成器模块可能会很复杂，因为它们引用了其他模块及多个资源，模块错误配置的风险非常高。第 6 章介绍了确保生成器模块功能性和稳定性的测试策略。

3.6　模式的选择

　　本章展示了如何将数据库系统的一些资源分组到不同的模块模式中。那么该如何选择要采用的模块模式呢？一些尚未提及的数据库系统中的其他资源又如何处理呢？

　　你可以为不同业务功能和用途的全新基础设施资源创建独立的模块。本章中的数据库示例将 Google 项目(单例)、网络(工厂)和数据库集群(工厂)的配置拆分为模块，每个模块都由于不同的输入变量和默认值而演变为不同的资源。

　　这个示例使用组合模式来整合系统中的所有模块模式。它为网络、负载均衡器和数据库集群模块使用工厂模式，以此来传递属性并自定义每个资源。标签通常使用原型模式，因为它们涉及将一致的元数据复制到其他资源。大多数模块的编写会使用工厂和原型模式，因为它们提供了可组合性、可重建性和可演进性。

　　相比之下，Google 项目则构建为单例模式，因为其他人不会更改项目中单个实例的属性。另外，由于项目变化不大，因此使用了一种不那么复杂的模式。但是，我们也需要使用生成器模式解决创建数据库系统的复杂问题，生成器模块允许你选择想要创建的特定资源。

　　图 3.11 提供了一个用于确定要使用何种模式的决策树。可以向自己提出一系列关于用途、重用和更新频率及多资源组合的问题。根据这些标准，你将创建出具有特定模式的模块。

　　遵循决策树有助于构建更多可组合和可演进的模块，你需要在标准属性的可预测性和覆盖特定资源配置的灵活性之间进行权衡。然而，你应保持开放的心态，因为模块可能会不断扩展和改变功能，你用一种模式构建了一个模块，并不意味着将来不会将它转换成另一种模式！

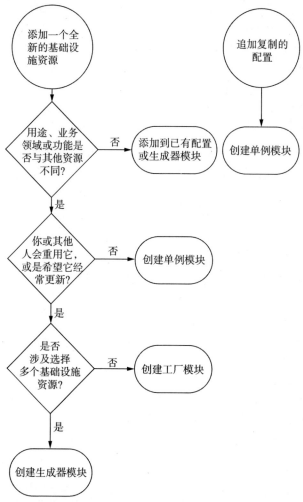

图 3.11　要决定使用何种模块模式，必须评估资源的使用方式及其行为

练习题 3.1

以下 IaC 适用于哪些模块模式？ (多选)

```
if __name__ == "__main__":
    environment = 'development'
    name = f'{environment}-hello-world'
    cidr_block = '10.0.0.0/16'

    # NetworkModule returns a subnet and network
    network = NetworkModule(name, cidr_block)

    # Tags returns a default list of tags
    tags = TagsModule()

    # ServerModule returns a single server
    server = ServerModule(name, network, tags)
```

A. 工厂模式

B. 单例模式

C. 原型模式

D. 生成器模式

E. 组合模式

答案见附录 B。

注意，本章中的许多模式侧重于使用 IaC 工具来构建模块。有时你可能会因为 IaC 不支持，而直接用编程语言编写自动化内容，这种情况最常见于遗留的基础设施。例如，假设你需要在 GCP 中创建一个数据库系统，但你没有相应的 IaC 工具，就只能直接访问 GCP API。

为使用 GCP 的 API 创建数据库系统，你需要将每个基础设施资源分隔为一个工厂模块，这个工厂模块包括 4 个函数：创建、读取、更新和删除，然后通过这些函数的组合来对资源进行变更。你可以根据对每个资源执行的操作来检查每个函数中的错误。

图 3.12 是实现了服务器、网络和负载均衡器的工厂模块，你可以创建、读取、更新和删除各个模块。数据库的生成器模块使用组合模式来创建、读取、更新和删除这些网络、服务器和负载均衡器。

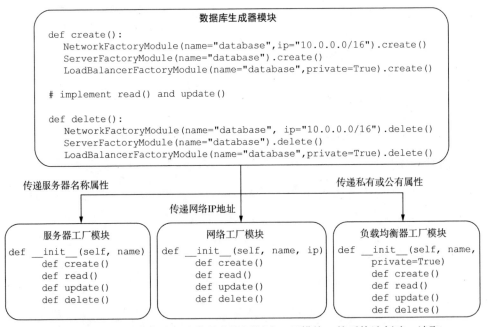

图 3.12   要编写自动化脚本，先为单个资源创建工厂模块，然后构造创建、读取、更新和删除资源的函数

我们将资源的更新分解为 4 个函数，以实现自动化行为。甚至生成器模式也使用 create、read、update 和 delete 函数，这些函数定义了要用于配置资源的自动化行为。但是，我们需要测试每个函数的幂等性，确保无论何时运行该函数，都应该得到相同的配置。

本章中的模块模式可用于在任何基础设施上实现自动化和 IaC。在开发 IaC 时，识别能够将基础设施系统划分为模块的点很重要。当决定在什么时候模块化以及对什么内容进行模块化时，请考虑以下问题：

- 资源是否共享？
- 它服务于什么业务领域？
- 哪个环境会使用这些资源？
- 哪个团队会管理基础设施？
- 资源使用了不同的工具吗？
- 如何在不影响模块中其他内容的情况下变更资源？

通过评估哪些资源与不同的业务部门、团队或职能部门相关，可以构建更小的基础设施集合。作为一个通用的实践，应该用尽可能少的资源编写模块。因为资源较少的模块意味着快速的资源置备和最小的故障爆炸半径。更重要的是，在将较小的模块应用于更广泛的系统之前，你可以部署、测试和调试它们。

将资源分类到模块中可以为个人、团队和公司带来一些好处。对个人来说，模块提高了基础设施资源的可扩展性和弹性。通过最小化模块变更的爆炸半径，可以提高整个系统的弹性。

对于团队，模块提供了自服务机制所带来的好处，其他团队成员能够复制模块并创建基础设施。你的同事可以复用模块并传递他们想要自定义的变量，而不必不断查找和替换属性。在第 5 章你将了解更多有关模块共享的信息。

对于组织，模块有助于在资源间实现更好的基础设施和安全实践的标准化。你可以使用相同的配置来生成类似的负载均衡器和受限防火墙规则。如第 8 章所述，模块还有助于安全团队在不同的团队中审计和执行这些实践。

3.7　本章小结

- 应用诸如单例、工厂、原型和生成器这样的模块模式，有助于你构建可组合的基础设施配置。
- 可使用组合模式将基础设施资源分类到层次结构中，并为自动化构建它们。
- 可以使用单例模式来管理基础设施的单个实例，这适用于很少变更的基础设施资源。
- 可使用原型模式复制和应用全局配置参数，如标签或通用配置。

- 工厂模块接收输入，以构建具有特定配置的基础设施资源。
- 生成器模块接收输入，决定要创建哪些资源，并且生成器模块可以由工厂模块组成。
- 在决定模块化的内容和方式时，要评估基础设施配置所服务的功能或业务领域。
- 如果你编写脚本来自动化基础设施，请构建包含创建、读取、更新和删除函数的工厂模块，并在生成器模块中引用它们。

第 *4* 章

基础设施依赖模式

本章主要内容
- 使用依赖模式编写松耦合的基础设施模块
- 识别基础设施依赖解耦的不同方法
- 识别依赖模型所适用的基础设施场景

一个基础设施系统包含一系列相互依赖的资源。例如，服务器依赖于网络的存在。但是，如何能够在创建服务器之前知晓这个网络已经存在？可以用基础设施依赖来表达这一点。当你需要创建或者修改的资源会依赖另外一个资源的存在时，就产生了基础设施依赖。

定义 当一个基础设施资源依赖另外一个资源或者资源的某种属性时，用来表达这种资源间关系的对象就是一个基础设施依赖。

一般来说，你可以通过硬编码网络标识符来识别服务器对网络的依赖。但是，硬编码会让服务器和网络紧耦合到一起。这种情况下，任何对网络的修改，都需要对硬编码的依赖进行更新。

在第 2 章中，我们学习了如何使用变量来替换硬编码内容以提高可重用性和可扩展性。将网络标识符(ID)作为变量传递确实可以有效解耦服务器和网络。但是，变量只能在同一个模块中使用。如何能够在不同模块之间表达依赖关系，就是本章节要解决的问题。

之前的章节中我们学习了如何使用模块来提高可组合性。本章的模式涵盖了管理基础设施依赖以提高可扩展性(适应变化)的模式。一旦具备了这种松耦合能力，你可以很容易地将一个模块替换成另外一个。

在实际场景中，基础设施系统可能会非常复杂，很难做到模块替换时不中断系统。松耦合的依赖可以缓解变更失败带来的影响，但是也无法提供100%的可用性。

4.1　关系的单向性

不同的依赖关系对基础设施变更会有不同的影响。想象这样一个场景，每次添加一个应用的时候都需要增加一个防火墙规则。防火墙规则对于应用的IP地址就是一个单向依赖。对于应用的任何修改都需要反映在防火墙规则上。

定义　一个单向依赖表达了一个资源对另外一个资源单方向的依赖关系。

你可以在一组资源或者模块之间使用单向依赖关系。如图4.1所示，防火墙规则和应用之间存在单向依赖关系。由于这些防火墙规则对应用有依赖，因此防火墙规则在基础设施栈中相对来说处于更高的位置，应用程序则处于较低的位置。

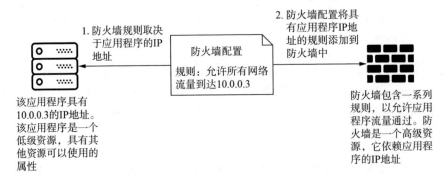

图4.1　防火墙规则和应用IP地址之间的单向依赖关系

当描述一个依赖关系时，一个像防火墙规则这样的高层级资源通常需要依赖一个低层级资源(例如应用程序的IP地址)。

定义　一个高层级资源依赖另外一个资源或者模块。一个低层级资源被其他高层级资源依赖。

现在我们来演绎一种场景，一个报表应用需要一系列的防火墙规则。它会将这些规则发送给一个审计应用程序。但是，防火墙需要知道报表应用程序的IP地址才能设置这些规则。这种情况下，你应该先更新报表应用程序的IP地址？还是先更新防火墙的规则？图4.2展示了这个更新顺序难题。

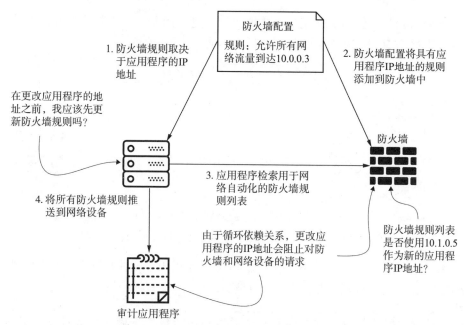

图 4.2　报表应用和防火墙之间存在循环依赖。对它们进行变更会造成应用程序访问中断

　　这个例子展示了循环依赖场景，实际上是一个先有鸡还是先有蛋的问题。你无法在不影响另外一个资源的前提下更新其中任何一个资源。如果你选择先修改应用程序的 IP 地址，那么防火墙规则就必须马上更新。但在这种情况下，这个报表服务就会失效，因为用户无法访问它。你的变更会阻止对应用程序的请求。

　　循环依赖会在实施变更时造成不可预见的情况，最终会影响系统的可组合性和可扩展性。你无法确定先更新哪个资源。相反，通过明确定义高层级资源以及其对低层级资源的依赖关系，问题就可以解决。单向依赖关系让变更变得更加可预测。总而言之，一次成功的基础设施变更依赖两个关键因素：可预测性和隔离性。

4.2　依赖注入

　　单向依赖可以帮助你最小化低层级组件对高层级组件的影响。例如，网络变更不应该对诸如队列、应用和数据库这类上层资源造成影响。本节内容将软件开发中的依赖注入概念应用到基础设施领域，以对单向依赖进一步解耦。依赖注入涉及两个原则：控制反转和依赖倒置

4.2.1　控制反转

　　当你在基础设施依赖关系中实现了单向依赖以后，高级别资源会主动从低级

别资源获取信息。然后高级别资源才能执行变更。例如：一个服务器需要从网络资源获取网络 ID 和 IP 地址空间，然后再声明一个 IP 地址。

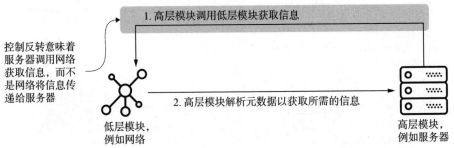

图 4.3 在使用控制反转的情况下，高级别资源或模块需要调用低级别资源模块获取信息，然后通过解析元数据来获取任何依赖的信息

我们让服务器资源主动调用网络资源，其实是借用了软件开发模式中的控制反转原则。也就是高级别资源在需要执行变更之前，主动向低级别资源请求信息。

定义 所谓控制反转原则就是高级别资源主动向低级别资源获取属性或者引用的方式。

举一个非技术性的示例，当你主动给医生打电话去预约而不是让医生办公室自动安排你预约时间时，你就采用了控制反转。

下面让我们在服务器和网络依赖关系上使用控制反转原则。你可以通过一个网络模块来创建网络。在代码清单 4.1 中，网络模块输出一个网络名称，并将其保存在一个名为 terraform.tfstate 的文件中。对于高级别资源服务器来说，它现在就可以通过解析这个 JSON 格式的文件来获取网络名称。

代码清单 4.1 网络模块输出的 JSON 文件

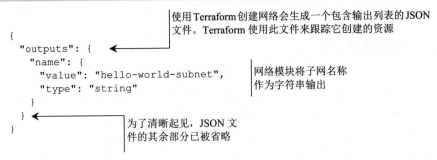

使用控制反转时，服务器模块可以调用网络模块输出的 terraform.tfstate 文件(如代码清单 4.2 所示)来获取子网名称。因为网络模块输出的是一个 JSON 格式的文件，因此服务器模块需要解析 JSON 格式以获取子网名称(hello-world-subnet)。

代码清单 4.2　应用控制反转创建网络上的服务器

创建一个对象,捕获网络模块输出的模式。这使得服务器更容易检索子网名称

网络输出的对象将解析来自 JSON 对象的子网名称的值

```python
import json


class NetworkModuleOutput:
    def __init__(self):
        with open('network/terraform.tfstate', 'r') as network_state:
            network_attributes = json.load(network_state)
        self.name = network_attributes['outputs']['name']['value']


class ServerFactoryModule:
    def __init__(self, name, zone='us-central1-a'):
        self._name = name
        self._network = NetworkModuleOutput()
        self._zone = zone
        self.resources = self._build()

    def _build(self):
        return {
            'resource': [{
                'google_compute_instance': [{
                    self._name: [{
                        'allow_stopping_for_update': True,
                        'boot_disk': [{
                            'initialize_params': [{
                                'image': 'ubuntu-1804-lts'
                            }]
                        }],
                        'machine_type': 'f1-micro',
                        'name': self._name,
                        'zone': self._zone,
                        'network_interface': [{
                            'subnetwork': self._network.name
                        }]
                    }]
                }]
            }]
        }


if __name__ == "__main__":
    server = ServerFactoryModule(name='hello-world')
    with open('main.tf.json', 'w') as outfile:
        json.dump(server.resources, outfile, sort_keys=True, indent=4)
```

使用 Terraform 资源创建 Google 计算实例,并指定名称和区域

服务器模块将调用网络输出对象,该对象包含从网络模块的 JSON 文件中解析出的子网名称

使用该模块为使用子网名称的服务器创建 JSON 配置

为使用工厂模式的服务器创建一个模块

使用 Terraform 资源创建 Google 计算实例,并指定名称和区域

服务器模块引用网络输出的名称,并将其传递给"subnetwork"字段

将 Python 字典写入 JSON 文件,稍后由 Terraform 执行

AWS 和 Azure 相关资源说明

在 AWS 中,你可以使用 aws_instance Terrform 资源类型和你想要使用的网络的引用(网址见链接[1])。在 Azure 中,Terraform 的网络资源类型为 azurerm_linux_virtual_machine(网址见链接[2])。

使用控制反转可避免在服务器模块中直接引用子网。你还可以控制和限制网络返回给高层级资源的信息。更重要的是,由于控制反转提供了更好的可组合性,你可以使用同样的网络模块为其他服务器和高层级资源提供子网名称。

如果高层级资源需要其他低层级资源的属性怎么办？例如，你可以创建一个需要子网 IP 地址范围的队列资源。为解决这个问题你需要改进网络模块来输出子网互联网地址范围。这样，队列资源就可以引用输出的地址。

控制反转可以有效地解决高层级资源需要不同属性的问题，从而提高可演进性。你可以持续地对低层级资源进行改进，而不必重写高层级资源的 IaC 代码。但是，当低层级资源的属性发生变化或者重命名时，你需要找到一种能够有效保护高层级资源不受影响的方法。

4.2.2 依赖倒置

虽然控制反转有助于高层模块的演进，但是它仍然无法保护高级模块免受低层模块变更的影响。想象一下，如果你将网络名称改成了网络 ID。那么下一次部署服务器模块时就会出问题。因为服务器模块无法识别网络 ID。

为了保护服务器模块不受网络输出变化的影响，你需要在网络输出和服务器之间增加一层抽象。如图 4.4 所示，服务器模块通过 API 或者存储的配置来访问网络的属性，而不是直接读取网络输出。这些接口形成了对网络元数据的一层抽象。

你可以使用依赖倒置来隔离低层级模块的变化对其依赖的影响。依赖倒置要求高层级资源和低层级资源之间通过一层抽象来表达它们之间的依赖关系。

定义 依赖倒置就是通过抽象来表达高级和低级资源或模块之间的依赖关系的原则。

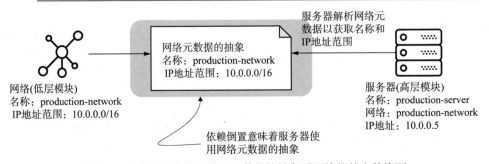

图 4-4 依赖倒置将低层资源元数据的抽象返回给依赖它的资源

这个抽象层充当传递所需属性的解析器。它的作用如同一个缓冲区，将低层级模块的变化对高层级模块的影响缓解掉了。一般来说，你可以选择以下三种方式之一来实现这个抽象层：

- 资源属性的插值(模块内)
- 模块输出(跨模块)
- 基础设施状态(跨模块)

　　具体的抽象实现，例如属性插值或者模块输出，取决于你使用的工具。基础设施状态的抽象则取决于你的工具或者基础设施的 API。图 4.5 展示了通过这三种方式将网络元数据传递给服务器模块的抽象。

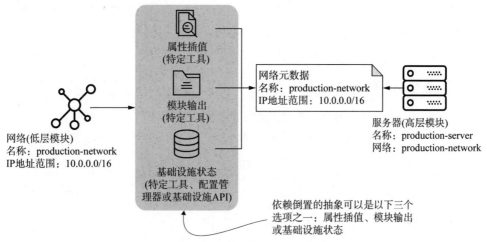

图 4.5　根据工具和依赖关系，依赖倒置的抽象可以使用属性插值、模块输出或基础设施状态

　　下面介绍如何在代码清单 4.3 中通过为网络和服务器构建模块来实现这三种类型的抽象。我将从属性插值开始介绍。属性插值用于处理模块或配置中资源或任务之间的属性传递。使用 Python,子网就可通过访问分配给网络对象的 name 属性来插值网络的名称。

代码清单 4.3　使用属性插值获取网络名称

```python
import json


class Network:
    def __init__(self, name="hello-network"):   # 使用 Terraform 资源 "hello-network"
        self.name = name                        # 创建 Google 网络
        self.resource = self._build()           # 使用该模块创建网络
                                                # 的 JSON 配置
    def _build(self):
        return {
            'google_compute_network': [
                {
                    f'{self.name}': [            # 使用 Terraform 资源
                        {                        # "hello-network"创建
                            'name': self.name    # Google 网络
                        }
                    ]
                }
            ]
        }
```

使用以区域命名的 Terraform
资源"us-central"创建 Google
子网

将整个网络
对象传递给
子网。子网
调用网络对
象以获取它
所需的属性

```python
class Subnet:
    def __init__(self, network, region='us-central1'):
        self.network = network
        self.name = region
        self.subnet_cidr = '10.0.0.0/28'
        self.region = region
        self.resource = self._build()

    def _build(self):
        return {
            'google_compute_subnetwork': [
                {
                    f'{self.name}': [
                        {
                            'name': self.name,
                            'ip_cidr_range': self.subnet_cidr,
                            'region': self.region,
                            'network': self.network.name
                        }
                    ]
                }
            ]
        }


if __name__ == "__main__":
    network = Network()
    subnet = Subnet(network)

    resources = {
        "resource": [
            network.resource,
            subnet.resource
        ]
    }

    with open(f'main.tf.json', 'w') as outfile:
        json.dump(resources, outfile, sort_keys=True, indent=4)
```

使用以区域命名的 Terraform
资源"us-central"创建 Google
子网

通过从对象中检
索网络名称来插
值网络名称

使用该模块创建网络
的 JSON 配置

使用该模块创建网络
的 JSON 配置

使用该模块创建子网
的 JSON 配置,并将
网络对象传递给子网

将网络和子网的 JSON 对象合并
成与 Terraform 兼容的 JSON 结构

使用该模块创建子网的
JSON 配置,并将网络对
象传递给子网

将网络和子网的 JSON 对象合并
成与 Terraform 兼容的 JSON 结构

将 Python 字典写入
JSON 文件中,稍后由
Terraform 执行

DSL

不同 IaC 工具会使用不同的 DSL(领域特定语言),这些语言都有自己不同的用于表达资源属性插值的变量引用方式。例如 Terraform 会使用 google_compute_network.hello-world-network.name 来为子网动态传递网络名称。CloudFormation 允许你使用 Ref 引用参数。在 Bicep 中则可以直接使用资源的属性 properties。

属性插值可以在同一配置的不同模块或者资源之间使用。但是，它只能在某种特定工具内部使用，一般无法跨工具使用。当你的配置组合中的资源和模块变多时，你将无法使用属性插值方式。

有一种替代资源属性插值的方式，就是使用显式的模块输出在不同模块之间传递属性。你可以将输出定制为任何你需要的格式或者参数。例如，你可以将子网和网络组合成一个模块，然后将它们一并输出给服务器模块使用。在代码清单 4.4 中，我们将对子网和网络模块进行重构并添加服务器模块的代码。

代码清单 4.4　把子网名设置为模块的输出

```python
import json                                    为简洁起见，网络和子
                                               网对象被省略

class NetworkModule:                           将网络和子网的创建重构为
    def __init__(self, region='us-central1'):  一个模块。这遵循了组合模
        self._region = region                  式。该模块使用 Terraform 资
        self._network = Network()              源创建 Google 网络和子网
        self._subnet = Subnet(self._network)
        self.resource = self._build()

    def _build(self):                          使用该模块创建网络
        return [ d                             和子网的 JSON 配置
            self._network.resource,
            self._subnet.resource
        ]

    class Output:                              为网络模块创建一个嵌套类，嵌
        def __init__(self, subnet_name):       套类将子网的名称导出以供高级
            self.subnet_name = subnet_name     属性使用

    def output(self):                          为网络模块创建一个输出函数，
        return self.Output(self._subnet.name)  以检索并导出所有网络输出

                         该模块使用 Terraform 创建    将网络输出作为输入变量
                         Google 计算实例(服务器)      传递给服务器模块。服务器
class ServerModule:                            将选择它所需的属性
    def __init__(self, name, network, h
                 zone='us-central1-a'):
        self._name = name
        self._subnet_name = network.subnet_name   使用网络输出对象，获取
        self._zone = zone                         子网名称并将其设置为
                                                  服务器的子网名称属性
    self.resource = self._build()
                             使用该模块创建服务
    def _build(self):       器的 JSON 配置
        return [{
            'google_compute_instance': [{
                self._name: [{
                    'allow_stopping_for_update': True,
                    'boot_disk': [{
                        'initialize_params': [{
                        'image': 'ubuntu-1804-lts'
```

```
                        }]
                }],
                'machine_type': 'e2-micro',
                'name': self._name,
                'zone': self._zone,
                'network_interface': [{
                        'subnetwork': self._subnet_name
                }]
        }]
    }]
    }]
```

重构网络和子网创建为一个
模块。这遵循了组合模式。
该模块使用 Terraform 资源
创建 Google 网络和子网

该模块使用 Terraform 创建
Google 计算实例(服务器)

```
if __name__ == "__main__":
    network = NetworkModule()
    server = ServerModule("hello-world",
                    network.output())
    resources = { 1!
        "resource": network.resource + server.resource
    } 1!

    with open(f'main.tf.json', 'w') as outfile:
        json.dump(resources, outfile, sort_keys=True, indent=4)
```

将网络输出作为输入变量
传递给服务器模块。服务器
将选择它所需的属性

将网络和服务器 JSON 对象合并
为 Terraform 兼容的 JSON 结构

将 Python 字典写入
JSON 文件,稍后由
Terraform 执行

DSL

对于诸如 CloudFormation,Bicep 或 Terraform 之类的置备工具,你可以为模块或堆栈生成输出对象,以便让高层级资源使用。对于类似 Ansible 这种配置管理工具,则使用标准输出的方式在不同任务之间传递参数。

模块输出可以暴露高层资源的特定参数。这种方法会复制和重复这些属性值。但是,模块输出可能会变得非常复杂。你经常会忘记你所暴露的是哪些输出以及它们的名称是什么。在第 6 章中,我们将介绍如何使用契约测试来确保模块输出的正确性。

除了使用输出,你还可以使用状态文件或者基础设施提供程序的 API 元数据来获取这些信息。很多工具都会保存基础设施状态,我一般称之为工具状态,工具状态可以用来检测实际资源状态和配置之间的漂移,并跟踪它管理的资源。

定义 工具状态是 IaC 工具存储的基础设施状态的表示形式。它跟踪工具所管理的资源的配置。

工具经常会使用文件来存储状态。在代码清单 4.2 中,你已经见到了一个使用工具状态的例子。通过解析 terraform.tfstate 文件的内容,你可以获取网络名称,这个文件就是 Terraform 的工具状态文件。但是，并不是所有的工具都提供状态文件。因此，你可能很难跨工具解析低层资源属性。

如果系统中使用了多种工具和提供程序，那么你有两个方法来避免这些问题。第一种方法，考虑使用配置管理工具作为传递元数据的标准接口。一般来说，配置管理工具都会使用"键值对"存储，用来管理一系列的字段及其值。

配置管理工具可以帮助你建立你自己的工具状态抽象层。例如，有些网络自动化脚本本身就可以从键值对存储中获取 IP 地址值。但是，你需要自行维护配置管理工具并且确保你的 IaC 工具可以访问它。

第二种方法，可以考虑使用基础设施提供程序的 API。基础设施提供程序的 API 一般很稳定，并且可以提供非常详细的信息和状态文件无法提供的更加丰富的变更信息。你可以通过客户端库来调用基础设施 API 以便获取这些信息。

> **DSL**
> 很多置备工具都提供调用基础设施 API 的能力。例如，AWS 的 CloudFormation 提供 AWS 特定的参数类型以及 Fn::ImportValue 关键字来获取 AWS API 或者其他技术栈的信息。Bicep 提供 existing 关键字来导入当前文件之外的资源属性。
>
> Terraform 则提供了专门用来从基础设施 API 获取资源元数据的数据源。类似地，组件可以通过 Ansible fact 来收集资源或者环境的元数据。

使用基础设施 API 也有一些缺点。例如你的 IaC 必须有网络连接。以及你必须运行你的 IaC 代码才能获取属性值，因为这些代码必须访问 API 才能获取这些信息。如果基础设施 API 出现了故障，你的 IaC 也无法获取并解析低层资源的属性。

当你添加了依赖倒置抽象层之后，你就可以保护高层资源不会改变低层资源的属性。虽然你无法阻止所有的故障和影响，但是你仍然可以控制低层资源更新导致的潜在失败的爆炸半径。可以将其看作一个合约：如果高层和低层资源针对它们所需要的属性达成了一致，那么它们就可以彼此独立地演进，而不用担心互相影响。

4.2.3　应用依赖注入

如果将控制反转和依赖倒置结合在一起呢？图 4.6 展示了你可以结合两者实现服务器和网络资源解耦的示例。服务器通过基础设施 API 或者状态获取网络资源的属性并对元数据进行解析。如果你对网络名称进行了变更，元数据会随之更新。服务器将从元数据中获取这些变更并调整它自己的配置。

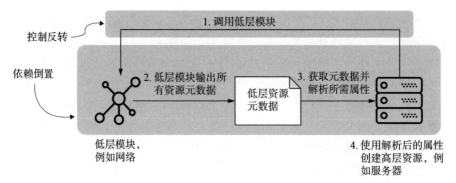

图 4.6　依赖注入结合了控制反转和依赖倒置，以减轻基础设施依赖并隔离低层和高层资源

　　由于抽象层在系统的每个构件块之间起缓冲作用，强化控制反转和依赖倒置原则可以促进系统的可演进和可组合性。可使用依赖注入来将控制反转和依赖倒置组合在一起。控制反转将隔离对高层级资源的更改，而依赖倒置则隔离对低级资源的更改。

定义　依赖注入方法将控制反转和依赖倒置原则结合起来。高层模块或资源通过一个抽象层来获取低层模块或资源的属性。

　　让我们以 Apache Libcloud 为例，为服务器和网络示例实现依赖注入。Apache Libcloud 是 GCP 的 API 库。在代码清单 4.5 中，你可以看到我们使用 Libcloud 来搜索网络。服务器调用 GCP API 来获取子网名称，解析 GCP API 返回的元数据，并将网络地址空间中的第 5 个 IP 地址赋值给自己。

代码清单 4.5　使用依赖注入在网络上创建一个服务器

将此函数使用 Libcloud 库检索网络信息。网络和子网是
分别创建的。为了清晰起见，它们的代码已被省略

```
    import credentials
    import ipaddress
    import json
    from libcloud.compute.types import Provider          导入 Libcloud 库，它允许你访问
    from libcloud.compute.providers import get_driver    GCP API。你需要导入提供程序
                                                         对象和 Google 驱动程序

                                                         导入 Libcloud 的 Google Compute
                                                         Engine 驱动程序
    def get_network(name):
        ComputeEngine = get_driver(Provider.GCE)
        driver = ComputeEngine(
            credentials.GOOGLE_SERVICE_ACCOUNT,           传递 GCP 服务账户凭证，
            credentials.GOOGLE_SERVICE_ACCOUNT_FILE,      使 Libcloud 可以使用这些
            project=credentials.GOOGLE_PROJECT,           凭证访问 GCP API
            datacenter=credentials.GOOGLE_REGION)
        return driver.ex_get_subnetwork(                  使用 Libcloud 驱动程序
            name, credentials.GOOGLE_REGION)              按名称获取子网信息
```

此模块使用 Terraform 资源创建 Google 计算实例(服务器)

将此函数使用 Libcloud 库检索网络信息。网络和子网是分别创建的。为了清晰起见，它们的代码已被省略

从 Libcloud 返回的 GCP 网络对象中解析出 CIDR 块，并使用它计算网络上的第五个 IP 地址。服务器使用该结果作为其网络 IP 地址

从 Libcloud 返回的 GCP 网络对象中解析出子网名称，并使用它创建服务器

使用此模块创建服务器的 JSON 配置

此模块使用 Terraform 资源创建 Google 计算实例(服务器)

此模块使用 Terraform 资源创建 Google 计算实例(服务器)

从 Libcloud 返回的 GCP 网络对象中解析出子网名称，并使用它创建服务器

从 Libcloud 返回的 GCP 网络对象中解析出 CIDR 块，并使用它计算网络上的第五个 IP 地址。服务器使用该结果作为其网络 IP 地址

```python
class ServerFactoryModule:
    def __init__(self, name, network, zone='us-central1-a'):
        self._name = name
        gcp_network_object = get_network(network)
        self._network = gcp_network_object.name
        self._network_ip = self._allocate_fifth_ip_address_in_range(
            gcp_network_object.cidr)
        self._zone = zone
        self.resources = self._build()

    def _allocate_fifth_ip_address_in_range(self, ip_range):
        ip = ipaddress.IPv4Network(ip_range)
        return format(ip[-2])

    def _build(self):
        return {
            'resource': [{
                'google_compute_instance': [{
                    self._name: [{
                        'allow_stopping_for_update': True,
                        'boot_disk': [{
                            'initialize_params': [{
                                'image': 'ubuntu-1804-lts'
                            }]
                        }],
                        'machine_type': 'f1-micro',
                        'name': self._name,
                        'zone': self._zone,
                        'network_interface': [{
                            'subnetwork': self._network,
                            'network_ip': self._network_ip
                        }]
                    }]
                }]
            }]
        }


if __name__ == "__main__":
    server = ServerFactoryModule(name='hello-world', network='default')
    with open('main.tf.json', 'w') as outfile:
        json.dump(server.resources, outfile, sort_keys=True, indent=4)
```

将 Python 字典写入 JSON 文件，稍后由 Terraform 执行

AWS 和 Azure 等效用法说明

如果要将代码清单 4.5 转化成 AWS 或者 Azure 的实现，你需要更新这段 IaC 代码，创建类似亚马逊弹性计算云(EC2)实例或者 Azure Linux 虚拟机器实例。你还需要将 libcloud 驱动更新成亚马逊 EC2 驱动(网址见链接[3])或者 Azure ARM 计算资源驱动(网址见链接[4])。

使用基础设施 API 作为抽象层,你需要让网络独立于 Server 进行演进。举个例子,如果你更新了网络地址空间会发生什么?首先,你在为服务器运行 IaC 之前部署了网络更新。然后服务器资源会调用基础设施 API 来获取网络属性并识别新的 IP 地址空间。这时它就可以重新计算出第 5 个 IP 地址。

图 4.7 展示了使用依赖注入后 server 对变更的响应能力。当你更新了网络资源中的 IP 地址空间后,你的服务器资源会获取到更新后的地址空间并且重新计算它所需要的 IP 地址。

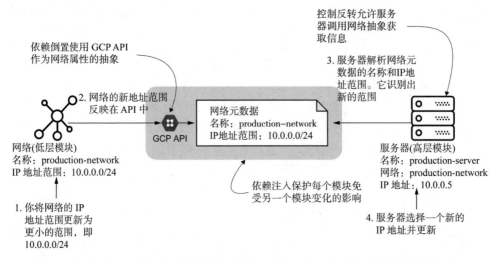

图 4.7   依赖注入允许我更改低层模块(网络),并自动将更改传播到高层模块(服务器)

得益于依赖倒置,可以将低层资源从依赖关系中分离出来。控制反转则有助于高层资源对低层资源的变更进行响应。将两者结合作为依赖注入对于确保系统的兼容性很有帮助,你现在可以放心地为低层资源添加多个高层资源。依赖注入的解耦能力可以帮助你最小化变更失败的影响范围。

一般来说,你应该在基础设施依赖管理中将依赖注入作为核心原则来实施。如果在编写基础设施配置时实施了依赖注入,那么可以充分解耦依赖性,从而实现不同模块的独立变更而且不会对其他基础设施造成不良影响。随着系统中模块的增多,你可以继续重构特定模式,针对不同类型的资源和模块进一步解耦基础设施。

4.3   外观模式

参考依赖注入的原则,我们还可以发现用于管理依赖的模式。这些模式与软件开发中的结构化设计模式类似。在追求解耦的过程中,我经常发现自己在 IaC

中常用的三种模式。

假设你需要创建一个存储库用来保存静态文件。你可以通过 GCP 的访问控制 API 来控制谁可以访问这些文件。图 4.8 展示了存储库的创建以及在输出中包含存储库名称的过程。访问控制规则可以通过输出来获取存储库的名称。

1. 外观模式从存储模块输出名称

外观模式输出存储库的名称

```
name = "hello-world-
storage-bucket"
```

2. 访问控制模块调用外观模式获取存储库的名称

基于名称和位置(US)
创建一个云存储库
(hello-world-storage-bucket)

访问控制使用存储库名称来创建用户访问规则

图 4.8　外观模式将属性简化为存储桶的名称，以供访问控制模块使用

使用模式输出的方式和使用一个抽象层的方式非常类似。实际上，你在本章的前面就遇到过这个做法，你已经在不知不觉中应用了外观模式来在组件之间传递多个属性。

外观模式使用模式输出作为依赖注入的抽象。它的行为就像一面镜子，将这些输出的属性反射给其他模块和资源。

定义　外观模式(façade pattern)通过将模块中的资源用属性的方式输出，而实现依赖注入原则。

外观模式只包含属性，不包含其他内容。这种模式确实可以解耦高层和低层资源之间的依赖关系，确保依赖注入的实现。但高层资源仍然调用低层资源获取信息，输出的属性形成了抽象层。

代码清单 4.6 实现了外观模式。你的存储库模块在它的 output 方法中返回存储库对象和名称。访问模块使用 output 方法检索存储库对象并访问其名称。

代码清单 4.6　输出存储库名称作为访问控制规则的外观模式

```
import json
import re


class StorageBucketFacade:
    def __init__(self, name):
        self.name = name


class StorageBucketModule:
    def __init__(self, name, location='US'):
        self.name = f'{name}-storage-bucket'
        self.location = location
```

使用外观模式，将存储库名称作为存储输出对象的一部分输出。这实现了依赖反转，以抽象掉不必要的存储库属性

创建一个 GCP 存储库的低级模块，该模块使用工厂模式生成一个存储库

使用基于名称和位置的 Terraform 资源创建 Google 存储库

```
        self.resources = self._build()

    def _build(self):
        return {
            'resource': [
                {
                    'google_storage_bucket': [{
                        self.name: [{
                            'name': self.name,
                            'location': self.location,
                            'force_destroy': True
                        }]
                    }]
                }
            ]
        }

    def outputs(self):
        return StorageBucketFacade(self.name)


class StorageBucketAccessModule:
    def __init__(self, bucket, user, role):
        if not self._validate_user(user):
            print("Please enter valid user or group ID")
            exit()
        if not self._validate_role(role):
            print("Please enter valid role")
            exit()
        self.bucket = bucket
        self.user = user
        self.role = role
        self.resources = self._build()

    def _validate_role(self, role):
        valid_roles = ['READER', 'OWNER', 'WRITER']
        if role in valid_roles:
            return True
        return False

    def _validate_user(self, user):
        valid_users_group = ['allUsers', 'allAuthenticatedUsers']
        if user in valid_users_group:
            return True
        regex = r'^[a-z0-9]+[\._]?[a-z0-9]+[@]\w+[.]\w{2,3}$'
        if(re.search(regex, user)):
            return True
        return False

    def _change_case(self):
        return re.sub('[^0-9a-zA-Z]+', '_', self.user)

    def _build(self):
        return {
            'resource': [{
                'google_storage_bucket_access_control': [{
```

使用基于名称和位置的 Terraform 资源创建 Google 存储库

在 Google 存储库上设置一个属性，以便在删除 Terraform 资源时销毁它

创建一个高级模块，向存储库添加访问控制规则

为该模块创建一个输出方法，返回存储库的属性列表

将存储库的输出外观模式传递给高级模块

验证传递给模块的用户是否匹配所有用户或所有经过身份验证的用户的有效用户组类型

将存储库的输出外观模式传递给高层模块

验证传递给模块的角色是否与 GCP 中的有效角色匹配

验证传递给模块的用户是否匹配所有用户或所有经过身份验证的用户的有效用户组类型

```
                    self._change_case(): [{                        使用 Terraform
                        'bucket': self.bucket.name,     ←          资源创建 Google
                        'role': self.role,                          存储库访问控制
                        'entity': self.user                         规则
                    }]
                }]
            }]
        }

if __name__ == "__main__":
    bucket = StorageBucketModule('hello-world')
    with open('bucket.tf.json', 'w') as outfile:
        json.dump(bucket.resources, outfile, sort_keys=True, indent=4)

    server = StorageBucketAccessModule(
        bucket.outputs(), 'allAuthenticatedUsers', 'READER')
    with open('bucket_access.tf.json', 'w') as outfile:
        json.dump(server.resources, outfile, sort_keys=True, indent=4)
```

AWS 和 Azure 等效用法说明
GCP 存储库类似于 Amazon simple storage service(S3) Azure Blob Storage。

为什么我们要输出整个存储库对象而不仅仅是名称呢？记住你需要构建的是一个可以遵守依赖倒置原则的抽象层。如果你创建了一个依赖于存储库位置的新模块，你可以直接更新这个存储库的外观来输出名称和位置。而该更新不会影响访问模块。

实现外观模式的代价很低，同时也能确保享受到依赖解耦的好处。这些好处包括可以非常灵活地进行隔离处理，独立对某个模块进行更新，而不会影响其他模块。增加新的高层级依赖也不需要太大的投入。

外观模式还对快速定位问题有帮助。因为它仅仅映射输出，不会添加解析逻辑，出现问题时更容易定位和修复。第 11 章中会详细讨论回滚失败变更。

DSL
在 DSL 中，你可以简单地通过使用自定义名称的输出变量来实现外观模式。高层资源可以直接应用这个自定义的输出名称。

通用实践中，一般会先从 1～2 个字段开始使用外观模式。你应该根据高层资源的需要，尽量控制字段的数量并且每隔几周就评估并删除那些不再需要的字段。

外观模式一般适用于比较简单的依赖关系,例如高层资源对低层资源的依赖。但是，当你增加更多的高层资源时，因为依赖深度增加，你会发现使用外观模式来维护低层资源的依赖变得越来越困难。当你需要改变输出中的字段名时，你必须在每一个依赖他的组件中逐个修改。这种情况很难适用于上百个资源依赖一个低层模块的场景。

4.4　适配器模式

上节中的外观模式采用输出值的方式来将基础设施属性传递给高层资源。这种方式可以胜任简单的依赖场景，但是对于复杂的组件就无法很好地处理。复杂组件场景中往往存在一对多的依赖关系，并且会涉及多个基础设施提供商。

假设你现在有一个身份模块需要传递一组用户和相关角色来配置基础设施。这个身份模块需要跨多个平台工作。如图 4.9 所示，你创建了模块来输出一个 JSON 格式的对象，该对象包含每个用户名相关的读取、修改和管理权限。团队必须能够将这些用户名和这些通用的权限标识与 GCP 特定的表达方式对应起来。GCP 的访问控制系统使用 viewer、editor、owner，它们实际上和 read、write、admin 对应。

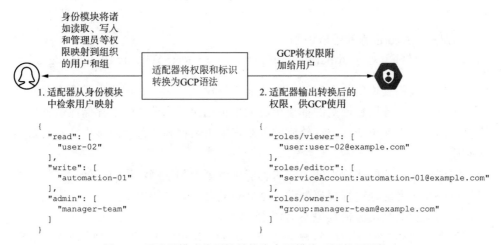

图 4.9　适配器模式将属性转换为高层模块可用的不同接口

如何将一组通用角色映射到特定的基础设施提供者角色？这个映射机制不仅要能支持多种不同的基础设施提供者，还能持续演进。你未来应该还需要扩展这个模块以为不同平台的角色添加更多的用户。

适配器模式就是这一切的解决方案，它可以帮助你将低层资源的元数据转换成任何高层资源都可以使用的形式。一个适配器就好像一个旅行电源适配器。你可以在不同的国家使用不同的适配器，并可以继续使用你的电子设备。

定义　适配器模式转换并输出来自低层资源或模块的元数据，以便任何高层资源或模块都可以使用。

举一个简单的例子，创建一个字典，将通用角色名称映射到用户名上。在代码清单 4.7 中，你需要为审计团队和两个用户赋予只读角色。但是这些通用的角色和用户名不匹配任何 GCP 权限和角色。

代码清单 4.7　创建一个将通用权限映射到用户名的静态对象

```
class Infrastructure:
    def __init__(self):
        self.resources = {
            'read': [
                'audit-team',
                'user-01',
                'user-02'
            ],
            'write': [
                'infrastructure-team',
                'user-03',
                'automation-01'
            ],
            'admin': [
                'manager-team'
            ]
        }
```

为审计团队、user-01 和 user-02 分配只读权限。该映射描述了用户只能读取任何基础设施提供商的信息

为基础设施团队、user-02 和 automation-01 分配写权限。该映射描述了用户可以更新任何基础设施提供商的信息

为管理团队分配管理员权限。该映射描述了用户可以管理任何基础设施提供商

AWS 和 Azure 等效用法说明

对于熟悉 AWS 的读者来说，以上用到的权限的对应关系为，管理员权限为 AdministratorAccess，写权限为 PowerUserAccess，只读权限为 ViewOnlyAccess。在 Azure 基于角色的访问控制系统中，管理员权限为 Owner，写权限为 Contributor，只读权限为 Reader。

但是，你对这个静态的映射关系表什么也做不了。GCP 也无法理解你所使用的用户名和权限的说法。唯一的解决办法就是使用适配器模式来将通用的权限名称映射到基础设施特定的权限名称上。

代码清单 4.8 中构建一个针对 GCP 的身份适配器，对类似 read 这样的通用权限进行转换，转换成 GCP 特定的说法，例如 roles/viewer。这样，GCP 就可以使用这个映射来完成类似给特定角色添加用户、服务账户和组这样的操作。

代码清单 4.8　使用适配器模式转换通用权限

创建一个适配器，将通用角色类型
映射到 Google 角色类型

```
import json
import access
class GCPIdentityAdapter:
    EMAIL_DOMAIN = 'example.com'

    def __init__(self, metadata):
        gcp_roles = {
            'read': 'roles/viewer',
            'write': 'roles/editor',
            'admin': 'roles/owner'
```

将电子邮件域名设置为常量，并将其附加到每个用户

创建一个字典，将通用角色映射到 GCP 特定的权限和角色

将用户名转
换为 GCP 特
定的成员术
语，该术语
使用用户类
型和电子邮
件地址

```python
        }
        self.gcp_users = []
        for permission, users in metadata.items():
            for user in users:
                self.gcp_users.append(
                    (user, self._get_gcp_identity(user),
                        gcp_roles.get(permission)))

    def _get_gcp_identity(self, user):
        if 'team' in user:
            return f'group:{user}@{self.EMAIL_DOMAIN}'
        elif 'automation' in user:
            return f'serviceAccount:{user}@{self.EMAIL_DOMAIN}'
        else:
            return f'user:{user}@{self.EMAIL_DOMAIN}'

    def outputs(self):
        return self.gcp_users
```

对于每个权限和用户，
构建一个元组，其中包
含用户、GCP 身份和
角色

如果用户名包含 "team"，则
GCP 身份需要以 "group" 为前
缀，以电子邮件域名为后缀

对于所有其他用户，GCP
身份需要以 "user" 为前缀，
以电子邮件域名为后缀

输出包含用户、GCP 身份和角色的元组列表

如果用户名包含 "automation"，则 GCP 身份需要以
"serviceAccount" 为前缀，以电子邮件域名后缀

创建一个 GCP 项目用户模块，使用工厂模
式将用户附加到给定项目的 GCP 角色

```python
    class GCPProjectUsers:
        def __init__(self, project, users):
            self._project = project
            self._users = users
            self.resources = self._build()

        def _build(self):
            resources = []
            for (user, member, role) in self._users:
                resources.append({
                    'google_project_iam_member': [{
                        user: [{
                            'role': role,
                            'member': member,
                            'project': self._project
                        }]
                    }]
                })
            return {
                'resource': resources
            }


    if __name__ == "__main__":
        users = GCPIdentityAdapter(access.Infrastructure().resources).outputs()

        with open('main.tf.json', 'w') as outfile:
            json.dump(
                GCPProjectUsers(
                    'infrastructure-as-code-book',
                    users).resources, outfile, sort_keys=True, indent=4)
```

使用该模块为项目的用户
和角色创建 JSON 配置

创建一个字典，将通用角色映
射到 GCP 特定的权限和角色

使用 Terraform 资源创建 Google
项目 IAM 成员列表。该列表检索
GCP 身份、角色和项目，以将用
户名附加到 GCP 中的读取、写入
或管理员权限

创建一个适配器，将
通用角色类型映射
到 Google 角色类型

将 Python 字典
写入 JSON 文
件，以便稍后由
Terraform 执行

AWS 和 Azure 等效用法说明

如果需要将以上代码转换成针对 AWS 的环境，你需要将 GCP 项目的引用映射到 AWS 账户。GCP 项目的用户与 AWS IAM 的用户采用一致的角色。类似地，在 Azure 中你需要在 Azure Active Directory 中创建订阅，添加用户以及为 API 访问授权。

可以对你的访问适配器做一个扩展，将访问通用字典权限映射到另一个基础设施提供者，例如 AWS 和 Azure。一般来说，适配器就是用来将特定语言转义成通用语言的。这个模式对于具有不同基础设施提供者或依赖关系的模块最适用。我甚至还会使用适配器模式为那些做得很差的资源参数提供一个通用的界面。

来看一个复杂一些的例子，设想在两个不同的云之间配置一个虚拟专用网络 (VPN)。如图 4.10 所示，这时你就不会使用外观模式来传递参数了，适配器会更加适合。你的网络模块会输出一个网络对象，并使用更加通用的字段名称，如 name 和 IP address。这个示例体现了使用适配器的好处，因为解决了两种不同语言之间的差异(例如：GCP 云服务 VPN 网关和 AWS 客户网关)。

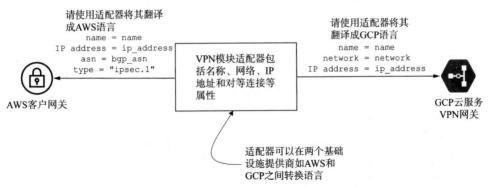

图 4.10　适配器在两个云提供商之间转换语言和属性

Azure 等效用法说明

Azure VPN 网关就相当于 AWS 客户网关以及 GCP 云服务 VPN 网关。

为什么使用适配器模式对于可组合性以及可演进性有非常大的好处呢？因为适配器模式严格遵循依赖倒置原则，它为两个资源传递属性提供有效的抽象。一个适配器其实就是两个模块之间的一个合约。只要双方都继续遵守这个由适配器定义的合约，你就可以独立地对高层级和低层级资源进行持续变更。

DSL

DSL 其实也是对提供者或者资源特定的语言和资源进行转义。在 DSL 专属的框架中，DSL 实际上就是一个适配器，提供了基础设施状态的展示。基础设

施状态所提供的资源元数据一般来说和基础设施 API 提供的一样。有一些工具
会允许你直接以状态文件为接口，将其格式作为高层资源可用的适配器。

　　但是，必须遵守模块之间的合约才能确保适配器模式正常工作。回顾一下刚
构建的那个用来为 GCP 转换用户名和权限的适配器。如果你的同事不小心将
read-only 角色对应到 roles/reader 上，而实际上 GCP 中并不存在 roles/reader。这
种情况下会怎样呢？如图 4.11 所示，如果不能使用 GCP 中的正确角色名称，你
的 IaC 就会执行失败。

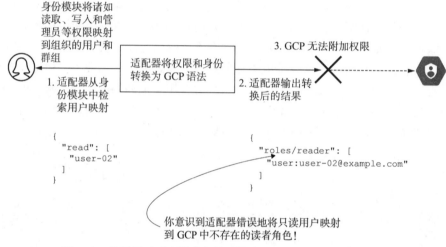

图 4.11　你需要对适配器进行故障排除和测试，以正确映射字段

　　在这个例子中，因为你违反了通用角色和 GCP 角色之间的合约，造成了 IaC
的执行失败。要保证 IaC 成功，你就必须维护你的适配器中的映射关系，确保能
正确地映射以减少失败。

　　进一步看，使用适配器模式也会增加调试的难度。这个模式实际上对资源属
性起到了混淆作用。你不仅仅需要判断是资源输出了错误的字段，还是适配器里
面的属性不对，又或者是调用方用错了依赖模块的属性字段。第 5 章和第 6 章将
为你介绍版本管理和测试的内容，以帮助你应对这些挑战。

4.5　中介者模式

　　适配器和外观模式都可以隔离变更，使得管理一个依赖项变得容易。但是，
IaC 中经常包含多个资源的复杂依赖关系。为了理清依赖关系网络，你可以实现一
个具备自我判断能力的自动化程序来决定 IaC 什么时候创建以及如何创建资源。

　　在这个服务器和网络的典型示例中，想象这样一个场景，你需要为服务器的

IP 地址创建一个防火墙规则，以便允许 SSH 连接。但条件是，只有当服务器存在时才能创建防火墙规则。同理，只有在网络存在的情况下才能创建服务器。你需要实现一个自动化程序来识别防火墙、服务器和网络之间错综复杂的关系。

让我们尝试梳理一下网络、服务器和防火墙之间的逻辑关系。自动化程序可以帮助我们协调各个资源创建的顺序。图 4.12 所示的流程展示了这个自动化工作流。如果要创建的是个服务器，那么 IaC 会先完成网络资源的创建，然后再创建服务器。如果目标资源是防火墙规则，那么 IaC 会先创建网络，然后是服务器，最后才是防火墙规则。

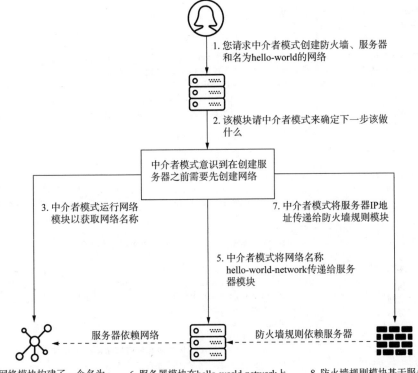

图 4.12　中介者模式决定首先配置哪个资源

这个 IaC 通过依赖注入来实现对网络、服务器和防火墙的抽象和控制。它还使用了幂等性原则来确保无论初始状态下有哪些资源，多次运行的结果都保持一致。可组合性也有助于构建基于基础设施资源和依赖关系的模块。

中介者模式的工作模式类似于机场的空中交通管制。它对出境和入境的航班进行控制和管理。中介者模式的唯一目标就是对资源之间的依赖关系进行组织，并按需要创建或者删除对象。

定义　中介者模式对多个基础设施资源的依赖关系进行识别和管理，还包含根据这些依赖关系创建和删除对象的逻辑。

让我们为网络和服务器资源实现中介者模式。这次我们使用 Python 来编写这个中介者的代码，我们需要使用一些 if-else 判断逻辑来检查每个资源的类型并构建它的低级别依赖。在代码清单 4.9 中，要创建防火墙就需要先完成服务器和网络资源的创建。

代码清单 4.9　使用中介者模式来组织服务器和依赖关系

在调用中介者来创建网络、服务器或防火墙等资源时，允许中介者决定要配置的所有资源

```python
import json
from server import ServerFactoryModule          导入网络、服务器和
from firewall import FirewallFactoryModule       防火墙的工厂模块
from network import NetworkFactoryModule

                                                  创建一个中介者来决定如何以及
                                                  以哪种顺序自动化更改资源
class Mediator:
    def __init__(self, resource, **attributes):
        self.resources = self._create(resource, **attributes)

    def _create(self, resource, **attributes):
        if isinstance(resource, FirewallFactoryModule):      如果您想创建防火墙规则
            server = ServerFactoryModule(resource._name)     作为资源，中介者将递归调
            resources = self._create(server)                 用自身来首先创建服务器
            firewall = FirewallFactoryModule(
                resource._name, depends_on=resources[1].outputs())
            resources.append(firewall)
        elif isinstance(resource, ServerFactoryModule):      如果您想创建服务器作
            network = NetworkFactoryModule(resource._name)   为资源，中介者将递归调
            resources = self._create(network)               用自身来首先创建网络
            server = ServerFactoryModule(
                resource._name, depends_on=network.outputs())
            resources.append(server)
        else:                                                如果您将任何其他资源传递给中介者，例
            resources = [resource]                           如网络，它将构建其默认配置
        return resources

    def build(self):
        metadata = []                                        使用该模块从中介者创建资源列表并呈现
        for resource in self.resources:                      JSON 配置
            metadata += resource.build()
        return {'resource': metadata}


if __name__ == "__main__":
    name = 'hello-world'
    resource = FirewallFactoryModule(name)                   向中介者传递防火墙资源。中介者将创
    mediator = Mediator(resource)                            建网络、服务器，然后是防火墙配置
```

在中介者创建服务器配置后，它会构建防火墙规则配置

在中介者创建网络配置后，它会构建服务器配置

```
        with open('main.tf.json', 'w') as outfile:
            json.dump(mediator.build(), outfile, sort_keys=True, indent=4)
```

将 Python 字典写入 JSON 文件，
稍后由 Terraform 执行

AWS 和 Azure 等效用法说明
　　GCP 中的防火墙规则和 AWS 的安全组以及 Azure 的网络安全组类似。这些
规则可用来控制从 IP 地址范围到标记目标的入站和出站流量。

　　如果你要引入类似负载均衡器这样的新资源，可以对现有的中介者代码进行
扩展，在服务器和防火墙之后创建负载均衡器。中介者模式非常擅长处理具有多
级依赖关系和多个系统组件的模块。

　　但是，你会发现要实现一个中介者模式是非常有挑战的。中介者模式必须遵
循幂等性原则，也就是说多次运行都得到同样的结果。你需要在中介者模式中编
写并测试逻辑代码。如果不能对代码进行全面测试，你很可能会无意中破坏资源。
因此，自己来实现中介者模式需要编写大量的代码。

　　幸运的是，你并不需要自己来实现中介者模式。大多数的 IaC 工具都已提供
了中介者模式来处理复杂的依赖关系，并能正确判断如何创建资源。大多数的置
备工具都内置了中介者模式来识别依赖关系和操作顺序。例如，容器编排平台
Kubernetes 就包含了一个中介者模式，可以用来对集群资源的变更进行正确编
排。Ansible 也使用中介者模式来判断在处理多个配置模块时，如何决定自动化步
骤的组合和执行。

> **注意**　一些 IaC 工具会利用图论来判断资源之间的依赖。这些资源形成图中的节
> 点，连接线则表示属性的传递关系。如果你没有这些工具，你可以手工绘
> 制这样一个依赖图。依赖图可以帮助组织你的自动化脚本和代码，还可以
> 帮助你识别哪些模块是可解耦的。绘制依赖图的练习对于实现中介者模式
> 非常有帮助。

　　我一般只在无法找到合适工具时才自己实现中介者模式。例如，我有时需要
使用一个工具来创建一个 Kubernetes 集群，然后才能使用另外一个工具来在这个
集群中部署服务，这时我会自己实现中介者模式。通过这个程序，我对两个工具
进行了整合，先使用第一个工具完成对集群的健康检查，然后再使用第二个工具
部署服务。

4.6　选择正确的模式

以上所述的外观模式、适配器模式和中介者模式都使用依赖注入原则来解耦高低级模块之间的变更。这些模式都可以对不同模块之间的依赖关系进行表达，并且隔离模块内部的变更。当系统变得复杂时，你需要根据模块的结构来选择正确的模式。

模式的选择主要取决于对低级资源和模块的依赖数量。外观模式适用于 1 个低级资源和少量依赖的情况，适配器模式适合于 1 个低级资源和多个依赖的情况。如果模块之存在很多依赖关系，就需要使用中介者模式来完成资源管理的自动化。图 4.13 中展示了用来确定模式的决策树。

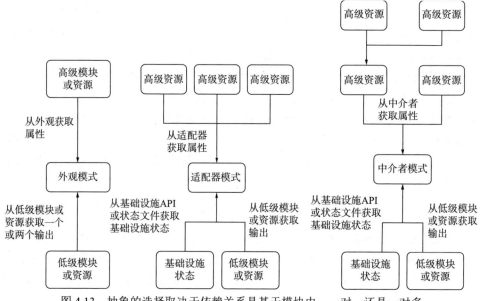

图 4.13　抽象的选择取决于依赖关系是基于模块内、一对一还是一对多

所有这些模式都基于依赖注入原则，对于改善幂等性、可组合性以及可演进性都很有帮助。那么为什么要先考虑外观模式，然后才考虑适配器模式和中介者模式呢？原因是随着系统的增长，你需要持续地改进你的依赖管理模式，这样才能降低变更带来的运维成本。

图 4.14 展示了三种模式的维护调试复杂度、实施复杂度、可扩展性和隔离性之间的关系。例如：外观模式可能实现起来很简单，也很容易维护调试，但是无法适应资源数量的增加。适配器模式和中介者模式可以提供良好的可扩展性和隔离性，但是调试、维护和实现都很复杂。

虽然适配器模式可能会导致高昂的维护调试和实施成本，但它提供了更好的可扩展性和对模块变更的隔离性。

图 4.14　有些模式可能在维护调试和实施方面成本较低，但无法隔离模块变更和进一步扩展

通过选择具备中介者模式的工具来降低初始成本是非常有效的。然后使用工具内置的外观模式来管理组件和资源之间的依赖关系。当你发现使用外观模式来处理多个系统的相互依赖变得困难时，再考虑引入适配器或者中介者模式。

适配器模式可能需要花费更多的精力去实现，但的确可以为系统的扩展和演进提供一个良好的基础。后续再增加新的基础设施提供商或者系统时，也不必操心对低层资源的变更。但是，你不能指望所有模块都使用适配器，因为它实现起来确实耗时而且很难维护和调试。

包含了中介者模式的工具可以自行选择需要更新的模块和更新顺序，这样一个工具对于降低总体实施成本很有帮助，但也会带来维护调试的问题。你必须对工具本身的工作机制非常熟悉，才能在出现错误时正确定位问题。而且不同的工具其用处也不同，一个带有中介者模式的工具对于可扩展性很有帮助，但并不能完全隔离对模块的变更。

练习题 4.1
如何通过下面的 IaC 更好地解耦数据库对网络的依赖？

```
class Database:
  def __init__(self, name):
    spec = {
      'name': name,
      'settings': {
        'ip_configuration': {
          'private_network': 'default'
} } }
}
```

A. 以上实现已经足够

B. 通过变量传递网络 ID，而不要硬编码为 default

C. 为所有网络属性实现一个 NetworkOuput 对象，并将这个对象传递给数据库模块

D. 在网络模块中增加一个函数，用于将网络 ID 推送给数据库模块

E. 在数据库模块添加一个函数，基于该默认的网络 ID 调用基础设施的 API
　 网络 ID

答案见附录 B

4.7　本章小结

- 使用基础设施依赖注入模式，例如：外观模式、适配器模式和中介者模式，可以为模块和资源提供解耦能力。这样你就可以独立地对模块进行变更。
- 控制反转原则表明高层资源调用低层资源来获取属性。
- 依赖倒置原则表明高层资源应该使用低层资源的抽象来获取其元数据。
- 依赖注入原则将控制反转和依赖倒置原则结合起来。
- 如果你无法判断哪个模式更适合，可以直接应用依赖注入原则。也就是让高层资源调用低层资源，然后对返回的对象结构进行解析，并获取所需的属性值。
- 外观模式是一种引用属性的简化接口。
- 适配器模式用于在不同资源之间传递元数据。这个模式最适合处理跨不同基础设施提供商或原型模块的资源。
- 中介者模式可以识别多个资源之间的依赖关系，并根据需要创建或删除对象。多数工具都提供了中介者模式的功能。

第II部分

团队规模化实践

学习了编写 IaC 相关的实践与模式后，我们总希望把这些分享给各个团队。接下来这部分将讨论 IaC 共享和协作方面的注意事项和指导方针。建立跨团队的行为模式能减少团队间的分歧和潜在的故障。

第 5 章将讨论如何对模块进行存储、版本控制和发布，以便团队的每个人都能安全地更新它们。从第 6 章我们可以学到 IaC 的测试策略。利用这些测试方法，在变更被发布到生产环境之前，可对它们的可靠性进行验证。

第 7 章将介绍开发与部署模式。我们会把测试过程添加到交付流水线中。这一章不仅介绍分支方面的内容，也会介绍何时不使用分支，从而确保部署到生产环境的变更的安全性。最后，第 8 章讨论了可应用于 IaC 测试和交付流水线的实践，以确保配置安全且合规。

第**5**章

模块的存储结构与共享

本章主要内容
- 以版本和标签的方式将基础设施的变更组织为模块
- 选择单存储库或多存储库
- 在团队之间共享基础设施模块
- 在不影响关键依赖的情况下，发布基础设施模块

截至目前，我们已从本书学习了不少实践与模式，可用于 IaC 的编写，并将其组织为基础设施组件。但不管我们编写的配置多么漂亮，还是要面对配置维护的难题，也不能完全消除系统故障的风险。之所以存在这样的困境，是因为团队在更新基础设施模块时，没能将协作实践过程标准化。

假定有一家名为"有菜数据"的公司，启动了一项自动化配菜种植业务。应用已启用 GCP 监控，可以调整配菜种植的优化。每个团队都运用单例模式，创建了自己的基础设施配置。

随着时间的推移，有菜数据中心越来越受欢迎，开始想要把业务扩展到所有的蔬菜品类。公司需要培植各类蔬菜，包括配菜、绿叶菜和根茎菜。为此，公司从软件专业领域雇用了新的应用开发团队。每个团队都要独立于其他团队创建自己的基础设施配置。

假定有菜数据公司雇佣你来开发水果种植的应用。你发现，由于现有的基础设施配置都是各个团队专用的，因而完全无法复用。公司需要一种统一、可重用的方法，用于基础设施的搭建、安全防护和管理。

你还发现，有菜数据可以运用第 3 章提出的模块化模式，以模块的形式组织基础设施的配置，提高可组合性。我们可以绘制一张示意图，如图 5.1 所示，该

图可用于组织协调多个团队的多组基础设施资源。这样，配菜、根茎菜、绿叶菜和水果等各个团队就可以共用一套标准化的网络、数据库和服务器配置了。

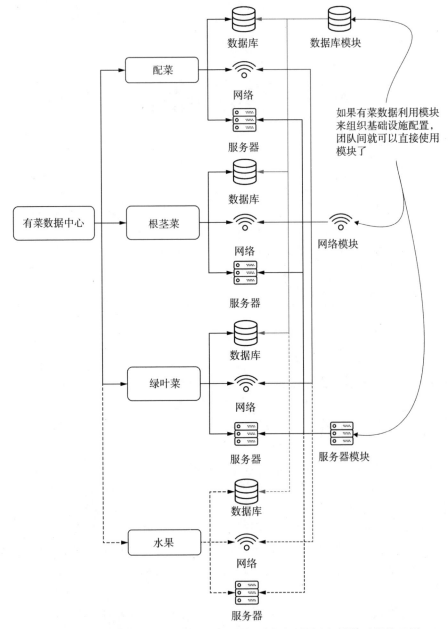

图 5.1　有菜数据公司通过模块来组织并标准化应用团队间的基础设施配置

在团队之间共享模块，能够促进可重建性、可组合性与可演进性。这些团队由于能够重建现有的配置，因此不必花费大量的时间来建立 IaC。人们还可以自由地选择系统的组合方式，并根据特有的需求重写配置。

为了充分体现标准化模块的好处，在常规的基础设施变更之外可以用软件开发的生命周期来处理它们。这一章涵盖了共享和管理基础设施模块的实践。你将学习有关如何发布稳定模块以免给高层级依赖造成严重故障的技术和实践。

5.1　存储库组织结构

想象一下，有菜数据公司的各个团队都用单例模式作为基础设施。配菜和绿叶菜团队发现他们在使用相似配置的服务器、网络和数据库。那么，他们可以把双方的基础设施配置合并到一个公共模块中吗？

配菜和绿叶菜团队决定不要相互复制、粘贴，而是希望从一个源头更新，再在各自的配置中引用这个源头。那么，有菜数据应该把所有基础设施都存入同一个存储库吗？还是应该把模块划分到多个存储库中？

5.1.1　单存储库

最初，有菜数据公司的团队把所有基础设施配置都存储在了单一的代码存储库。每个团队都会建一个目录用于存储自己的配置，以避免混淆。如果一个团队想要引用一个模块，通常会以本地文件路径的方式导入该模块。

图 5.2 所示的是有菜数据的单代码存储库的结构。存储库最上层有两个文件夹，用于区分模块和环境。公司的每个团队在环境目录里都有自己的子目录，如绿叶菜。绿叶菜目录下又进一步按照开发环境和生产环境来分隔配置。

如果绿叶菜团队的成员要创建数据库，他就可以从"模块"文件夹引用模块。在 IaC 中，他们通过设置本地路径来导入模块。导入之后，就可以使用数据库工厂在生产环境中搭建资源。

于是，有菜数据公司开始使用单存储库定义基础设施，其中包含所有团队的配置与模块。

定义　单存储库结构(也称为 *mono* 存储库，或 *monorepo*)可存储团队或功能单元的所有 IaC(包括配置和模块)。

一般来说，公司会对单存储库结构感到满意。所有团队都能以复制粘贴的形式对配置进行重建，也能以添加新模块目录的形式添加新的资源。如代码清单 5.1 所示，绿叶菜团队的人编写了一个数据库模块。他们用 Python 的 sys.path 方法，插入一个本地文件路径到模块中。他们通过代码导入的方式使用数据库模块。

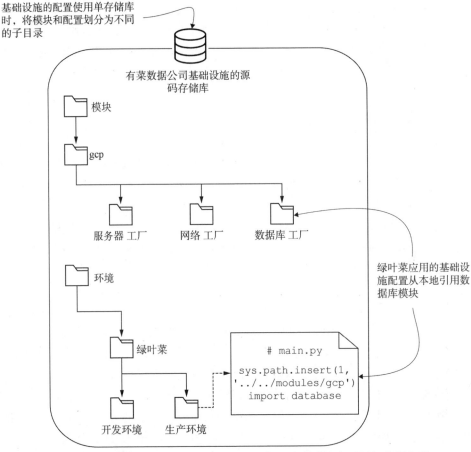

基础设施的配置使用单存储库时，将模块和配置划分为不同的子目录

有菜数据公司基础设施的源码存储库

模块

gcp

服务器 工厂　　　网络 工厂　　　数据库 工厂

环境

绿叶菜

```
# main.py
sys.path.insert(1,
'../../modules/gcp')
import database
```

绿叶菜应用的基础设施配置从本地引用数据库模块

开发环境　　　生产环境

图 5.2　绿叶菜团队的生产与开发环境在一个单存储库结构中引用包含服务器、网络和数据库工厂模块的目录

代码清单 5.1　从不同目录引用基础设施模块

```
import sys
sys.path.insert(1, '../../modules/gcp')
```
以目录的形式导入模块，因为来自同一个存储库

```
from database import DatabaseFactoryModule
from server import ServerFactoryModule
from network import NetworkFactoryModule
```
为生产环境导入服务器、数据库和网络工厂模块

```
import json
```

为生产环境导入服务器、数据库和网络工厂模块

```
if __name__ == "__main__":
    environment = 'production'
    name = f'{environment}-hello-world'
    network = NetworkFactoryModule(name)
    server = ServerFactoryModule(name, environment, network)
    database = DatabaseFactoryModule(name, server, network, environment)
```

```
resources = {
    'resource': network.build() + server.build() + database.build()
}

利用模块，为网络、服务和
数据库创建 JSON 配置

with open('main.tf.json', 'w') as outfile:
    json.dump(resources, outfile, sort_keys=True, indent=4)
```

把 Python 字典写入 JSON 文
件，供 Terraform 稍后执行

　　用本地文件夹存储模块有助于团队间按需引用基础设施。每个人都可以从同
一个存储库找到这些模块，也可以查阅其他团队的配置。如果配菜团队的人想了
解水果团队的 IaC，就可以用 tree 命令查看目录结构：

```
$ tree .
.
├── environments
│   ├── fruits
│   │   ├── development
│   │   └── production
│   ├── herbs
│   │   ├── development
│   │   └── production
│   ├── leafy-greens
│   │   ├── development
│   │   └── production
│   └── roots
│       ├── development
│       └── production
├── modules
    └── gcp
        ├── database.py
        ├── network.py
        ├── server.py
        └── tags.py
```

　　为了更好地组织配置，各个团队都把开发和生产环境的配置分别放在不同的
文件夹里。这些目录可用于隔离不同环境的配置与变更。理想情况下，所有的环
境都应该相同。而实际上，由于成本和资源的限制，环境之间存在一定差异。

其他工具

单存储库的结构也适用于很多其他的 IaC 工具。在 Ansible 这样的配置管理
工具中，我们可以用单存储库结构来复用 role 与 playbook。可以基于单存储库的
各本地目录引用和构建 playbook 和配置管理模块。

CloudFormation 的工作方式略有不同。我们可以把所有的栈定义文件放在同
一个存储库中。但是，子模板(我认为是一个模块)必须被发布到 S3 存储库，并使

用 AWS::CloudFormation::Stack 资源中的 TemplateURL 参数引用它。在本章后面，我们会了解如何发布并推送模块的变更。

有菜数据公司将使用单一的基础设施提供商，GCP。未来，各团队可以为不同的基础设施工具或提供商添加新的目录。这些工具可用于修改服务器或网络(ansible 目录)，生成虚拟机镜像(packer 目录)，或是向 AWS 部署数据库(aws 目录):

```
$ tree .
.
├── environments
|   ├── development
|   └── production
└── modules
    └── ansible
    └── aws
    └── gcp
    └── packer
```

在其他 IaC 素材中，我们可能会看到不要重复自己(don't repeat yourself, DRY)原则。DRY 强调复用与可组合性。而模块化管理基础设施的做法减少了重复的工作和配置中的重复，正符合 DRY 的精神。如果开发环境和生产环境完全相同，就可以省略开发与生产目录，引用一个模块而不是单独的环境文件。

在基础设施领域，我们难以完全遵守 DRY 原则。根据具体的基础设施或工具的语言和语法，我们总是会有重复的配置。最终，为了更清晰的配置，或者由于工具与平台的约束，还是会有一些重复的配置。

5.1.2　多存储库

随着有菜数据公司的发展，其基础设施存储库中的文件夹达到数百个。每个文件夹又包含大量的嵌套层级。每周，人们都要花大量的时间才能把各个目录里的变更内容更新到自己的配置里。每次发布产品，都会因为 CI 框架要递归搜索变更内容而多等 20 分钟。安全团队也表达了他们的担忧，因为绿叶菜团队的外包人员也能访问水果团队所有的基础设施配置。

对此，我们把网络、标签、服务器和数据库模块划分成为单独的存储库。每个存储库都有自己的模块生成和交付工作流程，这样 CI 框架的处理时间就会缩短。现在可以按存储库分别控制访问权限，这样绿叶菜团队的外包人员就能只访问绿叶菜内部的配置。

有菜数据公司的不同团队可以使用该模块存储库打包版本。每个团队都把自己的配置和模块存储在单独的存储库中。公司的所有人都可以在他们的配置中下载和使用这些模块。

图 5.3 所示为有菜数据公司用于创建 IaC 的代码存储库。其中每个团队和模

块都有对应的代码存储库。在绿叶菜团队需要创建数据库时，它不再从本地文件夹导入，改为从 GitHub 存储库的 URL 处下载并导入数据库模块。如果团队拥有多套环境，就要把代码存储库划分为不同的文件夹。

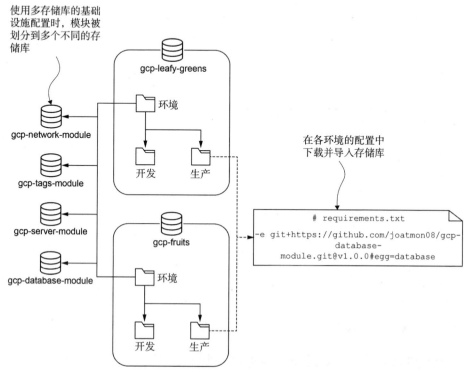

图 5.3　在多存储库结构中，各模块被存入对应的代码存储库。配置将引用存储库的 URL 以使用模块

有菜数据公司已经从单存储库的结构迁移到多存储库结构，也称为多仓结构。公司按照团队把模块划分为多个存储库。

> **定义**　多存储库(也叫多仓)结构按照团队或功能单元，把 IaC(包括配置和模块)存储到不同存储库中。

前面我们提到，单存储库有助于可重建性和可组合性。而多存储库结构则有助于提升可演进性原则。把模块存储到专有的存储库，有助于单独组织各个模块的发布和管理过程。

为了实现多存储库结构，我们需要把模块划分为专有的版本控制存储库。在代码清单 5.2 中，我们用 requirements.txt 把模块添加为库依赖，从而配置 Python 包管理器，让它完成各个模块的下载。每个库依赖都必须包含一个指向版本控制存储库的 URL 和一个特定的标签以进行下载。

代码清单 5.2　在 Python 的 requirements.txt 中引用模块所在存储库

从 GitHub 存储库根据标签下载原
型模块。由标签确定模块的版本

```
-e git+https://github.com/joatmon08/gcp-tags-module.git@1.0.0#egg=tags
-e git+https://github.com/joatmon08/gcp-network-module.git@1.0.0#egg=network
-e git+https://github.com/joatmon08/gcp-server-module.git@0.0.1#egg=server
-e git+https://github.com/joatmon08/gcp-database-module.git@1.0.0#egg=database
```

从 GitHub 存储库下载网络、服务器和数据库
的工厂模块。由标签确定模块的版本

首先，我们为水果应用的基础设施的生产环境配置创建新的存储库。创建完成后，向其中添加 requirements.txt。接着，运行 Python 包安装管理器，下载基础设施配置所需的各个模块：

```
$ pip install -r requirements.txt
Obtaining tags from
git+https://github.com/joatmon08/
➥gcp-tags-module.git@1.0.0#egg=tags
...
Successfully installed database network server tags
```

现在不再通过设置本地路径的方式导入模块，所以需要先运行 Python 包安装管理器，从远程的存储库中完成下载。下载完成后，各个团队就可以在环境的配置里，用 Python 导入这些模块了，如代码清单 5.3 所示。

代码清单 5.3　在基础设施配置中导入并使用模块

```
from tags import StandardTags
from server import ServerFactoryModule          导入由包管理器下载的模块
from network import NetworkFactoryModule
from database import DatabaseFactoryModule

import json

if __name__ == "__main__":
  environment = 'production'
  name = f'{environment}-hello-world'          使用这些模块为网络、服务和数
                                              据库创建 JSON 配置
  tags = StandardTags(environment)
  network = NetworkFactoryModule(name)
  server = ServerFactoryModule(name, environment, network, tags.tags)
  database = DatabaseFactoryModule(
     name, server, network, environment, tags.tags)
  resources = {
     'resource': network.build() + server.build() + database.build()
  }
  with open('main.tf.json', 'w') as outfile:          把 Python 字典写
     json.dump(resources, outfile, sort_keys=True, indent=4)     入到 JSON 文件，
                                                   供 Terraform 稍
                                                   后执行
```

前面已提到，有菜数据公司的开发环境和生产环境是分别配置的。面向不同的环境，团队只需要在代码里再次引用这些模板与工厂模块即可。让开发和生产环境使用统一的模块，能够避免环境之间的漂移，有助于在部署到生产环境之前，对模块的变更进行测试。我们将在第 6 章学习更多关于测试和环境的内容。

多存储库中的 IaC 与单存储库没有太大区别。这两种组织结构都能支持可重建性和可组合性。不过，它们的区别在于，模块能否以外部存储库的方式独立地演进。

使用多存储库结构时，如果要更新配置，就要用包管理器重新下载新模块。运行包管理器才能使用新模块的要求会给 IaC 工作流程带来一些负担。其他人如果更新了模块，我们在查阅其存储库之前是不会知晓这一点的。本章后面，我们会使用版本控制解决这一问题。

> **DSL**
>
> 如果一种工具可通过版本控制和制品 URL 引用模块或库，那么它就能支持多存储库结构。

如果要使用多存储库结构，必须建立一些分享和维护模块方面的标准实践。首先，要对模块的文件结构与格式进行标准化。这有助于企业内的多个团队对版本控制里的模块进行识别和筛选。在模块存储库里采用一致的文件结构与命名也有助于代码审计和未来的自动化。

例如，有菜数据公司的基础设施模块就遵循了同样的模式和文件结构。他们在名称里包含基础设施提供商、资源类型，以及工具或用途。在图 5.4 中，由名称 gcp-server-module 可以看出，基础设施提供商是 GCP，资源类型是 server(服务器)，用途是 module(模块)。

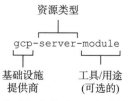

图 5.4　存储库的名称要包含基础设施提供商、资源类型和用途

如果模块用到特定的工具，或是由于特定的用途而设立，就可以把这些信息添加到存储库的名称末尾。在名称里写明工具，有助于人们辨别模块的类型。与第 2 章提到的实践方法类似，我们希望模块的名称具有足够的描述性，以便同事识别。

在命名存储库里的文件夹时，也可以运用这种存储库的命名方法。不过，在单存储库中，通过子目录嵌套和识别基础设施提供商和资源类型则更为容易。根据企业和团队的喜好，我们总是可以向存储库名称添加更多的字段。

5.1.3 选择一种存储库结构

系统的可扩展性与 CI 框架决定了我们应该选择单存储库还是多存储库。有菜数据公司一开始用的是单存储库,在只有数十个模块和少量环境的情况下,它能良好地运行。每个模块都有两个环境,分别用于开发和生产。每个环境都需要一些服务器、数据库、网络,以及一个监控系统。

单存储库的好处不少。图 5.5 简要列出了其中一些好处与限制。首先,团队的所有人都可以访问同一个存储库里的模块与配置。其次,在同一个位置就可以对比和识别不同环境的差异。例如,我们可以对比存储库里的两个文件来确定开发环境是否使用了三台服务器,生产环境是否使用了五台。

根据 IaC 原则,单存储库结构仍然提供可组合性、可演化性和可重建性。任何人都可以找到对应的文件夹,为模块的演进做出贡献。同时,我们还可以基于现有模块开发新的模块,因为我们能以单一视图查看所有的基础设施与配置。

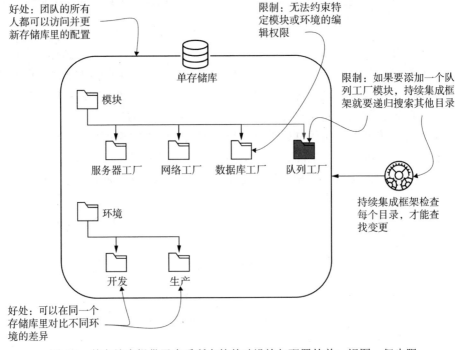

图 5.5 单存储库提供了查看所有的基础设施与配置的单一视图,但也限制了 CI 框架的使用和访问控制的粒度

另一方面,单存储库结构也存在一些限制。如果任何人都可以修改模块,就有可能对依赖它的 IaC 造成破坏!此外,CI 系统可能由于要递归检查每个目录的更改而导致崩溃。

最终,我们必须要采用一些实践和工具来更好地处理单存储库。其中就包括

明确的版本控制，以及专用的构建系统。如果企业不能自己研发或采购这种能够
缓解单存储库管理负担的工具，就可以选择多存储库结构。

注意　有不少工具支持单存储库的构建和管理。它们有专门的功能，能支持嵌套
　　　　子目录和独立的构建流程，典型的工具有 Bazel、Pants 和 Yarn。

从单存储库到迁移多存储库结构，比我们想象中的要常见。我就做过两次！有个
企业一开始只有三个环境、四个模块。几年之后，IaC 增长到了数百个模块和环境。

糟糕的是，CI 框架(Jenkins)执行一次服务器扩容的标准变更花了将近三个小
时。其中大多数时间花在了搜索各个目录、子目录的变更上。最终，我们把这些
配置和模块重构为多存储库。

重构为多存储库之后，能够缓解一部分 CI 框架的问题。多存储库组织结构还
能提供对特定模块更细粒度的访问控制。安全团队可将编辑权限授予特定的团队。
第 10 章将更详细地讲解重构。

图 5.6 所示为多存储库的好处与限制，其中包括细粒度的访问控制和可规模
化的 CI 工作流程。然而，多存储库的组织结构削弱了以单一视图查看企业内模块
和配置的能力。

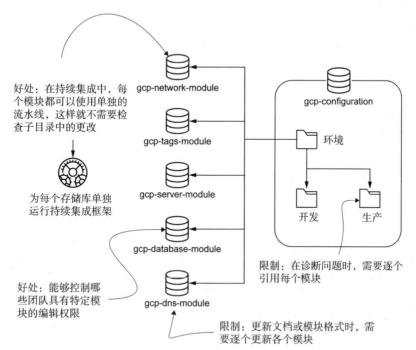

图 5.6　多存储库可缓解用 CI 运行测试与配置的压力，但要不断对格式的
　　　　一致性与问题排查过程进行验证

　　把配置重构为多存储库结构之后，就可以隔离每个团队的访问权限，团队间的基础设施配置也可以独立演进。我们对模块的演进过程和开发周期都能更好地控制。大多数的 CI 框架都支持多存储库，检测到指定仓库中的变更之后，能够并行运行工作流。

　　但多存储库结构也有一些缺陷。假定有菜数据公司拥有数十个，甚至更多的模块，它们位于不同的存储库中。我们如何确保这些模块都遵循了相同的文件结构标准和命名规则？

　　图 5.7 所示为一种解决文件结构与标准化问题的思路。我们可以获取所有的格式化测试和文件检查，并将这些测试制作成原型模块，然后，用 CI 框架下载这些测试并检查服务器、网络、数据库和 DNS 模块中的 README 文件和 Python 文件。

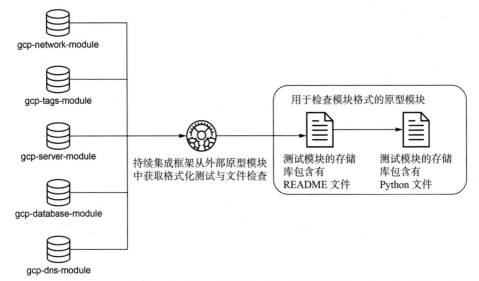

图 5.7　制作一个原型模块，包含针对模块存储库的所有格式检查。这有助于修复一些
　　　　不符合新标准的旧存储库

　　包含测试的原型模块有助于将那些不是很常用的旧模块(如 DNS 模块)格式化。如果要添加新的标准，只需要更新原型模块，向其中添加新的测试即可。下次有人更新模块或配置时，他们要确保模块格式符合新的标准。

　　一套标准化的检查可减轻在数百个存储库中进行文件查找和替换的操作负担。它把模块存储库的更新职责分散到各个模块的维护者身上。要了解关于模块一致性测试和在工作流中集成模块的更多内容，我们可以运用第 6～8 章介绍的实践方法。

　　多存储库结构还有一个缺点，那就是问题诊断方面的挑战。在配置里引用模块时，我们需要搜索模块所在的存储库，才能了解它需要哪些输入和输出。这个搜索的过程，给调试配置错误增加了不必要的工作和麻烦。

如果我们的构建系统能够满足单存储库的构建要求，就可以把一切都存储在单一的存储库里。但是，大多数的构建系统都难以处理大规模的递归目录查找。为解决这一问题，我们可以结合使用单存储库和多存储库。

让我们将这个解决方案应用到有菜数据公司。目前，他们单独维护不同类型的水果和蔬菜的各种配置。绿叶菜使用了一个存储库，而水果使用的是另一个。它们都引用了共同的网络、标签、数据库和 DNS 模块。

如图 5.8 所示水果团队需要一个队列，绿叶菜团队则不需要。最终，水果团队的存储库里包含有一个用于创建队列的本地模块。对于独有的配置，水果团队使用了单存储库，同时对通用的模块，则引用了多存储库。

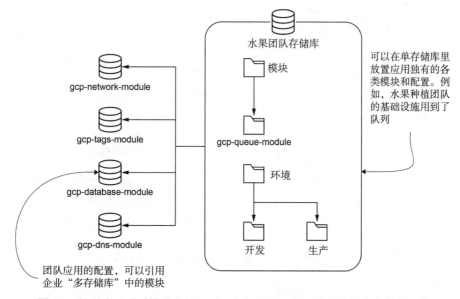

图 5.8　针对应用或系统独有的配置，企业可以结合使用多存储库和单存储库

运用这种"混合并匹配"的结构时，要针对特定的存储库或者共享的配置，识别出希望实施的访问控制类型。如果想提升其他团队的可组合性和可重建性，可以把模块存放在单独的存储库中。而如果想以专有配置的形式维护可演进性，就让模块与配置一起作为本地模块加以管理。

在选择存储库结构时，随着模块和配置数量的持续增长，要在方法和重构之间找到平衡。如果持续向单一的存储库添加新的配置和资源，就要确保相关工具和流程能够适应这种规模。

5.2　版本控制

对基础设施配置或代码进行版本控制的实践会贯穿本章始终。例如，有菜数据公司的团队总是能基于提交历史的哈希值来引用基础设施的内容。一天,有菜数据公司的安全团队表达了对土壤监测数据库的用户名和密码时效的担忧。

安全团队建议利用机密管理器来存储密码,并且每 30 天自动更新。麻烦在于,所有团队都使用了土壤监测数据库模块。如图 5.9 所示,应用程序当前引用了数据库模块的输出。模块输出数据库的密码,应用在读写数据时会用到这个密码。安全团队正希望把这个机制替换为机密管理器。

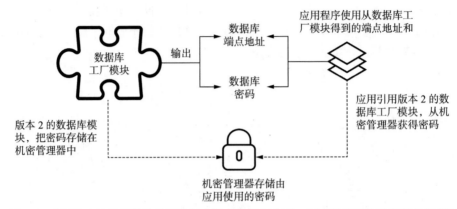

图 5.9　应用从土壤监测模块引用数据库端点地址和密码,但密码需要从机密管理器获取

数据库模块的输出对机密信息的可演进性和安全性形成了影响。怎样才能在变更数据库、使用机密管理器的同时,不破坏土壤监测的收集呢?有菜数据公司的基础设施团队决定向数据库模块添加版本控制。

定义　**版本控制**是一种为代码的迭代指定唯一版本号的过程。

我们来看看有菜数据的团队是如何实现模块版本的。团队利用版本控制,将当前版本的数据库模块标记为 v1.0.0。版本 v1.0.0 会直接向应用输出数据库的密码:

```
$ git tag v1.0.0
```

然后向版本控制推送 v1.0.0 的标签:

```
$ git push origin v1.0.0
Total 0 (delta 0), reused 0 (delta 0), pack-reused 0
 * [new tag]         v1.0.0 -> v1.0.0
```

水果、绿叶菜、杂粮和配菜等各个团队的配置必须重构为使用数据库模块的 v1.0.0 版本,这一过程称为版本固化。版本固化能够确保配置的幂等性。在运行 IaC 期间,配置会继续收到数据库模块的输出结果。固化后的模块版本与实际的基础设施之间不应该存在任何漂移。

所有团队都把版本固定到 v1.0.0 之后,我们就可以改写模块了,让它集成机密管理器：新的数据库模块将把密码存储到机密管理器中。团队把新的数据库模块标记为 v2.0.0，新版本的输出是数据库所在的端点地址，以及密码在机密管理器中的位置：

```
$ git tag v2.0.0
```

然后向版本控制推送 **v2.0.0** 标签：

```
$ git push origin v2.0.0
Total 0 (delta 0), reused 0 (delta 0), pack-reused 0
 * [new tag]          v2.0.0 -> v2.0.0
```

我们可以根据提交历史，检查两个版本模块之间的差异：

```
$ git log -oneline
7157d3e (HEAD -> main, tag: v2.0.0, origin/main)
➥Change database module to store password in secrets manager
5c5fd65 (tag: v1.0.0) Add database factory module
```

　　既然为数据库工厂模块建立了一个新的版本，就需要邀请一些团队来试用。水果团队勇敢地参与了进来。水果团队目前使用的是 v1.0.0 版本，这个版本会直接输出数据库的端点地址和密码。

　　如图 5.10 所示，更新到 v2.0.0 版本之后，水果团队需要考虑模块的工作流中的变化。团队不再能从模块的输出结果获取数据库密码。模块的输出中包含了一个 API 路径，表示数据库密码在机密管理器中的存储位置。最终，水果团队重构了自己的 IaC：在创建数据之前，先从机密管理器读取数据库密码。

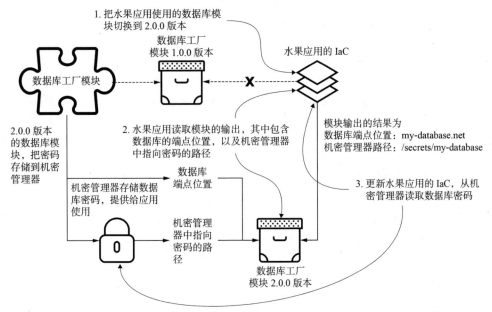

图 5.10　可以重构水果应用，让它引用数据库模块的 2.0.0 版本，从机密管理器读取数据库密码

在模块版本控制过程中，有一系列基础实践可以应用。首先，在开始修改之前，要时常运行 IaC，并消除所有的漂移。其次，建立一个不引用模块最新版本的版本控制方法。

有菜数据公司遵循语义化版本的规范，尝试利用版本号传达一些关于配置的基本信息。我们可以用不同的方式指定模块的版本，例如在版本控制中用数字标记版本号，或者打包后传入到制品仓库，然后在其中标注标签。

注意 我常会在大型变更，例如删除输入输出和资源时，更新主版本号。如果变更配置值、模块输入输出时，不影响依赖方使用之前的版本，就只更新次版本号。最后，如果是修改模块及其资源范围内的配置值这样的微小变更，就只更新修订版本号。网上有关于语义化版本管理和具体做法的更多内容，网址见链接[1]。

有了统一的版本管理方式，就能很好地控制依赖关系，从而高效地发展下游基础设施资源，同时避免给上游带来破坏。版本控制还有助于版本审计。为了节省资源、减少混淆，并推广最新版本，版本控制让我们能够识别和弃用老旧的、不活动的模块版本。

但是，有必要记住并强制执行某些版本控制实践。越推迟版本切换(将应用切换为 2.0.0 版本)，出现故障的概率就越高。针对用户继续使用 1.0.0 版本的情况，我们可以考虑制定一个期限，说明使用时效，从而不必立即删除数据库模块的 1.0.0 版本。通常，我会在一些小的版本变化中更新相关模块。如果要升级的版本号跨度太大，那么变更风险和潜在的故障率会增大。

注意 如果日常开发用到了基于特性的开发或 Git Flow，就可以把修订更新与热修复都纳入这个软件的开发流程。具体做法是，基于版本标签创建分支，完成更新，增加修订版本号，最后为修复分支添加新的标签。如果要保留提交历史，就不要删除分支。

这种版本控制流程适合多存储库结构。单存储库结构又如何处理呢？你仍然可以使用版本控制标签方法。例如在单存储库里，我们要在标签名的前缀里包含模块名称(module-name-v2.0.0)。这样，接下来就可以打包模块，并发布到制品仓库。由构建系统对模块所在子目录的内容进行打包，然后在存储到制品库时标记版本。最后，你的配置将引用制品仓库中的远程模块，而不是本地文件。

5.3 发布

前面，我解析了模块的版本管理方法，它可以促进模块的演进，并且最小化这一过程给系统带来的危害。然而，我们也并不期望所有团队马上更新他们的 IaC 以引用最新的模块，而是希望在投入生产之前，确保模块工作良好，不会对基础设施造成破坏。

图 5.11 显示了在允许有菜数据公司其他团队使用数据库模块之前，对新版本进行验证的过程。数据库模块被修改为存储密码到机密管理器之后，我们就把变更内容推送到版本控制。然后邀请水果团队在一个独立的环境里开展模块测试，验证模块的功能正常。如果他们确认模块能正常工作，我们就用新版本 2.0.0 标记发行版，并在文档里补充关于机密管理器的内容。

在上一节中，有菜数据的基础设施团队更新了模块，先用水果团队的开发环境进行了测试。现在，既然模块通过了测试，其他团队即可使用带有机密管理器的新数据库模块。这种认证其他团队能够使用新模块的过程，称为发布流程。

定义　发布是把软件分发给消费者的过程。

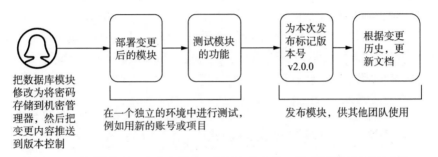

图 5.11　更新模块时，在发布模块、更新文档之前，要确保测试过程的完整

通过发布过程，可以识别并分离出模块更新带来的所有问题。模块只有通过了测试过程的验证，证明可以正常工作，才能打包。

我建议在远离开发与生产工作负载的独立测试环境中对模块进行测试。在测试时，可使用单独的账户或项目，这有助于计算测试成本，并将错误与活动环境隔离开来。我们将在第 6 章学习更多有关测试和测试环境的内容。

注意　如果需要发布模块的持续交付流水线的代码清单，可访问链接[2]。只要测试成功，GitHub Actions 流水线会自动构建并生成一次 GitHub 发布。

模块测试完成后，就将本次发布标记为新的版本，供其他团队使用。有菜数据公司最终发布了数据库模块的 v2.0.0 版本，并可以使用 Python 包管理器以标签的形式引用。此外，也可以在模块打包后，将模块推送到制品仓库或存储库。

例如，假设有菜数据公司某团队要使用 CloudFormation。此团队更喜欢引用存储在 Amazon S3 存储库中的模块(即 CloudFormation 栈)。如图 5.12 所示，该团队向交流水线添加了一个新的步骤，用于压缩模块，并上传到 S3 存储库。最后一步，他们还更新了文档，简述了他们所做的变更。

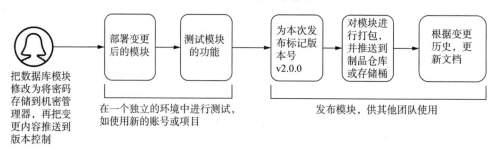

图 5.12 测试后，我们还可以根据需要，把模块推送到制品仓库或存储桶

有些企业倾向于把模块打包为制品，并存储在单独的仓库里，以实施额外的安全控制。如果所在的网络安全要求不能访问外部版本控制服务器，就要更换为从制品仓库引用。但要确保始终通过版本控制记录相关标签，这样人们就可以把制品关联到正确的代码版本。

完成了制品打包和发布之后，我们要更新文档，在其中概要地介绍变更内容。这种称为发布说明的文档，概要地介绍了对输入和输出的破坏性修改。发布说明可用于向其他团队简要地介绍变更内容。

定义 **发布说明**列出了对给定版本的代码所做的变更。发布说明一般包含在存储库的文档里，通常命名为 changelog。

我们可以手工更新发布说明。不过，我更喜欢用一种自动的语义发布工具(如semantic-release)，从提交历史里提取并生成发布说明。所以只有确保提交消息的格式正确，才能由这样的工具匹配和解析变更内容。在第 2 章，我们强调过编写描述性提交消息的重要性。现在看来，它在自动发布工具这里也很有用。

例如，数据库模块现在把密码存储到机密管理器。有菜数据公司认为这是一项重大功能，就在提交消息的前缀里标记 feat:

```
$ git log -n 1 -oneline
1b65555 (HEAD -> main, tag: v0.0.1, origin/main, origin/HEAD)
➥feat(security): store password in secrets manager
```

自动发布工具中的提交历史分析器能根据这次提交，自动把主版本号标签更新为 v2.0.0。

生成镜像

一些人可能接触过使用镜像构建工具来生成不可变服务器或容器镜像的实践方法。通过将用到的软件包提前植入服务器或容器镜像，可以创建新的服务器，而不用担心就地更新带来的问题。在发布不可变镜像时，应引用一种工作流程，基于镜像创建测试服务器，确保运行正确，再更新镜像标签的版本。在第 7 章，我们会介绍此类工作流程。

除了要更新发布说明，还要及时更新常用文件与文档。一些常用文件可以为队友们使用模块提供帮助。例如，有菜数据公司要求各个团队总是提供一个 README 文件，该文件记录了各个模块的功能、输出和输出。

定义　README 文件是存储库中的文档文件，用于解释代码的用法与贡献。在 IaC 领域，我们可以用它来说明模块的功能、输入和输出。

可以用格式规则检查 README 文件是否存在。在第 2 章，我讨论过一些可以保持 IaC 整洁性的格式检查实践。在常用文件和文档上运用这些模式，可以让我们在规范和组织大规模 IaC 时更为高效。

以 Python 为例，模块通常包含文件__init__.py，用于标识包，还包含用于配置模块的 setup.py。我常把特定工具或语言所需要的配置或元数据之类的文件称为辅助文件。这些文件由于所使用的工具和平台的不同而有所不同。我们可能需要在整个企业范围对这些文件加以规范，从而支持以自动化的方式并行地修改或搜索它们。

5.4　模块共享

随着有菜数据公司开发出越来越多的产品，它要组建新团队来将杂粮、茶、咖啡和豆制品等的种植过程自动化。公司还成立了一个新团队，专门研究野生农产品。各个团队不仅要扩展现有模块，还要创建新模块。

例如，豆制品团队想要修改数据库模块，改为使用 PostgreSQL 版本 12。他们需要在版本更新后进行模块编辑？还是应向基础设施团队提交需求工单？

虽然我们想赋予各个团队创建和更新 IaC 模块的能力。但也不希望因为各团队修改了什么特性，而使系统的安全性和功能的正确性受到影响。我们将给出一系列实践方法，用于在企业内部共享模块。

假设有菜数据公司的所有团队都用到数据库。我们创建了一个新的数据库模块，它包含有一组通用而严格的默认参数集，这些参数能确保安全性和功能的正确性。该数据库模块为输入参数内置的默认值，覆盖了有菜数据的大量使用场景。即使咖啡团队并不懂得如何创建数据库，也可以使用这一模块来搭建安全的、功能正确的数据库。

有一条通行的做法，就是在模块里设置通用而严格的默认值。我们希望即使出错，也要统一形式，而不是任由各自发挥。如果某个团队需要更多的灵活性，可以更新模块或者覆盖默认属性。预置默认值有助于推广部署特定基础设施资源的安全和标准实践。

正好，豆制品团队表达了对更多灵活性的需求：模块目前无法支持新的PostgreSQL 12 版本的数据库。目前还没有其他团队要用这一版本。豆制品团队决定修改模块中的数据库版本，并将修改内容推送到存储库。

然而，这种修改并不会立即发布。构建系统向基础设施团队的模块审核人员发送了一条通知。在图 5.13 中，基础设施团队暂停了构建系统，开始评审这些修改。一旦变更通过了团队的评审，构建系统就会发布模块，这样豆制品团队就可以在 PostgreSQL 12 中使用新版本的数据库模块了。

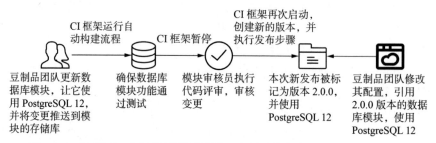

图 5.13 应用团队可以更新数据库模块。但是在能够使用新版本之前，应用团队必须等待领域专家的审核

为什么我们要允许豆制品团队修改基础设施模块呢？因为自助服务式的模块变更机制有助于所有团队更新他们的系统，减轻了基础设施和平台团队的压力。不仅有利于他们的业务开发进展，也兼顾了基础设施的可用性和安全性。而且在模块的发布之前增加一个审核过程，可以识别基础设施中的潜在故障和非标准更改。

允许所有团队使用模块，并在审核员的介入下对模块进行编辑的实践，可与已建立的模块开发标准和流程完美结合。如果不建立模块标准，这种方式非但不会起作用，还会阻碍将基础设施变更交付到生产环境。

我们回到上面的示例。基础设施团队由于对于变更内容没有太大把握，就邀请一位数据库管理员协助评审。数据库管理员指出，如果豆制品团队更新模块版本，就会导致他之前的数据库被删除，然后创建一个空的新版本数据库！这必然会严重破坏本应支持豆制品增长的应用。

在图 5.14 中，豆制品团队向数据库团队提交了一个帮助请求。数据库管理员推荐了一些实践方法，帮助他们在更新数据库的同时避免数据被删除。豆制品团队将方法付诸实践，并邀请模块的评审人员再次评审。一旦模块发布，他们就可以使用模块，而且不再担心会对自己的应用造成破坏。

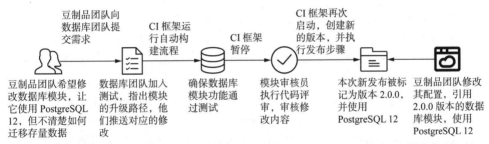

图 5.14　对于破坏性的模块更新，应用团队向数据库团队提出请求，在新版本模块发布之前，
　　　　　对数据库迁移步骤进行验证

　　如果担心一项变更会给系统的架构、安全性或可用性等方面造成某种特定的
损害，应该在新版本发布之前邀请领域专家参与评审。领域专家能够帮助识别任
何会给使用模块的其他团队造成影响的问题，并就更新该模块的最佳方式提出建
议。评审过程可以帮助你从基础设施的变更里识别潜在故障，有助于 IaC 健康演进。

　　总之，要有配套的工作流程，以赋予各个团队对基础设施作出修改的能力，
并为他们成功完成这些变更提供技术知识与支持，避免对关键的业务系统造成破
坏。人工的评审看起来有些无聊，却能直接培训你的团队，并避免在生产环境中
出现问题。团队要在快速变更上线，与等待领域专家的人工评审之间寻求一种平
衡，我们会在第 7 章讨论这个话题。

　　通过借助模块进行协作，我们能在团队间共享 IaC 的知识，并共同识别对核
心基础设施的潜在干扰。这样，我们就可以把模块视作在整个企业范围内可以使
用的一种制品，类似于共享的应用库、容器镜像和虚拟机镜像。公司的所有人都
可以使用和更新这些模块(在需要时，可以获得额外的帮助)，参与到基础设施的
架构、安全性和可用性的演进中来。

5.5　本章小结

- 可以使用单存储库和多存储库对模块和配置进行存储与共享。
- 单存储库结构允许将所有配置和模块存储在一个地方，更易于排查问题
  和查找可用资源。
- 多存储库结构根据业务领域、功能、团队和环境，把所有配置和模块放
  在各自的存储库。
- 使用多存储库结构更容易以存储库为粒度，对单个基础设施的配置或模
  块进行访问控制管理，并简化流水线的执行。
- 如果协作人数越来越多，IaC 领域的单存储库可能难以规模化运作，构建
  系统如果要快速处理变更，将需要额外的资源。

- 可将单存储库重构为多存储库，将存储库对应一个模块。
- 应为模块选用一致的版本控制策略，并以 Git 标签的方式维护版本的变更。
- 把模块打包并发布到制品仓库，可让企业的所有人获取一个特定的模块版本。
- 在团队间共享模块时，要在模块里内置通用而严格的默认参数值，以维护系统的安全性与功能的正确性。
- 允许企业里的所有人向模块提出修改建议，但要增加治理机制来识别可能给模块带来架构、安全性和基础设施可用性影响的潜在破坏性修改。

第 6 章

测　　试

本章主要内容
- 确定要为基础设施系统编写哪种类型的测试
- 编写测试来验证基础设施配置或模块
- 了解各种类型测试的成本

如第 1 章所述，基础设施即代码涉及将变更推送到系统的整个过程。包括通过更新脚本或配置来修改基础设施，将其推送到版本控制系统，并以自动化的方式应用变更。然而，尽管我们可以使用第 3 章和第 4 章中的模块和依赖模式，但仍可能存在变更失败！如何在失败的变更被应用于生产之前捕获它？

你可以通过为 IaC 实现测试来解决这个问题。测试是一个过程，用来评估系统是否按预期工作。本章回顾了与测试 IaC 相关的一些考虑和概念，以降低变更失败率并有信心实施基础设施变更。

定义　**测试 IaC 是评估基础设施是否按预期工作的过程。**

假设使用新的网段配置了一个网络交换机，你可以通过 ping 每一个网络上的每一个服务器并验证其连通性来手动测试现有网络。为了测试是否正确设置了新网络，你需要创建一个新服务器，并检查连接它时是否会得到响应。如果是两三个网络，那么这样的手动测试也需要几个小时。

当创建更多网络时，可能需要几天时间来验证网络连接。对于每个网段的更新，如果必须手动验证网络连接以及网络上运行的服务器、队列、数据库和其他资源。那么你可能无法测试所有这些内容，因此选择只检查少数的资源。不幸的是，这样可能会留下隐患，导致的错误或问题会在几周甚至几个月后才出现！

为了减轻手动测试的负担,你可以将每个命令编写为脚本来自动化你的测试。脚本可以在新的网络上创建服务器，检查其连接，并测试与现有网络的连接。虽然在编写测试时你投入了一些时间和精力，但对于后续任何的网络变更，你都可以通过运行自动化脚本来节省数小时的手动验证时间。

图 6.1 显示了在进行手动和自动化测试时，随着基础设施资源的数量增长导致的工作量(以小时为单位)的变化。当手动进行网络测试时，你不得不花费大量时间。添加到系统中的资源越多，测试的工作量就越大。相比之下，编写自动化测试一开始需要一些时间。然而，维护测试的工作量通常会随着系统的增长而减少。你甚至可以并行执行自动化测试，以减少总的测试投入。

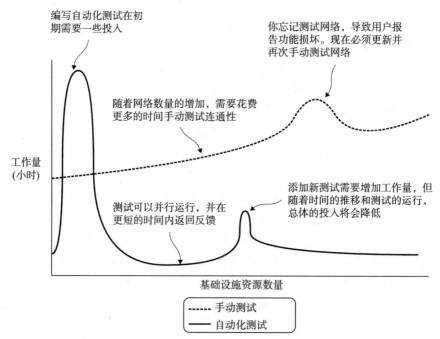

图 6.1   手动测试最初可能需要较少的工作量，但随着系统中基础设施资源的数量增加，工作量也会增加。自动化测试的初始工作量很大，但总体的投入会随着系统的增长而减少

当然，测试并不能捕获每一个问题，也无法消除系统中的所有故障。但是，自动化测试可以作为文档，告诉你每次进行变更时应该在系统中测试什么。如果隐藏的 bug 出现，你需要花费一些精力编写一个新的测试，以确保该 bug 不会再次出现！随着时间的推移，测试可降低整体的操作工作量。

可以使用编程语言为基础设施提供程序、工具或原生测试库提供的测试框架。代码清单使用了一个名为 pytest 的 Python 测试框架和 Apache Libcloud(一个连接到 GCP 的 Python 库)。编写该测试是为了关注测试要验证的内容，而不是语法。

你可以将其作为通用方法应用于任何工具或框架。

有关 pytest 和 Apache Libcloud 的更多内容
要运行测试，请参阅代码存储库中的说明、示例和依赖项(网址见链接[1])。
它包括使用 pytest 和 Libcloud 的链接和参考。

不要为系统中的每一行 IaC 都编写测试。否则测试可能变得难以维护，有时
甚至是多余的。我将解释如何评估何时需要编写测试，以及哪种类型的测试适用
于你正在修改的资源。基础设施测试是一种探索性方法；你永远无法完全预测或
模拟生产环境的变化。一个有用的测试提供了对配置基础设施或变更将如何影响
系统的洞察和实践。我还将区分哪些测试适用于工厂、原型或构建器等模块，哪
些测试适用于实时环境的通用组合配置或是单例配置。

6.1 基础设施测试周期

测试有助于建立信心和评估基础设施系统变更的影响。然而，如何在还未创建
系统的情况下测试系统？此外，如何知道你的系统在应用变更后能够正常工作？

你可以使用图 6.2 中的基础设施测试周期来构建测试工作流。定义基础设施
配置后，运行初始测试以检查配置。如果通过，你可以将变更应用于活动的基础
设施并测试系统。

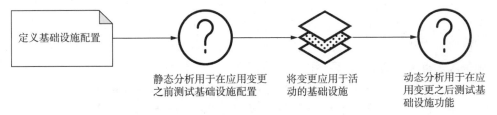

图 6.2 基础设施测试表明是否可以将变更应用于系统。应用变更后，可以使用其他
测试来确认变更是否成功

在这个工作流中，你运行了两种类型的测试。一种是在部署基础设施变更之
前静态分析配置，另一种是动态分析基础设施资源以确保其始终有效。大多数测
试都是在变更部署的之前或之后运行。

6.1.1 静态分析

如何将基础设施测试周期应用于我们的网络示例？例如可以通过解析网络脚
本来验证新的网段具备正确的 IP 地址段。这样的话，你就不必真实地将变更部署
到该网络，而只需要分析脚本，也就是一个静态文件。

在图 6.3 中，你定义了网络脚本并运行静态分析。如果找到的是错误的 IP 地

址，测试将失败。你可以还原或修复网络变更并重新运行测试。如果测试通过，则可以将正确的网络 IP 地址应用于活动网络。

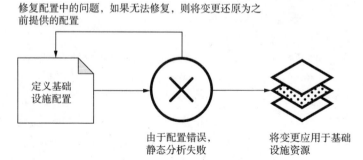

图 6.3　在静态分析失败时，你可以通过修复配置来通过测试，或者还原到之前成功的配置

在部署基础设施资源变更之前，评估基础设施配置的测试将执行静态分析。

定义　IaC 的**静态分析**会在变更部署到在实时基础设施资源之前，验证基础设施配置(脚本)的明文。

静态分析测试不需要基础设施资源，因为它们通常会解析配置文件。它们不会对任何活动系统产生影响或者风险。如果静态分析测试通过，我们就更有信心应用这些变更。

我经常使用静态分析测试来检查基础设施命名标准和依赖关系。它们在应用变更之前运行，并且仅需几秒钟即可识别出任何不一致的命名或配置问题。我们可以修正这些变更，重新运行测试以使其通过，并最终将这些变更应用到基础设施资源。有关整洁 IaC、风格检查和格式规范，请参见第 2 章。

静态分析测试不会将变更应用于活动的基础设施，从而使回滚更加简单。如果静态分析测试失败，你可以回到基础设施配置，修正问题并再次提交变更。如果不能通过静态分析测试，可以将提交还原为上一个成功的提交！第 11 章中包含有关回滚变更的更多信息。

6.1.2　动态分析

如果静态分析通过，则可以将变更部署到网络。但是我们并不知道该网段是否真正工作，毕竟服务器需要连接到网络。为了测试连通性，我们在网络上创建一个服务器，并运行测试脚本以检查入站和出站是否连通。

图 6.4 展示了测试网络功能的循环。一旦将变更应用于实时的基础设施环境，就需要运行测试来检查系统的功能性。如果测试脚本失败并显示服务器无法连接，你需要返回到配置环节，并为系统修复它。

注意，你的测试脚本需要一个活动的网络来创建服务器并测试其连通性。在将变更部署到活动的基础设施资源之后，验证基础设施功能性的测试将执行动态分析测试。

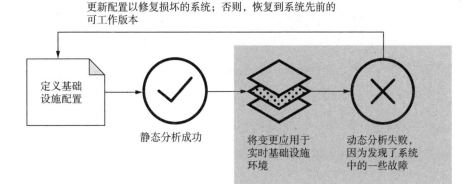

图 6.4 当动态分析失败时，可以通过更新配置或恢复到以前的可工作配置来修复测试环境

定义 IaC 的**动态分析**用于在对活动基础设施资源应用变更后验证系统功能。

当这些测试通过时，我们会更有信心确认更新已成功。并且，如果测试失败，我们会识别出系统中存在的问题。测试失败时，就知道需要调试、修复配置或脚本，并重新运行测试。这些测试提供了一个预警机制，用于检测可能破坏基础设施资源和系统功能的变更。

我们只能动态分析一个实时环境。如果不知道更新是否有效怎么办？能否将这些测试与生产环境隔离开来？我们可以使用中间测试环境来隔离变更并测试它们，而不是将所有变更都应用于生产环境并对其进行测试。

6.1.3 基础设施测试环境

一些组织会在单独的环境中复制整个网络，以便可以测试更大的网络变更。如果将变更应用到测试环境，那么可在不影响关键业务系统的前提下，更容易识别和修复损坏的系统，更新配置，以及提交新变更。

在变更被推送到生产环境之前，可以在基础设施的测试周期中添加一个独立环境测试。如图 6.5 所示，我们保留了静态分析步骤。同时，我们在测试环境中应用网络变更并运行动态分析。如果测试环境中的动态分析通过，那么就可以将变更应用到生产环境中，并在生产环境中运行动态分析。

定义 **测试环境**独立于生产环境，用于测试基础设施变更。

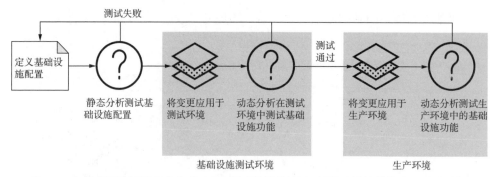

图 6.5　在将变更应用于生产之前，可以在测试环境中运行基础设施的静态和动态分析

在生产环境之前使用测试环境，可以帮助我们在生产部署之前进行变更的实施和检查，以此更好地了解它们对现有系统的影响。如果无法修复变更，可以将测试环境恢复为可工作的配置版本。以下是使用测试环境的几种情况：

● 在将基础设施变更应用于生产系统之前，检查其影响。

● 基础设施模块的隔离测试(参见第 5 章中的模块共享实践)。

但注意，我们必须像维护生产环境一样维护测试环境。如果可能，一个基础设施的测试环境应遵守以下要求：

● 它的配置必须尽可能类似于生产环境。

● 它必须是与应用程序的开发环境不同的环境。

● 它必须是持久的(即，不必在每次测试时创建和销毁它)。

在前几章中，我提到了减少环境漂移的重要性。如果基础设施测试环境与生产环境一致，你将拥有更准确的测试行为。你还需要远离应用程序的专属开发环境，进行单独的基础设施变更的测试。一旦确认基础设施变更没有造成任何破坏，就可以将其推送到应用程序的开发环境中。

拥有一个持久的基础设施测试环境会很有帮助。通过这种方式，我们可以测试运行中的基础设施的变更是否会潜在地影响关键业务系统。不幸的是，从成本或资源的角度来看，维护一个基础设施测试环境可能不太现实。在第 12 章中，我将简述一些测试环境成本管理的技术。

在本章的剩余部分，我将讨论静态和动态分析的不同测试类型，以及它们是否适合你的测试环境。一些测试会允许我们减少对测试环境的依赖，而另一些则对评估变更后的生产系统的功能至关重要。在第 11 章中，我将介绍特定于生产环境的回滚技术，并将测试纳入持续的基础设施交付中。

6.2　单元测试

我之前提到过为基础设施即代码运行静态分析的重要性。静态分析是针对特定配置文件的评估。那么，你可以编写哪些类型的测试来进行静态分析呢？

假定我们拥有一个工厂模块，它可以用来创建一个名为 hello-world-network 的网络和三个 IP 地址范围为 10.0.0.0/16 的子网。我们需要验证它们的网络名称和 IP 范围，并希望在子网之间对 10.0.0.0/16 的 IP 地址段进行划分。

作为解决方案，我们可以在不需要创建网络和子网的情况下，编写测试来检查 IaC 中的网络名称和子网 IP 地址范围。这样的静态分析会在几秒钟内验证配置参数是否符合预期值。

图 6.6 显示了该静态分析由同时运行的几个测试组成：测试子网的网络名称、测试子网数量，以及测试 IP 范围。

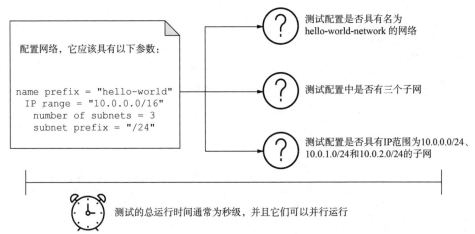

图 6.6　单元测试验证配置参数(如网络名称)是否等于预期值

我们刚刚对网络的 IaC 进行了单元测试。单元测试是在隔离环境中独立运行，静态地分析基础架构的配置或状态。这些测试不依赖于活动的基础设施资源或依赖项，并且检查的是配置的最小子集。

定义　单元测试对纯文本基础设施配置或状态进行静态分析，它们不依赖于运行中的基础设施资源或依赖项。

注意，单元测试可以分析基础设施配置或状态文件中的元数据。一些工具可以直接在配置中提供信息，另一些工具则通过状态文件来暴露相关的值。接下来的几节提供了测试这两种类型文件的示例。根据你的 IaC 工具、测试框架和偏好，你可以测试其中的任何一个，或者两者都测试。

6.2.1　测试基础设施配置

我们将从编写模块的单元测试开始，该模块使用模板来生成基础设施的配置。

我们的网络工厂模块使用一个函数来创建具有网络配置的对象。我们需要知道
_network_configuration 是否生成正确的配置。

对于网络工厂模块，我们可以在 pytest 中编写单元测试，以检查为网络和子
网生成 JSON 配置的函数。测试文件包括三个测试，分别用于(验证)网络名称、
子网数量和 IP 范围。

pytest 将通过查找前缀为 test_ 的测试文件和测试函数来识别测试。在代码清
单 6.1 中，我们将测试文件命名为 test_network.py，这样 pytest 就能找到它。文件
中的每个测试函数都有 test_ 前缀以及关于测试检查内容的描述信息。

代码清单 6.1   使用 pytest 运行 test_network.py 中的单元测试

导入 pytest，它是一个 Python 的测试库。需要将测试文件
和测试函数以 test_ 为前缀命名，以便 pytest 运行它们

从 main.py 导入网络工厂模块。需
要运行该方法来进行网络配置

```
import pytest
from main import NetworkFactoryModule
```

将预期值设置为常量，例
如网络前缀和 IP 范围

```
NETWORK_PREFIX = 'hello-world'
NETWORK_IP_RANGE = '10.0.0.0/16'
```

```
@pytest.fixture(scope="module")
def network():
    return NetworkFactoryModule(
        name=NETWORK_PREFIX,
        ip_range=NETWORK_IP_RANGE,
        number_of_subnets=3)
```

创建一个基于预期值的测试预置(test fixture)，
用于从模块创建网络。这个预置为所有测试提
供了一个一致的网络对象

创建一个单独的预置用于网络配置，因为需要解析 google_compute_network。
其中有一个测试使用此预置来测试网络名称

```
@pytest.fixture
def network_configuration(network):
    return network._network_configuration()['google_compute_network'][0]
```

为子网配置创建一个单独的预置，因为需
要解析 google_compute_subnetwork。有
两个测试使用此预置来检查子网的数量
及其 IP 地址范围

```
@pytest.fixture
def subnet_configuration(network):
    return network._subnet_configuration()[
        'google_compute_subnetwork']
```

Pytest 将运行此测试以检查网络名称的配置是否匹配 hello-world-network，
它引用了 network_configuration 预置

```
def test_configuration_for_network_name(network, network_configuration):
    assert network_configuration[network._network_name][
        0]['name'] == f"{NETWORK_PREFIX}-network"
```

Pytest 将运行此测试以检查子网数量的配置是否
等于 3，它引用了 subnet_configuration 预置

```
def test_configuration_for_three_subnets(subnet_configuration):
```

```
      assert len(subnet_configuration) == 3
```

Pytest 将在网络示例配置中检查正确的子网 IP
范围，它引用了 subnet_configuration 预置

```
def test_configuration_for_subnet_ip_ranges(subnet_configuration):
    for i, subnet in enumerate(subnet_configuration):
        assert subnet[next(iter(subnet))
                     ][0]['ip_cidr_range'] == f"10.0.{i}.0/24"
```

AWS 和 Azure 等效用法说明

要将代码清单 6.1 转换为适用于 AWS 的代码，请使用 aws_subnet Terraform 资源(网址见链接[2])并检索 cidr_block 属性的值。

对于 Azure，请使用 azurerm_subnet Terraform 资源(网址见链接[3])并检索 address_prefixes 属性的值。

测试文件包括在测试之间传递的静态网络对象。测试预置创建了一个一致的网络对象，这样每个测试都可以引用它，以减少用于构建测试资源的重复代码。

> **定义**　**测试预置**是用于运行测试的已知配置。它通常反映了给定基础设施资源的已知或预期值。一些预置分别用于解析网络和子网信息。这样当我们添加新的测试时，不必复制和粘贴该解析过程。相反，我们直接引用配置的预置即可。

我们可以在命令行运行 pytest，并将一个测试文件作为参数传递。pytest 运行一组三个测试并输出成功结果：

```
$ pytest test_network.py

==================== test session starts ====================
collected 3 items
test_network.py ...                                  [100%]
==================== 3 passed in 0.06s ====================
```

在本例中，我们导入网络工厂模块，使用配置创建了一个网络对象，并对其进行测试。我们不需要将任何配置写入文件，而是直接引用函数并测试对象。

该示例使用了我们在对应用程序代码进行单元测试时采用的相同方法。它通常会产生更小、更模块化的功能，以便更有效地进行测试。生成网络配置的函数需要输出测试的配置。否则，测试将无法解析和比较数值。

6.2.2　测试领域特定语言 DSL

如果使用领域特定语言(DSL)，我们该如何测试网络和子网的配置？由于没有可在测试中调用的函数，单元测试必须解析配置文件或试运行文件中的值。这两种类型的文件都存储的是有关基础设施资源的某种明文元数据。

假设你使用 DSL 替代 Python 创建网络。该示例创建一个与 Terraform 配置兼容的 JSON 文件。JSON 文件包含三个子网络、它们的 IP 地址段和名称。在图 6.7 中，你决定对网络的 JSON 配置文件运行单元测试。这些测试会运行得很快，因为不需要对网络进行部署。

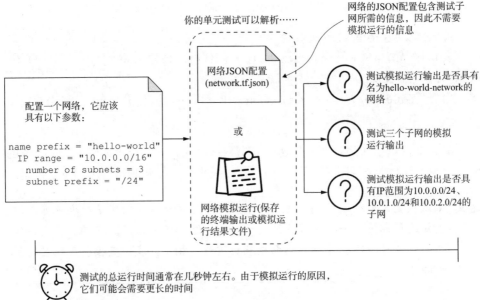

图 6.7   针对模拟运行的单元测试需要生成基础设施资源变更的预览，并进行有效参数的检查

通常，可以针对定义 IaC 的文件进行单元测试。如果一款工具使用了配置文件，如 CloudFormation、Terraform、Bicep、Ansible、Puppet、Chef 等，那么可以对配置中的任意行进行单元测试。

在代码清单 6.2 中，我们可以测试网络模块的网络名称、子网数量和子网 IP 地址段，而无需进行模拟运行。我用 pytest 运行类似的测试来检查相同的参数。

代码清单 6.2   使用 pytest 运行在 test_network_configuration.py 中的单元测试

```
@pytest.fixture(scope="module")
def configuration():
    with open(NETWORK_CONFIGURATION_FILE, 'r') as f:
        return json.load(f)
```

打开带有网络配置的 JSON 文件,并将其作为测试预置加载

```
@pytest.fixture
def resource():
    def _get_resource(configuration, resource_type):
        for resource in configuration['resource']:
            if resource_type in resource.keys():
                return resource[resource_type]
    return _get_resource
```

创建一个新的测试预置,它会引用加载的 JSON 配置,并解析任何资源类型(基于 Terraform 的 JSON 资源结构解析 JSON)

从 JSON 文件中获取名为 google_compute_network 的 Terraform 资源

```
@pytest.fixture
def network(configuration, resource):
    return resource(configuration, 'google_compute_network')[0]
```

从 JSON 文件中获取名为 google_compute_subnetwork 的 Terraform 资源

```
@pytest.fixture
def subnets(configuration, resource):
    return resource(configuration, 'google_compute_subnetwork')
```

Pytest 将运行此测试以检查网络名称的配置是否匹配 hello-world-network,它引用了网络预置

```
def test_configuration_for_network_name(network):
    assert network[expected_network_name][0]['name'] \
        == expected_network_name
```

```
def test_configuration_for_three_subnets(subnets):
    assert len(subnets) == 3
```

Pytest 将运行此测试以检查子网数量的配置是否等于 3,它引用了子网预置

```
def test_configuration_for_subnet_ip_ranges(subnets):
    for i, subnet in enumerate(subnets):
        assert subnet[next(iter(subnet))
                    ][0]['ip_cidr_range'] == f"10.0.{i}.0/24"
```

Pytest 将检查子网 IP 范围配置的正确性,它引用了子网预置

AWS 和 Azure 等效用法说明

要将代码清单 6.2 转换为使用 AWS,请使用 aws_subnet Terraform 资源(网址见链接[4])并检索 cidr_block 属性的值。

对于 Azure,请使用 azurerm_subnet Terraform 资源(网址见链接[5])并检索 address_prefixes 属性的值。

你可能会注意到 DSL 的单元测试与编程语言的单元测试类似。它们检查网络名称、子网数量和 IP 地址。一些工具有专门的测试框架,它们通常使用相同的工作流——生成一个模拟运行或状态文件,并对其中的值进行解析。

但是，配置文件可能并未包含所有内容。例如，只有在进行了一次模拟运行之后，才能获得 Terraform 或 Anisble 中的某些配置。模拟运行将在不部署 IaC 变更的情况下预览 IaC 变更，并在内部识别和解决潜在问题。

定义 模拟运行在不部署 IaC 变更的情况下预览 IaC 变更，并在内部识别和解决潜在问题。

模拟运行有不同的格式和标准。大多数模拟运行会将结果输出到终端，可以将该输出保存到一个文件。还有一些工具能自动地将模拟运行的结果保存到一个文件中。

> **为单元测试生成模拟运行**
>
> 一些工具会将其模拟运行结果保存在文件中，而另一些工具则将变更输出到终端中。如果使用 Terraform，可使用以下命令将 Terraform 执行计划写入 JSON 文件：
>
> ```
> $ terraform plan -out=dry_run && terraform show -json dry_run >
> dry_run.json
> ```
>
> AWS 的 CloudFormation 提供了变更集，可以在它执行完毕后解析变更集的描述。类似地，可以使用 kubectl run 的--dry-run=client 选项来获取 Kubernetes 模拟运行的信息。

作为一种常规做法，我会优先考虑用于检查配置文件的测试。当无法从配置文件获取值时，我会编写测试以解析模拟运行的结果。模拟运行通常需要通过网络访问基础设施提供程序 API，并且需要一些时间来运行。有些时候，输出或文件会包含敏感信息或标识符，但我们不希望测试显式地解析它们。

虽然模拟运行可能不符合传统意义上软件开发对单元测试的定义，但模拟运行的解析并不需要对活动的基础设置做任何变更。它仍然是一种静态分析的形式。在应用变更之前，模拟运行本身将作为一个单元测试来验证并输出预期的变更行为。

6.2.3 何时编写单元测试

单元测试帮助验证我们的逻辑是否生成了正确的名称，产生了正确数量的基础设施资源，以及计算了正确的 IP 范围或其他属性。一些单元测试可能与第 2 章中提到的格式修正和风格检查重叠。我将格式修正和风格检查归类为单元测试的一部分，因为它们可以帮助你了解如何命名和组织你的配置。

图 6.8 总结了单元测试的一些用例。我们应该编写额外的单元测试来验证用于生成基础设施配置的任何逻辑，尤其是循环或条件(if else)语句。单元测试也可

以捕获错误或有问题的配置，例如操作系统错误。

编写单元测试来检查……

生成配置的逻辑，如条件(if else)或循环(for, while)

示例：配置应具有正确数量的子网

错误或有问题的配置

示例：配置应具有特定的IP地址范围，任何范围之外IP的都会与其他团队发生冲突

符合预期或团队标准

示例：配置中的网络名称应符合团队的标准

图 6.8 编写单元测试以验证资源逻辑，突出潜在问题，或确认团队标准

由于单元测试单独检查配置，它们无法准确地反映变更对系统的影响。因此，我们不能寄希望于单元测试能阻止产品变更期间的重大失败。然而，我们仍然应该编写单元测试！虽然单元测试在运行变更时不会发现问题，但它可以在生产之前防止配置出现问题。

例如，有人可能会意外地编写包含 1000 台服务器而不是 10 台服务器的配置。验证一个配置中最大服务器数量的测试可以防止有人压垮基础设施和管理成本。单元测试还可以防止生产环境中的任何不安全或不合规的基础设施配置。我将在第 8 章中介绍如何将单元测试应用于基础设施配置安全和审计。

除了能在早期识别错误的配置值，单元测试还有助于自动检查复杂的系统。当我们有许多由不同团队管理的基础设施资源时，就不能再手动搜索一个资源列表并检查每一个配置。单元测试会将最关键或标准的配置传达给其他团队。当我们为基础设施模块编写单元测试时，你需要验证模块的内部逻辑是否生成了预期的资源。

对自动化进行单元测试

好的单元测试需要一整本书来描述！在本节中，我所解释的内容仅限于对基础设施配置的测试。不管怎样，你可以编写一个自定义的自动化工具，直接访问基础设施 API。自动化将使用更有序的方法来逐步配置资源(也称为命令式风格)。

你应该使用单元测试来检查各个步骤及其幂等性。单元测试应该使用各种先决条件运行各个步骤，并检查它们是否具有相同的结果。如果需要访问基础设施API，可以在单元测试中模拟 API 响应。

单元测试的用例包括检查你是否创建了预期数量的基础设施资源、是否有固定基础设施的特定版本，或者使用了正确的命名标准。单元测试运行得很快，并以几乎零成本提供快速反馈(在你编写它们之后)。它们以秒为单位运行，因为

它们不向基础设施发布更新，也不需要创建活动的基础设施资源。如果你编写单元测试来检查模拟运行的输出，那么只会增加生成模拟运行的时间。

6.3　契约测试

单元测试是单独验证配置或模块的，那么模块之间的依赖关系如何验证呢？在第 4 章中，我提到了依赖关系之间的契约。模块的输出必须与另一个模块的预期输入一致。我们可以使用测试来确保该协议。

例如，我们在网络上创建一个服务器。服务器通过使用外观(facade)访问网络名称和 IP 地址，外观反映了网络的名称和 IP 范围。我们如何知道网络模块输出的是网络名称和 IP CIDR 范围，而不是其他标识符或配置？

可使用图 6.9 中的契约测试来测试网络模块是否正确输出外观。外观必须包含网络名称和 IP 地址段。如果测试失败，则表明服务器无法在网络上创建自身。

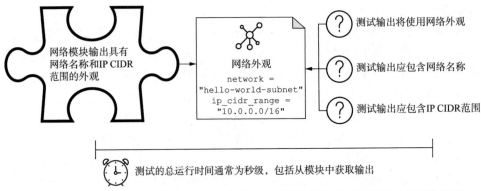

图 6.9　契约测试可以快速验证配置参数是否等于预期值(例如具有适当输出的网络外观)

契约测试使用静态分析来检查模块输入和输出是否符合预期值或格式。

定义　**契约测试**使用静态分析来检查模块或资源的输入和输出是否匹配预期值或格式。

契约测试有助于实现单个模块的可演进性，同时能兼顾集成性。当有许多基础设施依赖项时，我们无法手动检查它们的所有共享属性。相反，契约测试可以自动验证模块之间属性的类型和值。

你会发现契约测试对于检查高度参数化的模块(如工厂、原型或构建器模式)的输入和输出非常有用。编写和运行契约测试有助于检测错误的输入和输出，并记录模块的最小资源。如果模块没有契约测试，则在下次将配置应用于实时环境之前，你无法发现该模块是否损坏了系统中的某些内容。

下面在代码清单 6.3 中实现服务器和网络的契约测试。使用 pytest，我们可以通过创建一个带有工厂模块的网络来设置测试。然后验证网络的输出是否包含具有网络名称和 IP 地址范围的外观对象。可将这些测试添加到服务器的单元测试中。

代码清单 6.3　比较模块输出和输入的契约测试

Pytest 将运行此测试以检查网络名称是
否与预期值 hello-world 匹配

```
from network import NetworkFactoryModule, NetworkFacade
import pytest

network_name = 'hello-world'
network_cidr_range = '10.0.0.0/16'
```

Pytest 将运行此测试以检查网络输出的 IP
CIDR 范围是否匹配 10.0.0.0/16

通过使用网络工厂模块并返回
其输出的预置来设置测试

```
@pytest.fixture
def network_outputs():
    network = NetworkFactoryModule(
        name=network_name,
        ip_range=network_cidr_range)
    return network.outputs()
```

使用具有名称和 IP 地址
段的工厂模块创建网络

测试预置应返回具有不
同输出属性的网络外观

```
def test_network_output_is_facade(network_outputs):
    assert isinstance(network_outputs, NetworkFacade)
```

Pytest 将运行此测试以检查
模块是否输出网络外观对象

```
def test_network_output_has_network_name(network_outputs):
    assert network_outputs._network == f"{network_name}-subnet"

    def test_network_output_has_ip_cidr_range(network_outputs):
        assert network_outputs._ip_cidr_range == network_cidr_range
```

Pytest 将运行此测试以检查网络输出的 IP
CIDR 范围是否匹配 10.0.0.0/16

Pytest 将运行此测试以检查网络名
称是否与预期值 hello-world 匹配

假设我们更新网络模块以输出网络 ID 而不是名称。这会破坏上游服务器模块的功能，因为服务器需要网络名称！契约测试确保我们在更新两个模块中的任何一个时都不会破坏两个模块之间的契约(或接口)。在表达资源之间的依赖关系时，可使用契约测试来验证外观和适配器。为什么要将示例契约测试添加到服务器(更高层级的资源)？因为服务器需要来自网络的特定输出。如果网络模块发生变化，我们需要首先从高层级模块检测到它。

一般来说，高层级模块应该遵从于低层级模块中的变更，以保持可组合性和可演进性。最好避免对低层级模块的接口进行重大变更，因为它可能会影响依赖它的其他模块。

DSL

代码清单 6.3 使用 Python 验证模块输出。如果将工具与 DSL 一起使用，那么可使用内置功能来验证输入是否符合特定类型或正则表达式(例如检查有效 ID 或名称格式)。如果工具没有验证功能，你可能需要使用单独的测试框架来解析模块配置中的输出类型，并将其与高层级模块的输入进行比较。

基础设施契约测试需要某种方法来提取预期的输入和输出，这可能涉及对基础设施提供程序的 API 调用，并根据模块的预期值验证响应。有时这需要创建测试资源来检查参数，并了解 ID 等字段的结构。当需要进行 API 调用或创建临时资源时，契约测试的运行时间可能比单元测试更长。

6.4   集成测试

如何知道是否可以将配置或模块变更应用于基础设施系统？我们需要将变更应用于测试环境并动态分析运行中的基础设施。集成测试针对测试环境运行，以验证对模块或配置的变更是否成功。

定义   集成测试针对测试环境运行，并动态分析基础设施资源，以验证它们是否受到模块或配置变更的影响。

集成测试需要一个独立的测试环境来验证模块和资源的集成。在下一节中，我们将了解可以为基础设施模块和配置编写的集成测试。

6.4.1   模块测试

想象有一个创建 GCP 服务器的模块。为确保它能成功创建和更新服务器，我们编写了一个集成测试，如图 6.10 所示。

首先，配置服务器并将变更应用于测试环境。然后，运行集成测试以检查配置更新是否成功，创建服务器，并将其命名为 hello-world-test。测试的总运行时间要几分钟，因为需要等待服务器进行置备。

在实施集成测试时，需要将活动资源与 IaC 进行比较。活动资源告诉你模块是否成功部署。如果有人无法部署模块，他们可能已破坏了自己的基础设施。

集成测试必须使用基础设施提供程序的 API 检索有关活动资源的信息。例如，我们可以导入 Python 库以在服务器模块的集成测试中访问 GCP API。集成测试将 Libcloud(Python 库)作为 GCP API 的客户端 SDK 导入。

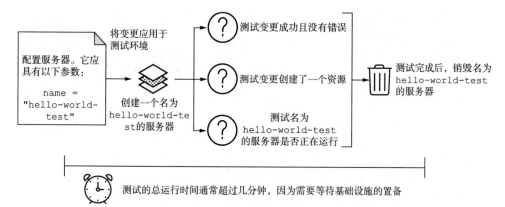

图 6.10 集成测试通常在测试环境中创建和更新基础设施资源，测试其配置和状态的
正确性或可用性，并在测试后将其删除

代码清单 6.4 中的测试使用模块构建服务器的配置，等待服务器部署，并在
GCP API 中检查服务器的状态。如果服务器返回运行状态，则测试通过。否则，测
试失败，并认为模块存在问题。最后，测试会删除它所创建的测试服务器。

代码清单 6.4 针对 test_integration.py 中服务器创建的集成测试

Pytest 使用 Libcloud 调用 GCP API 并获取服务器的
当前状态，它检查服务器是否正在运行

使用 Terraform，通过 Terraform
JSON 文件初始化和部署服务器

```python
from libcloud.compute.types import NodeState
from main import generate_json, SERVER_CONFIGURATION_FILE
import os
import pytest
import subprocess
import test_utils

TEST_SERVER_NAME = 'hello-world-test'


@pytest.fixture(scope='session')
def apply_changes():
    generate_json(TEST_SERVER_NAME)
    assert os.path.exists(SERVER_CONFIGURATION_FILE)
    assert test_utils.initialize() == 0
    yield test_utils.apply()
    assert test_utils.destroy() == 0
    os.remove(SERVER_CONFIGURATION_FILE)


def test_changes_have_successful_return_code(apply_changes):
    return_code = apply_changes[0]
    assert return_code == 0
```

生成使用服务器模块的
Terraform JSON 文件

在测试会话期间，使用
pytest 测试预置来应用
配置并在 GCP 上创建一
个测试服务器

Pytest 将运行此测试以验证
变更的输出状态是否成功

使用 Terraform 删除测试服务器，并在
测试会话结束时删除 JSON 配置文件

```
def test_changes_should_have_no_errors(apply_changes):
    errors = apply_changes[2]
    assert errors == b''
```

Pytest 将运行此测试以验证变更不会返回错误

Pytest 将运行此测试并检查配置是否添加了一个资源，即服务器

```
def test_changes_should_add_1_resource(apply_changes):
    output = apply_changes[1].decode(encoding='utf-8').split('\n')
    assert 'Apply complete! Resources: 1 added, 0 changed, ' + \
        '0 destroyed' in output[-2]
```

```
def test_server_is_in_running_state(apply_changes):
    gcp_server = test_utils.get_server(TEST_SERVER_NAME)
    assert gcp_server.state == NodeState.RUNNING
```

Pytest 使用 Libcloud 调用 GCP API 并获取服务器的当前状态。它检查服务器是否正在运行

AWS 和 Azure 等效用法说明

要转换代码清单 6.4，需要更新 IaC 以创建 Amazon EC2 实例或 Azure Linux 虚拟机。然后需要更新 Apache Libcloud 驱动程序以使用 Amazon EC2 Driver(网址见链接[6])或 Azure ARM Compute Driver(网址见链接[7])。驱动程序和 IaC 的初始化将改变，但测试不会变。

当在命令行运行此文件中的测试时，你会注意到这需要几分钟的时间，因为测试会话会创建服务器并将其删除：

```
$ pytest test_integration.py
=========================== test session starts ===========================
collected 4 items

test_integration.py ....                                          [100%]

===================== 4 passed in 171.31s (0:02:51) =====================
```

服务器的集成测试应用了两个主要实践。首先，测试按以下顺序操作：

(1) 渲染配置(如果适用)。

(2) 部署对基础设施资源的变更。

(3) 运行测试，访问基础设施提供商的 API 进行比较。

(4) 如果适用，删除基础设施资源。

此示例使用预置来实现以上内容。你可以使用它来应用任意的基础设施配置，并在测试后将其删除。

注意 集成测试与配置管理工具的工作原理非常类似。例如，你可以在服务器上安装软件包并运行进程。运行测试后，可以通过检查服务器的包和进程并销毁服务器来扩展服务器集成测试。建议不要用编程语言编写测试，而是采用评估专用服务器的测试工具，它们会登录到服务器并针对系统运行测试。

其次，我们要在独立的模块测试环境(如测试账户或项目)中运行模块集成测试，而不是在支撑应用程序运行的测试或生产环境中。为了防止与环境中的其他模块测试发生冲突，可以根据特定的模块类型、版本或提交哈希值来标记和命名资源。

定义 模块测试环境与生产环境分离，用于测试模块变更。

在与测试或生产环境不同的环境中测试模块有助于将故障模块与应用程序的活动环境隔离开来。我们还可以通过测试模块来衡量和控制基础设施成本。第 12 章更详细地介绍了云计算的成本。

6.4.2 环境配置测试

基础设施模块的集成测试可以在测试环境中创建和删除资源，但环境配置的集成测试不可以。想象一下，如果你需要将 A 记录添加到组合配置或单例配置的域名中，要如何编写集成测试来检查是否正确添加了记录呢？

我们将会遇到两个问题。首先，我们不能在集成测试中简单地创建然后销毁 DNS 记录，因为这可能会影响应用程序。其次，在配置域之前，A 记录依赖一个已存在的服务器 IP 地址。

我们不应在测试环境中创建和销毁服务器和 A 记录，而应在与生产匹配的持久测试环境中运行集成测试。在图 6.11 中，我们为测试环境更新了 IaC 中的 DNS 记录。集成测试检查测试环境中的 DNS 是否与预期的正确 DNS 记录匹配。测试通过后，你可以为生产更新 DNS 记录。

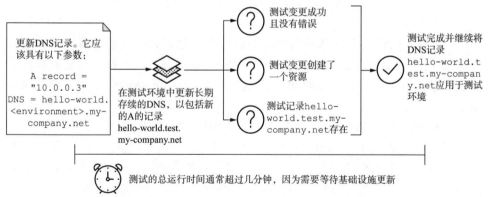

图 6.11 可以对具有长期存在资源的测试环境进行集成测试，以将变更与生产隔离，并减少需要为测试创建的依赖关系

为什么要在持久测试环境中运行 DNS 测试？首先,创建测试环境可能需要很长时间。作为一种高层级资源，DNS 依赖许多低层级资源。其次，在更新到生产之前，我们希望准确地了解变更会如何作用于生产环境。

测试环境代表着生产系统的依赖项和复杂性的子集，因此我们可以检查配置是否按预期工作。保持相似的测试和生产环境，意味着测试中的变化能准确反映其在生产中的行为。从而方便我们尽早发现测试环境中的问题。

6.4.3　测试挑战

如果没有集成测试，我们将无法知道服务器模块或 DNS 记录是否成功更新，除非手动检查。集成测试加快了验证 IaC 是否有效的过程。然而，在集成测试中你会遇到一些挑战。

你可能很难确定要测试哪些配置参数。你是否应编写集成测试以验证在 IaC 中配置的每个配置参数是否与活动资源匹配？不一定！

大多数工具已经有了验收测试，可以创建资源、更新其配置然后销毁资源。验收测试证明该工具可以发布新的代码变更。只有这些测试通过，工具才允许对基础设施的变更。

我们不想花费额外的时间或精力编写与验收测试匹配的测试。因此，集成测试应涵盖多个资源是否具有正确的配置和依赖关系。如果编写自定义的自动化操作，则需要编写集成测试来创建、更新和删除资源。

另一个挑战是决定是在每次测试期间创建或删除资源，还是运行持久测试环境。图 6.12 显示了一个决策树，用于确定是否为集成测试创建、删除或使用持久测试环境。

总体而言，如果配置或模块没有太多的依赖项，则可以创建、测试和删除资源。但是，如果配置或模块需要时间来创建或需要许多其他资源，则需要使用持久的测试环境。

并非所有的模块都能从集成测试的创建和删除方法中受益。建议对低层级模块(如网络或 DNS)运行集成测试，并避免删除资源。这些模块通常需要在经济成本最低的环境中进行就地更新。我经常发现测试更新比创建和删除资源更现实。

根据模块和资源的大小，由集成测试为中层级模块(如工作负载协调器)创建的资源可能是持久的，也可能临时的。模块越大，就越可能需要长期存续。通常可以为高层级模块(如应用程序部署或 SaaS)运行集成测试，并且每次都创建和删除资源。

持久性测试环境确实有其局限性。集成测试往往需要很长时间才能运行，因为创建或更新资源需要时间。通常，应保持模块更小并且使用更少的资源。这种做法可以减少模块集成测试所需的时间。

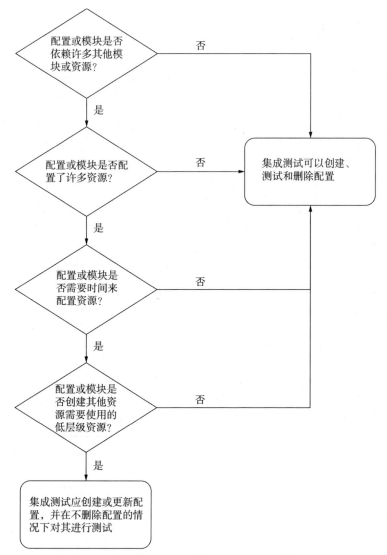

图 6.12　集成测试应根据模块或配置类型以及依赖关系来创建和删除资源

　　即使在资源较少的情况下保持配置和模块的小型化,集成测试也常常造成基础设施提供商账单上成本增加。许多测试需要长期存续的资源,如网络、网关等。我们需要综合权衡运行集成测试和捕获问题的成本,以及错误配置或基础设施资源受到损坏的成本。

　　可使用基础设施模拟(mock)来降低运行集成测试(或任何测试)的成本。一些框架会复制基础设施提供商的 API 以用于本地测试。我不建议过度依赖模拟。基础设施提供商经常变更 API,并且经常会出现复杂的错误和行为,而模拟通常无法捕获这些错误和行为。在第 12 章中,我将讨论管理测试环境成本和避免模拟的技术。

6.5　端到端测试

虽然集成测试能在资源创建或更新期间动态分析配置并捕获错误，但它们无法指示基础设施资源是否可用。可用性是指你或团队成员能够按预期使用资源。

例如，我们可以使用一个模块在 GCP Cloud Run 上创建一个名为 Service 的应用程序。GCP Cloud Run 将在容器中部署服务并返回 URL 端点。如果集成测试通过，则表明模块正确地创建了服务资源和访问服务的权限。

我们如何知道他人是否可以访问应用程序 URL？图 6.13 显示了如何检查服务端点是否工作。首先，编写一个测试，从基础设施配置中获取应用程序 URL 作为输出。然后，向 URL 发出 HTTP 请求。总运行时间需要几分钟，大部分的时间用在服务的创建。

我们已经创建了一个用于动态分析的测试，称为端到端测试，它不同于集成测试。端到端测试会验证基础设施的终端用户功能。

> **定义**　**端到端测试**动态分析基础设施资源和端到端系统功能，以验证它们是否受到 IaC 变更的影响。

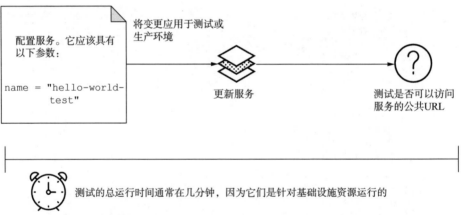

图 6.13　端到端测试通过访问应用程序 URL 网页来验证终端用户的工作流

上面示例的端到端测试，验证了最终用户访问页面的端到端工作流。它不会检查基础设施是否成功配置。

端到端测试对于确保你的变更不会破坏上游功能至关重要。例如，你可能意外地更新了配置，该配置用于允许经过身份验证的用户访问 GCP Cloud Run 服务 URL。应用变更后，你的端到端测试失败，表明有人可能无法访问该服务。

让我们在代码清单 6.5 中用 Python 实现应用程序 URL 的端到端测试。本示例的测试需要向服务的公共 URL 发出 API 请求。它使用 pytest 预置创建 GCP

Cloud Run 服务，测试运行页面的 URL，并从测试环境中删除服务。

代码清单 6.5　GCP Cloud Run 服务的端到端测试

```
from main import generate_json, SERVICE_CONFIGURATION_FILE
import os
import pytest
import requests
import test_utils          ◄────── 使用 Terraform，通过 Terraform
                                    JSON 文件初始化和部署服务

TEST_SERVICE_NAME = 'hello-world-test'


@pytest.fixture(scope='session')       在测试会话期间，使用 pytest 测试预置应用
def apply_changes():                    配置并在 GCP 上创建测试服务
    generate_json(TEST_SERVICE_NAME)
    assert os.path.exists(SERVICE_CONFIGURATION_FILE)     生成使用 GCP Cloud Run 模
                                                          块的 Terraform JSON 文件
    assert test_utils.initialize() == 0   在测试会话期间，使用 pytest 测试预置应用
    yield test_utils.apply()              配置并在 GCP 上创建测试服务
    assert test_utils.destroy() == 0      销毁测试环境中的 GCP Cloud Run 服务，这
    os.remove(SERVICE_CONFIGURATION_FILE) 样你的 GCP 项目中不会存在持久性服务


@pytest.fixture
def url():
    output, error = test_utils.output('url')
    assert error == b''
    service_url = output.decode(encoding='utf-8').split('\n')[0]
    return service_url

def test_url_for_service_returns_running_page(apply_changes, url):
    response = requests.get(url)
    assert "It's running!" in response.text  ◄────
                                                    在测试中，使用 Python 的
                                                    请求库向服务的 URL 发
使用 pytest 预置解析服        在测试中，检查服务的 URL 响应是否包      出 API 请求
务 URL 的配置输出            含特定字符串，以指示服务正在运行
```

AWS 和 Azure 等效用法说明

AWS Fargate 与 Amazon Elastic Kubernetes Service(EKS)或 Azure Container Instances (ACI)大致等同于 GCP Cloud Run。

注意，如果是在生产环境中运行端到端测试，那么可能不希望删除该服务。因为通常在现有环境下运行端到端测试时不创建新资源或测试资源。而是将变更应用于现有系统，对活动的基础设施资源运行测试。

冒烟测试

作为端到端测试的一种，冒烟测试能提供有关变更是否破坏了关键业务功能的快速反馈。因为要运行所有端到端测试可能要等很长时间，而修复一个变更失败必须要迅速。

如果可以先运行冒烟测试，我们就可以证实变更不造成实质伤害，然后继续进行进一步的测试。正如一位质量保证分析师对冒烟测试的形象描绘，"如果你给一些硬件加电，它冒烟，你就知道有问题。你不值得花时间进一步测试它。"

较为复杂的基础设施系统会从端到端测试中受益，因为该测试正成为变更是否影响关键业务功能的主要指标。因此，它们有助于测试组合配置或单例配置。除非模块有很多资源和依赖项，否则通常不会对模块运行端到端测试。

我的大部分端到端测试都是针对网络或计算资源的。例如，你可以编写一些测试来检查对等网络。这些测试会在每个网络上都置备一台服务器，并检查服务器是否可以互相连接。

端到端测试的另一个使用场景为向工作负载编排器提交作业并完成它。该测试决定了工作负载编排器能否在应用程序部署时正常工作。我曾经进行过端到端测试，这些测试发出具有不同正文的超文本传输协议(HTTP)请求，以确保上游服务可以在不中断的情况下相互调用，无论有效的正文大小或协议如何。

在网络或计算用例之外，端到端测试可以验证任何系统的预期行为。如果再结合使用配置管理与资源置备工具，那么端到端测试将验证是否可以连接到服务器并运行预期的功能。对于监控和警报，我们可以运行端到端测试来模拟预期的系统行为，验证是否已收集了指标，并测试警报的触发。

然而，端到端测试是就时间和资源而言最昂贵的测试。大多数端到端测试都需要所有基础设施资源可用才能全面评估系统。因此，我们只能针对生产基础设施来运行端到端测试。你可能不会在测试环境中运行它们，因为获取足够的测试资源通常需要花费太多的资金。

6.6   其他测试

除单元测试、契约测试、集成测试和端到端测试外，还有其他类型的测试。例如，假设我们希望对生产服务器进行配置变更，以减少内存。然而，我们不知道内存减少是否会影响整个系统。

图 6.14 显示了可以通过使用系统监控来检查我们的变更是否影响了系统。监

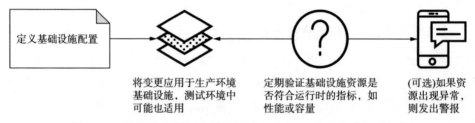

图 6.14   以短时间间隔运行持续测试，以验证一组指标未超过阈值

控会持续聚合服务器内存上的指标。如果收到服务器内存达到其容量百分比的警报，就知道有可能影响整体的系统。

监控通过"测试"实现持续测试，定期、频繁地运行以检查指标是否超过阈值。

> **定义** **持续测试**(如监控)会定期、频繁(以一定间隔)地运行，以检查当前值是否与预期值匹配。

持续测试包括监视系统指标和安全事件(当 root 用户登录到服务器时)。它们提供对活动的基础设施环境的动态分析。大多数持续测试都采取报警的形式通报问题。

还有一种类型的测试，称为回归测试。例如，我们可以在一段时间内运行测试，以检查服务器配置是否符合组织的预期。回归测试会定期运行，但没有那么频繁的监测或是其他形式的连续测试。我们可以选择每隔几周或几个月运行一次，以检查可能存在的计划外手工变更。

> **定义** **回归测试**在一段较长的时间内定期运行，以检查基础设施配置是否符合预期状态或功能。它们可以帮助减轻配置漂移。

持续测试和回归测试通常需要特殊的软件或系统来运行。它们确保运行的基础设施具有预期的功能和性能。这些测试也为系统自动地响应异常奠定了基础。

例如，配置有 IaC 和持续测试的系统可以使用自动缩放来基于 CPU 或内存等指标做出资源调整。这些系统还可以实现其他自我修复机制，例如在出现错误时将流量转移到较旧版本的应用程序。

6.7　测试的选择

我解释了基础设施最常见的一些测试，从单元测试到端到端测试。然而，需要编写所有测试吗？应该把时间和精力花在哪儿？要知道，基础设施测试策略将根据系统的复杂性和增长而不断发展。因此，你将不断评估哪些测试有助于在生产环境之前发现配置问题。

我常用金字塔模型作为基础设施测试策略的指南。在图 6.15 中，金字塔最宽的部分表示你应该更多地使用这一类型的测试，而最窄的部分表示此类测试要少一些。金字塔顶端是端到端测试，这可能会花费更多的时间和金钱，因为它们需要活动的基础设施系统。金字塔底部是单元测试，它在几秒钟内运行，不需要整个基础设施系统。

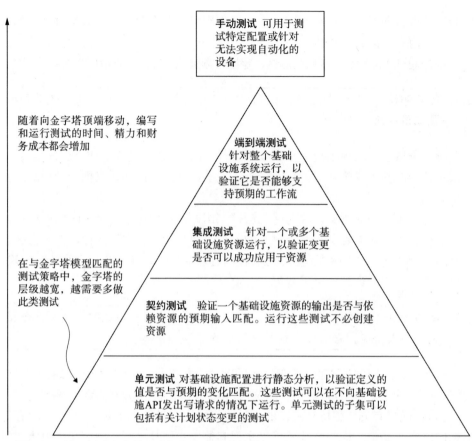

图 6.15   基于测试金字塔，我们应该有更多的单元测试，而不是端到端测试，因为单元
测试花费的时间、金钱和资源更少

该指南被称为测试金字塔，为不同类型的测试、测试范围和测试频率提供了
一个框架。其实是将测试金字塔从软件测试改为基础设施测试，并将相应的内容
修改为基础设施工具和约束。

定义   测试金字塔是整体测试策略的指导，越向金字塔顶端移动，测试花费的时
间和金钱越多。

在现实中，我们的测试金字塔可能更像一个长方形或梨形，有时会缺少层次。
我们没必要也不应该为每个基础设施配置编写每种类型的测试。在某些时候，测
试会变得多余和难以维护。

根据要测试的系统，坚持理想中的测试金字塔可能不太实际。然而，要注意
避免我所谓的测试点工(指的是通过手工点击来做测试)。测试点工只适用于许多
手工测试，而不适用于其他任何东西。

6.7.1 模块测试策略

我在第 5 章中提到了发布模块之前的测试模块的实践。让我们回到那个例子，在那里我们将一个数据库模块更新为 PostgreSQL 12。我们不需要手动创建模块并测试它是否工作，而是添加了一系列自动化测试。这些测试会检查模块的格式，并在隔离的模块测试环境中创建数据库。

图 6.16 更新了模块发布工作流，其中包含单元测试、契约测试和集成测试，我们可以添加这些测试来检查模块是否正常工作。契约测试通过后，将运行集成测试，在网络上设置数据库模块并检查数据库是否运行。完成集成测试后，将删除模块创建的测试数据库并发布模块。

单元测试、契约测试和集成测试的组合能充分说明模块是否能正常工作。单元测试检查模块格式和团队的标准配置。我们将首先运行它们，这样就可以快速获得有关格式或配置违规的反馈。

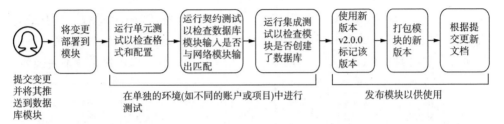

图 6.16 我们可以将模块发布工作流的测试阶段分解为单元测试、契约测试和集成测试

接下来，我们将运行一些契约测试。如果是针对数据库模块，我们检查输入到数据库模块的网络 ID 是否与网络模块输出的网络 ID 匹配。捕捉这些错误可以在部署过程的早期阶段识别依赖关系之间的问题。

可重点关注单元或契约测试，以强制执行正确的配置、正确的模块逻辑以及特定的输入和输出。图 6.16 中概述的测试工作流最适用于使用工厂、构建器或原型模式的模块。这些模式隔离了基础设施组件的最小子集，并为队友提供了一组灵活的变量以进行定制。

根据开发环境的成本，我们可以编写一些集成测试来对临时基础设施资源进行测试，这些资源将在测试结束时删除。通过投入一些时间和精力为具有许多输入和输出的模块编写测试，我们可以确保变更不会影响上游配置，并且模块可以自动成功运行。

练习题 6.1

你注意到一个新版本的负载均衡器模块破坏了 DNS 配置。你的同事更新了模块之后，打印输出私有 IP 地址而非公共 IP 地址。可以做什么来帮助你的团队更好地记住模块需要输出公共 IP 地址？

A. 为私有 IP 地址创建单独的负载均衡器模块。

B. 增加模块契约测试，以验证模块私有和公共 IP 地址的输出。

C. 更新模块文档，注意它需要公共 IP 地址。

D. 在模块上运行集成测试，检查 IP 地址是否可公开访问。

答案见附录 B。

6.7.2 配置测试策略

活动环境的基础设施配置会使用更复杂的模式，如单例模式或组合模式。单例配置或组合配置具有许多基础设施依赖关系，并经常引用其他模块。将端到端测试添加到测试工作流中可以帮助识别基础设施和模块之间的问题。

假设我们在网络上有一个应用程序服务器的单例配置。图 6.17 概述了更新服务器大小后的每个步骤。将变更推送到版本控制后，可将变更部署到测试环境。测试工作流从单元测试开始，以快速验证格式和配置。

接下来，运行集成测试以应用变更，并验证服务器是否仍在运行并具有新的大小。可以使用端到端测试来测试整个系统，从而完成验证。端到端测试向应用程序端点发出 HTTP GET 请求。图 6.17 重复了生产过程，以确保系统不会损坏。

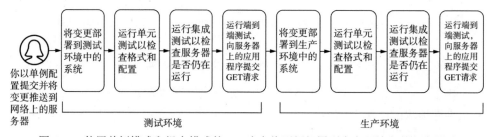

图 6.17　使用单例模式和组合模式的 IaC 应在将更新部署到生产环境之前，在测试环境中运行单元、集成和端到端测试

仅仅因为成功创建或更新了服务器，并不意味着它托管的应用程序可以满足请求！对于复杂的基础设施系统，我们需要额外的测试来验证基础设施之间的依赖关系或通信。端到端测试可以帮助确保系统处于可工作状态。

在测试和生产环境之间重复相同的测试可以提供质量控制。如果在测试环境和生产环境之间有任何配置漂移，我们的测试都可以反映这些差异。我们可以根据环境启用或禁用特定测试。

镜像构建和配置管理

镜像构建和配置管理工具的测试，与置备工具的配置测试类似。针对镜像构建或配置管理元数据的单元测试涉及检查配置。除非将配置管理模块化，否则我们不需要契约测试，在模块化中，我们遵循模块的测试方法。集成测试应在测试环境中运行，以测试服务器是否成功启动新镜像或应用正确的配置。端到端测试用于确保新镜像和配置不会影响系统的功能。

练习题 6.2

你添加了防火墙规则以允许应用程序访问新队列，以下哪种测试组合对团队中的此次变更最有价值？

A. 单元测试和集成测试

B. 契约测试和端到端测试

C. 契约测试和集成测试

D. 单元测试和端到端测试

答案见附录 B。

6.7.3 识别有用的测试

模块和配置的测试策略可以指导我们编写有价值的测试。图 6.18 总结了可以为模块和配置考虑的测试类型。模块依赖单元测试、契约测试和集成测试，而环境配置依赖单元测试、集成测试和端到端测试。

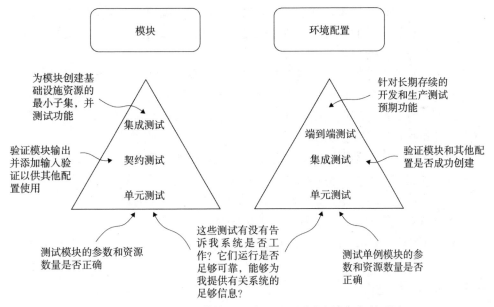

图 6.18 针对具体的模块和环境配置，测试方法会有所不同

我们如何知道什么时候需要测试？假定我们的队友知道数据库密码需要包含字母、数字和字符，限制为 16 个字符。然而，在更新 24 个字符的密码、部署变更并等待五分钟以致变更失败之前，我们可能并不知道还存在这样的情况。

我认为更新测试的实践就是将系统中未知的已知转化为已知的未知。毕竟，我们使用可观测性来调试未知的未知，并使用监控来跟踪已知的未知。在图 6.19 中，我们将其他人知道的孤立领域知识(未知的已知)通过测试(已知的已知)转换为团队知识。新的测试通常反映出团队应该知道和承认的孤立领域知识。

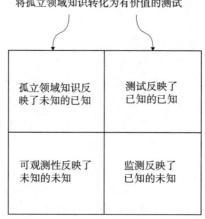

将孤立领域知识转化为有价值的测试

孤立领域知识反映了未知的已知	测试反映了已知的已知
可观测性反映了未知的未知	监测反映了已知的未知

图 6.19   基础设施测试将其他人可能知道的孤立领域知识转换为反映团队知识的测试

一个好的测试会将知识分享给团队的其他成员。我们并不总是需要建立一个新的测试，相反，我们可能会发现有些测试并没有什么用处。我们测试的目的是防止团队重复出现问题。

除了添加测试以外，还可能需要删除测试。我们可能会编写一个测试，发现它有一半失败了。由于系统不可靠，它不会提供有用的信息或增加我们对系统的信心。删除测试可以清理测试套件，并有助于消除那些经常失败但并不表明系统中存在真正故障的易碎性测试。

此外，我们会因不再需要而删除一些测试。例如，我们可能不需要对每个模块进行契约测试，也不需要对每种环境配置进行集成测试。始终记得问问自己，测试是否有价值，运行是否足够可靠，能否获得有关系统的足够信息。

下一章将介绍如何将测试添加到 IaC 的交付流水线中。学习这一章后，即使我们不选择自动化测试工作流，也有机会知道变更如何潜在地影响我们的基础设施。

6.8   本章小结

- 测试金字塔概述了测试的方法。金字塔中的测试层级越高，测试成本就越高。
- 单元测试验证模块或配置中的静态参数。
- 契约测试验证模块的输入和输出是否符合预期的值和格式。

- 集成测试创建测试资源，验证其配置和创建，并删除它们。
- 端到端测试验证基础设施系统的终端用户是否能够运行预期功能。
- 使用工厂、构建器或原型模式的模块适用于单元测试、契约测试和集成测试。
- 使用应用于环境的组合模式或单例模式的配置适用于单元测试、集成测试和端到端测试。
- 其他测试包括持续测试系统指标的监控、计划外手工变更的回归测试或错误配置的安全测试。

第 7 章

持续交付与分支模型

本章主要内容
● 设计交付流水线以避免将故障推送到生产系统
● 为团队协作选择基础设施配置的分支模型
● 评审和管理团队内基础设施资源的变更

在前面我们已学习了编写模块和依赖的模式，并应用了编写基础设施即代码和模块共享的一些通用实践。这些模式、实践和工作流包含很多步骤。

此外，许多工作流需要细致的变更协同。如果某一天在你正尝试进行变更时，发现团队成员的更新可能会覆盖你的变更，那么该如何在开发过程中有效管理这些冲突呢？

解决方案之一是向工单系统提交变更请求。例如，如果你想变更服务器，则需要在工单系统中填写变更请求。然后，你的同事(通常是你所在团队)和变更咨询委员会(代表公司)会评审该变更请求。

大多数公司使用以上称为变更管理的流程，来找到哪些变更会发生冲突。基础设施的变更管理包括提交变更请求，详细说明执行步骤和回滚步骤，以供同行评审员批准。

定义　**基础设施的变更管理**是一个促进系统变更的流程。在批准变更用于生产之前，通常需要在公司范围内详细描述和评审这些变更内容。

变更管理依赖于同行评审来防止变更的相互影响。示例中的同行评审和变更咨询委员会将充当质量门禁。质量门禁用来验证变更请求不会影响到系统的安全性或可用性。一旦变更通过这些门禁，你就可以进行变更排期，随之对服务器执行相应的更新。

定义 **IaC 的质量门禁通过评审或测试来加强系统的安全性、可用性和弹性。**

变更管理和质量门禁如何帮助解决变更之间的冲突呢？假设你已将变更管理流程应用于团队成员间的变更冲突管理。如图 7.1 所示，你和团队成员向工单系统提交变更请求，组织中的同行手动评审每个变更，并确定你团队成员的本次变更的影响不大。那么他们会将你的变更安排到某一天，以避免与其他人的变更发生冲突。

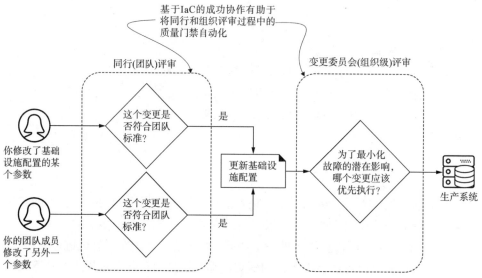

图 7.1   IaC 上的协作包括精简同行和组织对变更的评审过程

变更管理可能需要数周时间才能完成。而且通过手动评审并不能找到所有问题，也不能防止所有基础架构更改冲突，所以你仍需要了解如何复原变更。在第 11 章你将了解如何修复失败的变更。

与其依赖人工处理的变更管理流程，不如通过 IaC 开展代码级的沟通并自动化变更管理。本章侧重于通过扩展和自动化团队和公司之间的 IaC 开发流程来简化变更管理。在避免破坏生产系统的同时，我们也会面临多人正在处理相同资源或是依赖资源带来的挑战。

镜像构建与配置管理

贯穿本书，我主要关注基础设施置备的用例。镜像构建与配置管理的用例应遵循本章中交付流水线的通用模式。评估基础设施变更以及纳入自动化测试的模式和实践应在所有的用例中都保持一致。

7.1　交付变更至生产

如何控制 IaC 对生产环境的变更呢？我们可以引入如持续集成、交付或部署 (CI/CD)这样的软件开发实践，以组织来自不同协作者的代码更改，并做好将 IaC 发布到生产环境的准备。

CI/CD 需要自动化的测试来自动化变更的发布和管理。接下来我会解释如何自动化基础设施的变更，并充分利用其优势。这些会用到上一章学习到的测试实践，并与本章的交付流水线模式结合。

7.1.1　持续集成

回想一下你和团队成员之间的 IaC 冲突。其实你并不知道团队成员的变更会影响到你，反之亦然。那么，在同行评审你的变更之前，如何自动识别这些冲突呢？

图 7.2 所示的一个解决方案是要求团队定期将他们的变更合并到 IaC 的主干中。如果团队能不断地将他们的变更集成到主干配置，你和团队成员就可以在冲突覆盖变更之前更早地识别它们。

你可以使用持续集成(CI)实践，每天多次将更改合并到主干配置中，并检查它们是否与协作者有冲突。

定义　**IaC 的持续集成(CI)**是一种在测试环境中验证变更后，定期频繁地将更改合并到存储库中的实践。

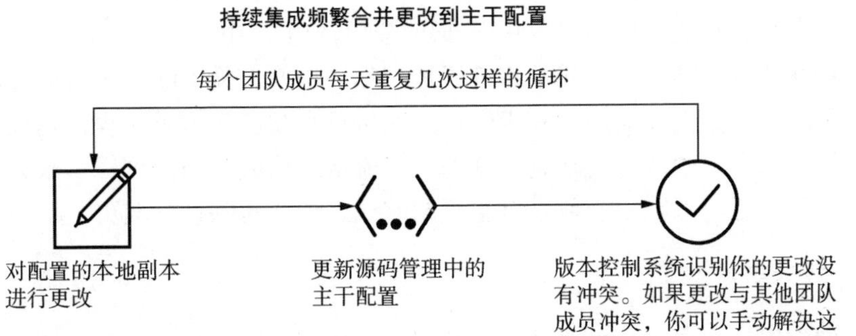

持续集成频繁合并更改到主干配置

每个团队成员每天重复几次这样的循环

对配置的本地副本进行更改　　更新源码管理中的主干配置　　版本控制系统识别你的更改没有冲突。如果更改与其他团队成员冲突，你可以手动解决这些冲突

图 7.2　持续集成频繁将更改合并到主干配置，从而能够更早地识别变更中的冲突

应该多久合并一次更改呢？知道什么时候合并确实需要一些经验，并且也取决于你想要执行的变更的类型。一般来说，当我积累了几行不会破坏系统的配置更改时，我就会合并。有时，这意味着我一天要合并好几次。而有时对于一个复杂的变更，我可能会一天合并一两次。团队的其他成员每天也会持续工作并进行

多次修改的合并。

每次团队成员合并其更改时，构建工具(如 CI 框架)都应该启动工作流来测试更改并部署它们。图 7.3 显示了构建工具可能会运行的示例工作流。工作流检查 IaC 是否存在合并冲突，运行单元测试来做格式验证，并会暂停以等待同行评审。一旦通过了同行评审，构建工具就会将变更部署到生产环境中。

持续集成会检查团队协作的代码库中的冲突，
并运行单元测试以验证格式和标准

自动步骤　　手动步骤

图 7.3　交付流水线中的 CI 过程包括等待手动批准投产之前的自动化单元测试

你可以将上述工作流作为交付流水线的一部分。流水线会组织并自动化一系列阶段对 IaC 进行构建、测试、部署和发布。

定义　IaC 的交付流水线体现了构建、测试、部署和发布基础设施变更的工作流，并实现自动化。

基础设施交付流水线从检查配置冲突或语法问题开始。CI 流水线中的单元测试为确保没有变更冲突提供了一些保障。接下来则是将变更提交给团队或公司进行评审，最终流水线会自动将变更发布(或应用)到生产中。

为什么要设计交付流水线并将其添加到你的构建工具中呢？因为你可能无法记住向生产发布变更所需的所有步骤，而交付流水线会将这个过程代码化，所以你不必记住它们。团队内就基础设施的交付流水线达成共识，这样一来无论是何种基础设施资源，都能以一致且可重复的方式来扩展基础设施变更。

7.1.2　持续交付

我们使用 CI 来合并更改并检查冲突，但如何知道系统是否真的按预期运行呢？CI 会去验证格式和标准，但直到发布之前你仍不知道配置是否有效。单元测试确实会提供保障，但我们需要更多的测试让我们更加从容地面对各种变更。

图 7.4 重新构想了 IaC 的 CI 工作流。你需要在单元测试阶段后添加额外的步骤。在提交更改供同行评审之前，我们可以将配置部署到测试环境中，并使用集成测试和端到端测试对它们进行验证。在同行评审通过后，再将变更发布到生产环境，并针对生产环境重新运行端到端的测试来验证功能。

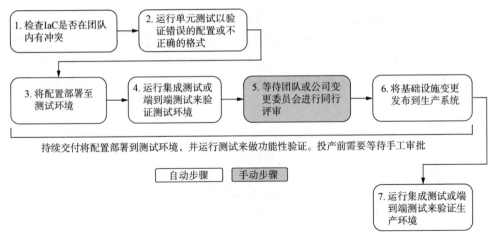

图 7.4　持续交付在测试环境中自动部署和执行基础设施变更，并等待生产部署的手动批准

　　持续交付(CD)实践延伸了交付流水线。CD 为交付流水线添加了一个步骤——在单元测试通过后，将基础设施配置部署到测试环境中，并开展集成测试或端到端测试。

> **定义**　**IaC 的持续交付(CD)**将基础设施的变更部署到测试环境中，以便在将变更合并到存储库后进行集成测试或端到端测试。在变更发布至生产之前，则需要引入手动的质量门禁。

　　每当有人对源代码进行更改时，它就会启动流水线的工作流，并在测试环境中验证变更。一旦集成测试和端到端测试通过，流水线会在将变更部署到生产之前等待手动审批。

　　为什么在 CI 之上还要使用 CD 呢？因为 CD 包含了你在第 6 章中努力编写的所有自动化测试。此外，包含 CD 的交付流水线还将测试作为质量门禁。评审变更的团队成员可能会更加自信，因为这些测试会验证变更的实施。

> **注意**　持续交付需要一整本书来介绍！我仅将其直接应用于基础设施，并用一个章的内容介绍它。如果你想查看一个更实际的例子，网址见链接[1]，我在其中创建了一个示例的流水线。该流水线使用 GitHub Actions 将 hello-world 服务部署到 Google Cloud Run。示例中的流水线阶段包括单元测试、测试环境部署和集成测试。

　　CD 应当引入小且频繁的代码更改。我们可以将这些更改自动推送至测试环境，并在推送至生产环境之前等待手动审批。但是，等待手动审批的变更也会像交通堵塞一样拥堵起来。几辆车慢下来，产生的级联效应可能会影响到许多汽车，最终影响到预期的到达时间！

手动审批步骤会造成大量的变更积累，形成一个批量变更，这会引入一些问题。当一次性将大量的变更推送到生产环境中时(如图 7.5 所示)，我们需要等待系统处理和部署这些变更。不幸的是，由于某些变更冲突，我们也会引入意外的故障。然后，我们的团队还要花费数天时间来追踪到底是哪个变更的组合导致了该故障。

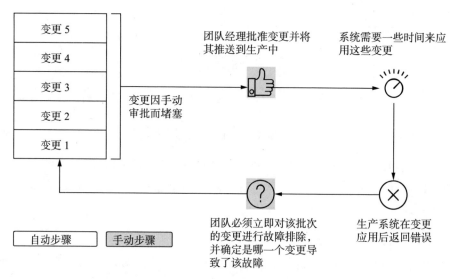

图 7.5　每当引入手动审批时，应避免一次将大批量的变更推送到生产中，以防止复杂的故障排查

在使用 CD 时，应尽可能快地进行变更审批。可以实现一个更短的手动审批反馈周期，也可以限制单次批准的变更数量。这两种解决方案都能够降低手动审批带来的风险。在下一节中，我们将介绍另一种完全省略手动审批流程的解决方案。

7.1.3　持续部署

能否通过移除交付流水线中的手动阶段来防止单次大批量的变更？可以！但是，在移除手动审批之前，你必须实践好 CI/CD。

从流水线中移除手动审批意味着你必须对测试有着充分的信心。图 7.6 中的流水线增加了更多的集成和端到端测试，来验证系统并自动将变更推送到生产。当你确信测试能够充分检查系统功能，并且变更可以轻松地回滚时，就可以移除手动审批，并立即将变更推送到生产环境。

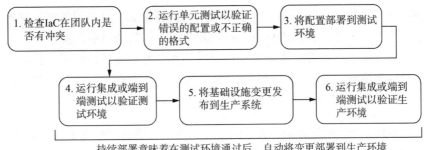

持续部署意味着在测试环境通过后，自动将变更部署到生产环境

自动步骤　手动步骤

图 7.6　持续部署将变更在生产上的测试和应用完全自动化

持续部署移除了手动批准步骤，并将变更直接从测试环境提升到生产环境。

定义　**IaC 的持续部署**将基础设施的变更在测试环境进行部署并测试，在测试通过后则自动将变更提升至生产环境。

自动化部署可防止变更的阻塞，毕竟推送基础设施变更通常需要数小时，并有着未知的依赖关系影响。如果你拥有全面的测试策略并熟悉故障修复，那么就可以为基础设施实行持续部署。

使用第 11 章中的技术来进行故障修复可以帮助我们践行持续部署。然而，大多数组织无法完全支持他们基础设施的持续部署，因为他们对变更的测试或恢复没有信心。但是，在这些模式中投入时间和实践是值得的，因为有助于我们尽可能地实现持续部署的模式。

7.1.4　交付方式的选择

持续交付和部署创建了一个工作流，用于测试 IaC 并将其交付到生产环境。然而，我们不能期望组织能够轻松地将所有变更直接自动化到生产中。建议将持续交付和部署结合起来应用到基础设施的变更管理。首先，在选择交付方法之前，必须对实施的变更类型进行分类。

基础设施变更类型

变更类型会影响将其交付给生产的方式。我们需要与组织的变更审查委员会合作，对变更的类型进行分类，并对每种变更的测试和评审进行自动化。否则，你可能会发现不符合评审的要求。

假设我们每周对服务器进行例行变更，例如使用 IaC 为服务器更新一个新的标签。这个自动化过程不会改变，也很少会失败。哪怕当它真的失败时，我们也完全知道该如何修复它。那么服务器的例行变更则成为持续部署一个好的候选。

在图 7.7 中，我们不必手动批准即可将服务器变更直接部署到生产环境中。

流水线将测试环境之后的手动批准步骤替换为检查提交消息前缀的测试步骤。如果服务器变更具有符合标准的提交消息，那么流水线将绕过手动审批。

　　对基础设施进行标准变更是我们的日常工作。标准变更的例子包括升级编排系统中的容器镜像、部署一个新队列或向监控系统中添加新警报。如果变更失败，你可以引用一个 runbook 来回滚变更而不造成任何影响。

定义　基础设施的标准变更是一种普遍实施的变更，它具有定义良好的行为和回滚计划。

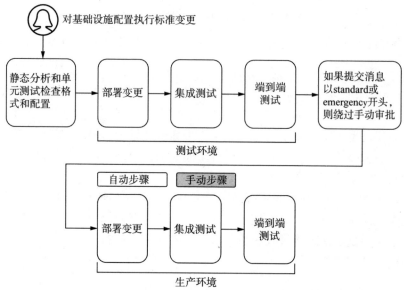

图 7.7　可以在交付流水线自动将标准或紧急变更推向生产之前进行初步的同行评审

　　为什么要考虑对标准变更实行持续部署呢？因为标准变更通常包含一个自动化的、定义明确的修复。我们不会希望团队成员总是停下来评审和批准重复的变更，这些标准变更会分散他们对更重要变更的注意力。

　　其他类型的变更同样能从持续部署中获益。假设你发现服务器上的应用程序停止运行，需要快速启动应用程序并再次运行。与其进行标准变更，不如在 IaC 中实现修复，并用 emergency 来更新提交消息。推送变更后，构建系统将绕过手动审批阶段，因为提交信息会将变更标识为紧急。

　　除了持续地交付标准变更外，我们还可以在突发场景下，通过持续交付紧急变更来修复生产。在可能的情况下，应使用提交信息来识别紧急变更，进而通过 IaC 来推送修复。

定义　基础设施的紧急变更是指必须在生产中快速实施以修复系统功能的变更。

　　紧急变更不需要手动审批直接进入生产，因为系统通常需要快速修复，引入手动批准可能会阻碍问题的解决。因此，为紧急变更添加绕过手动审批步骤的旁路可帮助你快速解决问题并记录解决历史。

　　想要持续地部署标准和紧急变更，在添加绕过手动审批步骤的旁路之前，我们必须在流水线中进行自动化测试。此外，还需要标准化旁路的提交消息结构。旁路允许工程师们不经过变更待办清单直接部署修复程序，同时也允许合规和安全团队审核变更的序列。

难道我们不能手动执行紧急变更吗？

　　强烈建议使用 IaC 和交付流水线执行紧急变更。一方面是因为所有的提交记录了解决步骤的历史，另一方面是在执行会让系统变得更糟的自动化之前，流水线会测试你的变更。

　　但当试图快速推出修复程序时，我们可能会发现部署流水线运行时间太长。当明确意识到可能无法从流水线处理的自动化测试和检查中获益时，可以考虑执行手动变更。

　　在执行手动变更后，我们需要调整基础设施实际状态与 IaC 中的预期状态。调整的实践包括手动更新 IaC 的配置以匹配基础设施资源的状态(详见第 2 章)。

　　其他变更则不适用于持续部署。例如我们被分配了一个新的项目，并且需要在所有网络上启用 IPv6。这种类型网络变更的执行会影响网络中的每个应用程序和系统。

　　对于这种全新和重大的变更，我们显然不希望跳过手动审批，而且还需要资深的网络工程师审查我们的 IaC。如图 7.8 所示，配置更新 IPv6 网络的 IaC 时，需要在推送至生产之前等待手动批准。手动批准步骤将通知其他应用程序和工程团队，如果我们的变更失败，它们可能具有较大的爆炸半径。

　　全新或重大的变更可能会影响系统的体系架构、安全性或可用性。这些变更应要求提交问题单或工单，并提供一些解释说明和讨论，还需要引入团队或公司团队成员的手动变更评审。

定义　**全新或重大的基础设施变更**可能会影响系统的体系架构、安全性或可用性，这些变更没有明确定义的实施或回滚计划。

　　重大变更可能会产生严重影响或存在高失败率的风险。类似地，全新或未知的变更可能会导致不可预测的结果和复杂的回滚步骤。寻求手动审批意味着一旦变更失败，我们可能需要一些帮助。其他的一些全新或重大变更示例通常还包括对网络 CIDR 块的更新(如果它们影响别的分配)、DNS、证书更改、工作负载编排器的升级或平台重构(例如向应用程序添加机密管理器)。

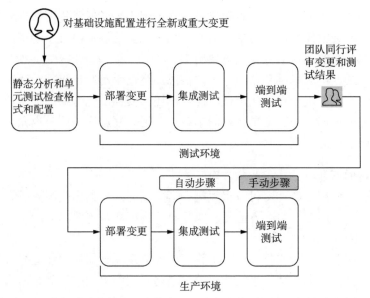

图 7.8 全新或重大的变更应在应用于生产之前须经过同行的手动审批

基于变更类型的交付方法

在对所做的变更及其类型进行分类后，可以决定交付方法。在大多数情况下，标准和紧急变更使用持续部署，而全新和重大变更则使用持续交付。

表 7.1 概述了一些类型的变更、其交付方法及示例。然而，这些通用做法也有例外。某些标准变更可能需要持续交付，因为它们会影响其他资源。相比之下，与绿地(新)环境相关的变更则可以实施持续部署方法，因为它不会影响其他系统。

表 7.1 变更类型和交付方式

变更类型	交付方式	投产前手动审批	示例
标准	持续部署	否	将服务器添加到扩展组
紧急	持续部署或手动变更	否	将操作系统镜像回滚到上一个版本
重大	持续交付	是	为所有服务和基础设施启用 SSL
全新	持续交付	是	部署一个新类型的基础设施组件

持续集成、交付和部署也适用于软件开发生命周期。然而，将这些概念应用到基础设施的生命周期中，会给组织的变更和审查流程带来一些约束。所以定期对你的变更进行分类，并评估变更和评审过程，可以帮助平衡生产效率和治理成本，这也是我在模块共享实践中提到的。

配置管理

配置管理工具应遵循类似的方法来评估变更类型并应用持续交付或部署实践。

确保快速评审和批准变更，并尽快将其投入生产始终是通用原则。毕竟批次越大的变更具有越大的影响范围。如果将所有变更作为一个批次推送，而且影响到业务关键的应用程序，我们就不得不对该批次中的每个变更进行故障排除。在识别影响系统的具体是哪个变更时，故障排除的复杂性会大大增加。

> **练习题 7.1**
> 在你的组织中为基础设施变更定义标准流程。为了有信心将变更持续地交付到生产中，你需要做些什么？持续部署是否能够开展？在你的交付流水线中为这种方式勾勒出所有阶段的要点或草图。
> 答案见附录 B。

7.1.5　模块

模块的交付流水线是什么样的呢？在第 5 章中我们了解了基础设施模块的共享、发布和版本管理，并在第 6 章中测试了它们的功能。我提出了将模块的测试和发布过程自动化的想法，但对于它们的交付流水线还没有详细介绍。

基础设施模块的交付流水线与我介绍的生产配置示例略有不同。图 7.9 所示为更改后的交付流水线，它在测试后发布模块，而不是交付到生产。并且也保留了一个手动审批步骤，以让团队评审该模块。

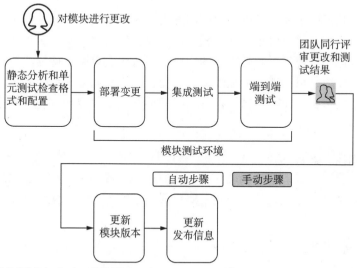

图 7.9　模块测试完成后，等待团队评审更改和测试结果，之后更新和发布模块的新版本

你可以使用与基础配置相同的变更类型对模块变更进行分类，即标准变更、紧急变更、重大变更和全新变更。表 7.2 简述了变更类型、交付方法和相关示例。在大多数情况下，模块变更与推荐的配置变更方法相匹配。

表 7.2   模块变更类型和交付方法

变更类型	交付方式	投产前手动审批	示例
标准	持续部署	否	覆盖已存在的默认参数
紧急	持续部署或分支	否	将操作系统镜像回滚到上一个版本
重大	持续交付	是	使用数据来更新数据库或基础设施
全新	持续交付	是	部署一个新的服务器模块

一些模块变更，如数据库配置或其他涉及数据的专有基础设施的模块变更，适合采用领域专家的评审或结对编程。然而，模块的紧急变更可能有不同的交付方法。

模块的紧急变更意味着可以通过隔离模块的不同版本来进行快速修复。可采用以下两种方式实现隔离：直接实施修复，并持续地部署和发布模块的新版本以进行更改；创建模块存储库的分支，并更新基础设施配置以引用相应分支。

定义 版本控制中的**分支**是指向代码快照的指针，它允许你基于该快照单独实施更改。

在分支验证通过后，可以使用标准变更来更新模块的主干。模块的分支有助于快速实施模块的紧急变更，并在稍后调整模块的更改。

如果其他团队使用了固定版本的模块，那么我们更愿意持续部署一个带有补丁的新版本模块。虽然分支可以隔离紧急变更，但我们必须记住要将它们合并回模块的主干版本中。在下一节中，你将了解分支模型以及如何将它们应用于 IaC 的更改。

镜像构建和配置管理
镜像构建和配置管理模块的交付流水线遵循与置备工具模块类似的方法。在将镜像部署到生产环境之前，一定要对镜像的更改进行版本化和测试验证。

7.2   分支模型

除了实施持续交付或部署之外，还需要将更改合并到主干配置的方式标准化。版本控制中的主干是配置的可信来源，配置的更新需要团队内部额外的协调和合作。

假设在你的团队成员刷新防火墙许可证的同时，你想减少对防火墙的访问。尽管团队中有一条 CD 流水线可测试和手动批准对防火墙的生产变更，但是你和团队成员的变更却带来了两个问题。

　　第一，你们两个如何单独地处理和测试各自变更？第二，你们如何控制应该优先执行哪些变更？图7.10描述了你和团队成员在谁应该优先部署其变更这个问题上的困境。我们理应避免同时推送两个变更，毕竟一旦防火墙更新导致网络访问失败，我们将难以知晓是哪个变更导致了该问题。

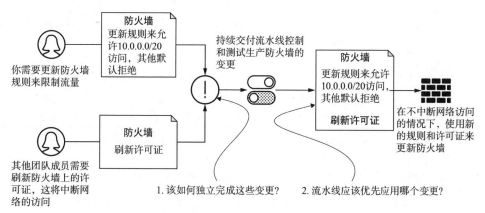

图 7.10　即便有一条 CD 流水线来向防火墙交付变更，我们也需要额外的开发协调来
　　　　　确定必须优先应用哪些变更

　　分支模型将协调团队使用版本控制来实现并行工作，同时最小化中断和故障排除的复杂度。有两种类型的分支模型可供选择：基于特性的开发模型和基于主干的开发模型。

定义　**分支模型**定义了团队如何使用版本控制来开展并行工作，并解决工作中的
　　　　冲突。

　　每个分支模型的实现都有其复杂度，尤其是在 IaC 场景中。下面介绍如何应用这两种开发模型来协调你和团队成员之间的防火墙规则和许可证变更。另外，我们也会讨论每种方法的一些限制，以及团队该如何进行选择。

7.2.1　基于特性的开发

　　如果你和团队成员可以在更改合并之前单独处理各变更会不会更好？假设你的团队成员为其许可证的变更创建了分支，而你为防火墙的更改创建了一个分支，那么就可以隔离各变更。在变更完成后，再将它们合并到主干，并解决彼此之间的冲突。

　　图 7.11 演示了你和团队成员如何在不同的分支上编排变更。你将防火墙规则变更的分支命名为 TICKET-002，你的团队成员将许可证变更的分支命名为 TICKET-005。防火墙规则变更优先获得批准，因此你将其合并到主干并部署到生

产环境中。你的团队成员则继续进行许可证更新，检索你的防火墙规则的更新，并将其并入他们分支中，以便在将他们的变更合并到主干之前进行进一步的测试。

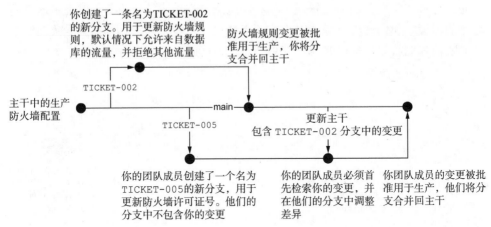

图 7.11　当使用特性开发时，我们可以将通过分支隔离变更，并调节与主干配置的冲突

特性开发允许你将变更隔离到一个分支中，从而独立于其他的团队成员实施你的变更。

定义　**基于特性分支的开发模型**(Feature-based development)，也称为特性分支或 GitFlow，它是一种将不同的变更分离到不同分支的分支模式。在测试通过后，再将特定分支上的变更合并到主干配置。

特性开发流程有助于你专注于自己变更的可组合性，而不用依赖其他变更。然而，你需要不断地从主干获取变更，并将它们与你的特性分支进行协调。当每个团队成员都能频繁地更新和测试他们的分支时，特性开发效果最好。

让我们动手实践一下特性开发。假设你通过从版本控制系统复制配置的本地副本，开始为防火墙启用特性开发的工作流：

```
$ git clone git@github.com:myorganization/firewall.git
```

创建一个分支，它为你的更新创建了一个指针。建议采用与变更相关联工单编号(如 ticket-002)来命名分支，也可以使用描述性的名称(以破折号分隔)：

```
$ git checkout -b TICKET-002
```

你可以对分支上的防火墙规则进行更改，然后使用命令将变更提交给本地分支：

```
$ git commit -m "TICKET-002 Only allow traffic from database"
[TICKET-002 cdc9056] TICKET-002 Only allow traffic from database
1 file changed, 0 insertions(+), 0 deletions(-)
create mode 100644 firewall.py
```

　　你在本地进行了变更，但希望其他人评审你的变更，那么就将变更推送到远程分支：

```
$ git push --set-upstream origin TICKET-002
Enumerating objects: 7, done.
Counting objects: 100% (7/7), done.
Delta compression using up to 8 threads Compressing objects: 100% (3/3), done.
Writing objects: 100% (5/5), 1.06 KiB | 1.06 MiB/s, done.
Total 5 (delta 1), reused 0 (delta 0), pack-reused 0
remote: Resolving deltas: 100% (1/1), completed with 1 local object.
To github.com:myorganization/firewall.git
* [new branch]          TICKET-002 -> TICKET-002
Branch 'TICKET-002' set up to track remote branch
➥'TICKET-002' from 'origin'.
```

　　同时，你的团队成员正在处理 TICKET-005，这个分支用于更新许可证。他们创建了一个名为 TICKET-005 的新分支，其中不包括防火墙规则更新。注意，你的分支不包括他们更新的许可证内容，他们的分支也不包括你更新的防火墙规则。让我们查看两个分支之间的差异：

```
$ git diff TICKET-002..TICKET-005
diff --git a/firewall.py b/firewall.py
index 74daecd..aaf6cf4 100644
--firewall.py
+++ firewall.py @@ -1,3 +1,3 @@
-print("License number is 1234")
+print("License number is 5678")

-print("Firewall rules should allow from database and deny by default.")
\ No newline at end of file
+print("Firewall rules allow all.")
\ No newline at end of file
```

　　你创建了一个拉取请求，通知团队你已完成变更。

定义　拉取请求用于通知存储库的维护人员有一些可被合并到主干配置中的外部变更。

　　你可以添加变更委员会的成员来审查你的拉取请求。他们进行变更审批，批准后你将变更合并回主干。

　　在团队成员尚未获得更新许可证的批准前，为确保不影响生产配置，他们需要从主干检索所有的变更，包括 TICKET-002 中的变更：

```
$ git checkout main
Switched to branch 'main'
Your branch is behind 'origin/main' by 1 commit, and can be fast-forwarded.
  (use "git pull" to update your local branch)
```

```
$ git pull --rebase
Updating 22280e7..084855a
  Fast-forward
  firewall.py | 2 +-
  1 file changed, 1 insertion(+), 1 deletion(-)
```

然后，他们返回名为 TICKET-005 的分支，并将来自主干的变更合并到 TICKET-005 分支中：

```
$ git checkout TICKET-005
       Switched to branch 'TICKET-005'
Your branch is up to date with 'origin/TICKET-005'.

$ git merge main
Auto-merging firewall.py
Merge made by the 'recursive' strategy.
  firewall.py | 2 +-
  1 file changed, 1 insertion(+), 1 deletion(-)
```

当你的团队成员查看防火墙配置时，他们会从 TICKET-002 中找到你的变更。此时他们使用主干上的变更来更新他们的分支：

```
$ git push --set-upstream origin TICKET-005
Enumerating objects: 7, done.
Counting objects: 100% (7/7), done.
Delta compression using up to 8 threads Compressing objects: 100% (3/3), done.
Writing objects: 100% (5/5), 1.06 KiB | 1.06 MiB/s, done.
Total 5 (delta 1), reused 0 (delta 0), pack-reused 0
remote: Resolving deltas: 100% (1/1), completed with 1 local object.
To github.com:myorganization/firewall.git
  * [new branch]      TICKET-005 -> TICKET-005
Branch 'TICKET-005' set up to track remote branch 'TICKET-005' from 'origin'.
```

一旦团队成员的变更获得批准，他们就可以将新的防火墙许可证合并到主干。

特性开发需要每个团队成员执行许多步骤。我们可以通过自动化测试和合并过程来简化工作流，也可使用交付流水线来管理这些跨分支的变更。

图 7.12 为你和你的团队成员组织了特性开发工作流中的交付流水线。你和你的团队成员每个人都有一条分支流水线，它们有各自的测试环境。例如，你有一个名为 TICKET-002 的分支和一个隔离变更的全新防火墙环境。你可以在 TICKET-002 的防火墙环境中运行单元测试、部署变更并运行集成和端到端测试。

一旦分支测试通过，你就可以将变更合并到主干。当你在处理变更时，你的团队成员创建了名为 TICKET-005 的分支和防火墙环境，他们会了解到你最近对防火墙配置进行了更新。

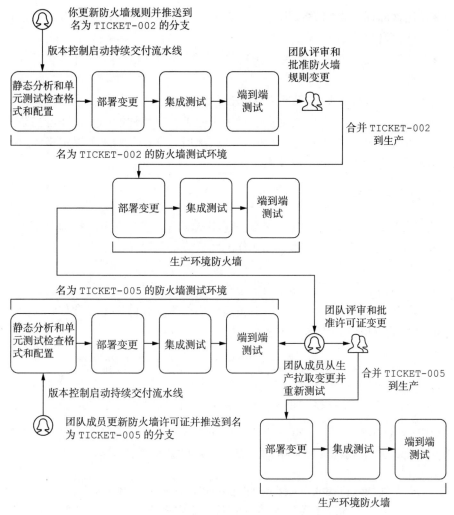

图 7.12   使用特性开发来隔离分支上的变更测试

在图 7.12 中，你的团队成员从主干检索变更，并确保这些变更仍然适用于他们的分支和环境。一旦你的团队成员在他们的分支上运行了相同的单元、集成和端到端测试，他们就会将 TICKET-005 变更合并到主干以进行生产部署。

为什么要为每个分支都创建测试环境呢？因为这样每个分支都有一个测试环境，从而能隔离变更，并相对于主干来测试它们。分支的测试环境作为临时环境，可以最大限度地减少对持久测试环境的需求，并降低基础设施的总体成本。当然，创建测试环境可能会花一些时间。

特性分支开发模式的好处包括：

- 能够隔离对分支的变更。
- 能够测试分支内的变更。

- 包含同行评审的隐含步骤。只有在有人批准变更时，才能将它们合并到生产环境中。
- 通过分支分隔紧急变更。在紧急变更得到验证后，可以再将它们合并到主干。

幸运的是，存储库托管服务(如 GitHub 或 GitLab)为我们提供了一系列能特性开发模式自动化的功能。此类功能包括用于跟踪特定特性的标签，在合并分支之前使用集成测试进行状态检查，以及自动删除旧分支。我们还可以定义评审者列表，从而自动添加他们到拉取请求中。

7.2.2　基于主干的开发

假设你的组织不想为每个分支都创建测试环境，并且许多工程师对基于特性的开发工作流感到不适应。那么你和你的团队成员可以在主干上一起工作，而不必创建分支。

图 7.13 显示了你和团队成员如何在主干上进行协作。首先你会更新防火墙规则并推送变更。然后，其他团队成员更新他们的本地存储库来包含你的变更，并最终将他们的变更一并推送到主干。

图 7.13　当使用主干开发时，我们会维护一个主干并直接更新生产配置

由于大家都推送到一个分支，所以工作流程看上去更为精简。主干开发意味着我们可以将变更直接推送到主干，而不需要在版本控制中隔离变更。

定义　主干开发模式(Trunk-based development)，也称为直推主干模式，是一种将所有变更直接推送到主干的分支模式。它有利于进行小的变更，并使用测试环境来验证变更是否成功。

主干开发不允许独立于其他团队成员进行变更，这是一个限制也是一种优势。主干开发迫使我们按照特定的顺序执行变更。我们可以快速识别引起变更的提交并分析它，该模式提供了一种编排和应用 IaC 变更的特有方式。

让我们将主干开发应用于防火墙规则和防火墙许可证更新的场景中。首先，从代码库复制防火墙配置到本地副本。复制配置时，可以检查当前是否为主干：

```
$ git clone git@github.com:myorganization/firewall.git
$ git branch --show-current
main
```

对主干进行防火墙规则变更。提交你的变更：

```
$ git commit -m "TICKET-002 Only allow traffic from database"
 TICKET-002 cdc9056] TICKET-002 Only allow traffic from database
  1 file changed, 0 insertions(+), 0 deletions(-)
create mode 100644 firewall.py
```

更新本地副本，以确保从主干中检索到新的变更。使用 git pull --rebase 从远程存储库获取变更，将它们合并到本地副本中，并使用远程历史记录进行变基（rebase）：

```
$ git pull --rebase
Already up to date.
```

现在，你可以将变更推送到主干。此次推送应该启动图 7.14 所示的交付流水线，流水线在测试环境中运行单元和集成测试。在所有测试阶段通过后，流水线等待团队的手动批准，其他的团队成员可以评审并批准你的变更。一旦他们批准了你的变更，流水线就会将你的防火墙规则变更部署到生产环境中。

如果防火墙的规则变更失败，它将在进入生产之前停止交付流水线。你会在测试环境阶段注意到失败并回滚变更。在你执行修复时，其他人都可以继续对生产进行变更。

主干开发在很大程度上依赖于交付流水线来进行变更的测试和部署。交付流水线应包括一个持久性的测试环境来评估变更之间的冲突。虽然持久测试环境会产生成本，但能更准确地反映出变更在生产中的行为。

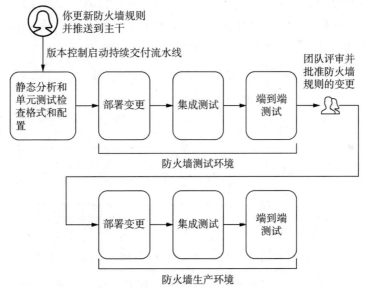

图 7.14 主干开发需要一条流水线将其持续交付至生产

主干开发工作流只包含少量的步骤，大多数基础设施团队发现此工作流有助于变更的实施，因为它按既定顺序排列变更。基于主干的开发创建了一个能反映不同的变更如何相互影响的持续反馈循环。提倡一种执行微小的变更，解析主干配置的更新，并将变更推送到生产环境中的实践。当团队的变更发生冲突时，我们可以在测试环境快速确定是哪些依赖造成的影响。

诚然，主干开发确实需要良好的实践和纪律来分析和协调变更。因为我们不会对变更进行隔离，所以在同一个分支上工作会使协作变得困难。一旦我们解决了最初的协作冲突，就会发现主干开发可以更好地帮助我们了解整个团队中的IaC 变化。

7.2.3　分支模型的选择

我花了一些时间与软件以及基础设施团队讨论基于特性开发或基于主干开发的优点。在这些会议结束后，我总会意识到分支模型的选择取决于团队的接受度、规模和环境设置。下面介绍这两种分支模型的应用限制和考虑因素。

基于特性的开发所面临的挑战

许多应用程序和基础设施的开源项目都成功使用了基于特性的开发。基于特性的开发提供了一个框架，可以相对独立地测试和评估关键变更。它将多个协作者之间的变更分开，并在合并到主干之前强制执行手动审查。源码控制或 CI 框架提供了原生一体的能力以支持基于特性的开发模式。

IaC 同样能从基于特性的开发中受益。团队通常倾向于在分支被投入生产之前将基础设施变更隔离开来，图 7.15 所示的是 TICKET-002 测试环境中防火墙规则的变更与 TICKET-005 环境中团队成员许可证的变更。我们可以在自己的分支之上应用变更，而不会与其他人发生冲突。

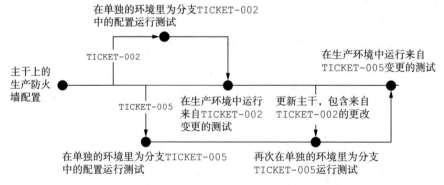

图 7.15　可以为每个功能分支创建一个新的测试环境，用来验证每个独立的更改

然而，基于特性的开发存在着一些挑战。首先，新环境的创建需要花费时间和金钱(参见第 12 章的成本管理)。当多个团队成员使用多个分支处理配置时，我们的流水线可能在启动新环境时遭遇争抢问题。

　　为了加快测试环境的创建，我们可以为流水线框架引入运行器来并行运行测试。或者，我们也可以为所有分支创建一个持久的测试环境。但基于特性的开发可能会在持久测试环境中引起冲突，因为每个分支都在异步地应用变更。

　　除了创建持久的测试环境之外，我们还可以省略除主干之外的每个分支的集成和端到端测试，通过这种方式来优化成本。例如，我们的防火墙变更可能只需要静态分析、单元测试和团队评审，然后再合并到生产环境中，如图 7.16 所示。我们不需要为分支创建一个独特的测试环境，而是在手动评审后将分支合并到生产环境。

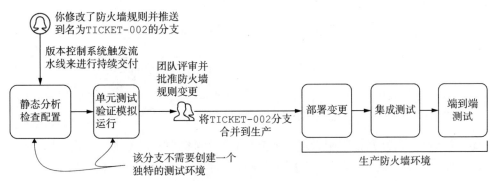

图 7.16　可以省略分支的集成和端到端测试，以降低多个环境和流水线并发的成本

　　基于特性的开发面临的另一个挑战是版本控制是否符合规范和被成员所熟悉。如果尚未使用版本控制，那么需要适应特性分支的工作流。该工作流增加了合并更改的逆向工程和冲突故障排查所带来的挑战。

　　例如，有人在周末创建一个分支来修复防火墙规则。他们忘记合并该补丁程序到主干，而你并不知道他们更改了防火墙。那么在你更新防火墙规则时，会意外地覆盖了他们的配置！随着时间的推移，大量的分支会被积压，我们不得不对应用过的分支逐一进行故障排除。

　　我们也会遇到长生命周期分支带来的挑战。想象一下，其他团队成员已经开展更新许可证的工作一个月了，他们也为此创建了一个名为 TICKET-005 的新分支。他们每隔几天都要去检查主干中的更新，并将这些更新添加到自己的修复程序所对应的分支中。

　　某一天，你需要进行一项依赖其他团队成员许可证更新的变更。你开始在一个名为 TICKET-002 的分支上执行变更，如图 7.17 所示。你完成变更后，意识到其他团队成员在 TICKET-005 上仍有工作没有完成！那么你得再等两个月，等待其他团队成员先完成他们的防火墙许可证更新。并且他们完成之后，你还得花费数小时更新 TICKET-002 分支，以便将最终的变更部署到生产中。

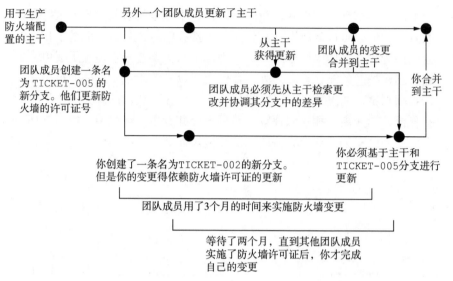

图 7.17　长周期分支会阻止其他变更部署到生产中，并在分支流程中引入复杂性

基于特性的开发不限制长周期分支，我们必须时常更新长期分支以跟上主干的更新。否则，我们将遇到无法轻松解决的冲突。甚至有些时候，唯一的解决方案是删除应该放弃的分支，在全新且已更新的分支上从头开始变更。

主干开发模式的挑战

主干开发可以很好地处理基础设施的变化，并减少环境和状态之间的配置漂移。但你忽略了合并和管理特性分支的复杂性，特别是当我们还在熟悉如何使用 Git 的时候。

主干开发倾向于应对小的变更，而不是大的、重要的变更。我们可以逐步实施变更，而不是一次性测试。在第 10 章中，我将介绍如何使用特性开关来逐步实现一组变更和降低基础设施的风险。

主干开发有一些缺点。在将变更推向生产之前，它需要一个专用的测试环境。图 7.18 概述了主干开发的理想工作流。在运行单元测试后，我们将变更部署到一个长期的测试环境中，用于执行集成和端到端测试。如果变更通过了测试环境中的测试，则可以接受团队成员的评审。一旦他们批准了变更，变更将被部署至生产环境进入集成和端到端测试。

你不仅需要全面的单元测试来为团队建立标准，也需要集成测试来验证功能。持久的测试环境增加了主干开发的总体成本。更小、更模块化的基础架构配置可以减少资源或模块内的冲突，并降低测试的总成本。

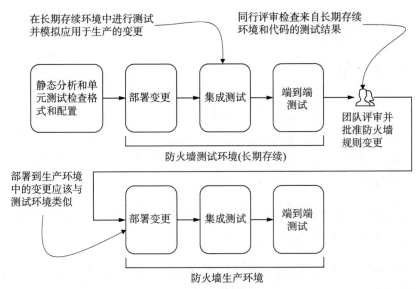

图 7.18　主干开发需要一个专用的测试环境来模拟生产的变更，并协助增强同行评审的信心

你可能会发现，主干开发会与手动变更审批冲突。手动变更审批只有在有人将变更推送到主干后才会发生。我们的评审者需要知道这些变更是否有效，然后才能验证其格式和配置。如果我们将破坏性的配置推送到测试环境中，你会在其他人评审之前快速识别并恢复它。

表 7.3 总结了基于特性开发和基于主干开发的优点和局限。分支模型的选择取决于团队配置的基础设施类型及对版本控制的熟悉程度。

表 7.3　基于特性开发和基于主干开发的比较

开发模式	优势	限制
基于特性开发	使用分支隔离变更 使用分支隔离测试 组织代码的手动评审 跨多团队和协作者的规模	需要勤快并熟练地更新分支 鼓励长期分支 增加资金和时间成本
基于主干开发	为变更行为提供更好的呈现 对于所有变更使用一套版本控制工作流 鼓励对基础设施进行增量变更以减小爆炸半径	需要长期存续的测试环境 不包含手动审查阶段 需要组织和纪律以规范多团队和多协作者

我们必须在团队中设立并约定开发模型。就开发模型达成共识有助于促进变更的再现性和系统的整体可用性。请注意每种方法的局限性，并始终保持我们的变更尽可能小。无论我们的团队采用哪种模型，都应尽可能频繁地将变更应用于

生产，以减少变更带来的潜在影响。

7.3　同行评审

在本章和第 5 章中，我强调了在交付流水线和模块变更中引入评审步骤的重要性。为什么要花时间评审团队成员的 IaC 呢？在评审时我们应该关注些什么？

同行评审允许团队成员之间互相检查基础设施配置，以获得相关的建议、标准和格式设置。

定义　同行评审是允许团队成员之间互相检查基础设施配置以获得相关建议、标准和格式化的一种实践。

作为评审者，关注的是配置是否能够跨团队扩展、保障安全或影响更高层级的基础设施依赖性。这种评审视角有时会阻碍将变更合并到生产中。然而，同行评审过程为团队提供了学习标准实践和新模式的机会。在这个过程中，你和团队可能需要花时间讨论设计或实现的优缺点，以分享经验和知识。

为理解同行评审的优势和不足，让我们假设一个新的库存团队需要访问 GCP 项目。在代码清单 7.1 中，你更新了访问管理规则的代码来从 JSON 对象中读取用户列表。新的代码通过了所有测试，你需要等待几天，让团队成员评审该变更。

代码清单 7.1　向 GCP 项目添加新团队的第一个实现

```python
import json

GCP_PROJECT_USERS = [          ←  定义加入 GCP 项目
    (                              的用户和群组列表
        'operations',
        'group:team-operations@example.com',
        'roles/editor'
    ),
    (
        'inventory',               将库存团队作为只读群
        'group:inventory@example.com',   组加入到项目中
        'roles/viewer'
    )
]
                               为 GCP 项目用户创建一个模块，该
                               模块使用工厂模式为用户赋予角色
class GCPProjectUsers:       ←
    def __init__(self, project, users):
        self._project = project
        self._users = users
        self.resources = self._build()
                                   使用模块为要赋予 GCP 角色的
                                   用户列表创建 JSON 配置
    def _build(self):
```

```
            resources = []
            for user, member, role in self._users:
                resources.append({
                    'google_project_iam_member': [{
                        user: [{
                            'role': role,
                            'member': member,
                            'project': self._project
                        }]
                    }]
                })
            return {
                'resource': resources
            }
    if __name__ == "__main__":
        with open('main.tf.json', 'w') as outfile:
            json.dump(GCPProjectUsers(
                'infrastructure-as-code-book',
                GCP_PROJECT_USERS).resources, outfile,
                sort_keys=True, indent=2)
```

对于列表中的每个群组，创建一个 Google 项目 IAM 成员，用户被赋予指定的角色。该资源将用户赋予 GCP 中的角色

将 Python 字典写入 JSON 文件，后续由 Terraform 执行

当编写要由 Terraform 执行的 JSON 文件时，请使用两个空格的缩进

AWS 和 Azure 等效用法说明

要将代码清单转换为 AWS，需要将 GCP 项目的引用映射到 AWS 账户，GCP 项目用户与 AWS IAM 用户一致。类似地，你可以创建 Azure 订阅，并将用户账户添加到 Azure Active Directory。

在等待了三天之后，你的团队成员给出以下反馈：

- 你必须用四个空格缩进 JSON 基础设施配置。
- 必须将群组重命名为 team-inventory@example.com.
- 必须将库存团队添加到查看者角色(Viewer Role)的用户列表中，而不是定义该组的角色。

团队成员解释，前两条符合团队的标准，最后一条要求符合授权访问控制的安全标准(为列表中定义的用户指定角色，而不是将角色指派给用户)。你已经因为要等待同行评审而将变更推迟了三天！现在你需要修复它并等待额外的几天才能获得批准。

还记得在第 6 章中，我们希望将领域特定知识中未知的已知纳入测试。鉴于其他团队成员给出的反馈，你决定添加一些单元测试来帮助你记住这些团队标准。

代码清单 7.2 中的新代码包括新的单元测试(风格检查规则)，以验证团队的配置和安全标准。其中一个测试检查 JSON 中四个空格的正确缩进，另一个检查所有群组是否符合命名标准，最后一个测试检查你是否使用了正确的资源将用户绑定到角色。

代码清单 7.2 为团队开发标准添加风格检查单元测试

导入 GCP 用户和角色的列表

```python
import pytest
from main import GCP_PROJECT_USERS, GCPProjectUsers
```

```python
GROUP_CONFIGURATION_FILE = 'main.tf.json'
@pytest.fixture
def json():
    with open(GROUP_CONFIGURATION_FILE, 'r') as f:
    return f.readlines()
```

使用 Python 读取 Terraform JSON 配置文件。测试使用该测试预置来验证 JSON 是否有四个空格的缩进

```python
@pytest.fixture
def users():
    return GCP_PROJECT_USERS
```

导入 GCP 用户和角色的列表(包括库存团队)作为测试预置。测试检查每个用户是否有一个 "team-" 的前缀来将其标识为一个群组

```python
@pytest.fixture
def binding():
    return GCPProjectUsers(
        'testing',
        [('test', 'test', 'roles/test')]).resources['resource'][0]
```

使用 Python 读取 Terraform JSON 配置文件。测试使用这个测试预置来验证 JSON 是否有四个空格的缩进

```python
def test_json_configuration_for_indentation(json):
    assert len(json[1]) - len(json[1].lstrip()) == 4, \
        "output JSON with indent of 4"
```

采用工厂模块来使用预置创建示例的 GCP 项目用户

导入 GCP 用户和角色的列表(包括库存团队)作为测试预置。测试检查每个用户是否有一个 "team-" 的前缀来将其标识为一个群组

```python
def test_user_configuration_for_standard_team_name(users):
    for _, member, _ in GCP_PROJECT_USERS:
        assert member.startswith('team-'), \
            "group should always start with `team-`"
```

使用 Python 读取 Terraform JSON 配置文件。测试使用这个测试预置来验证 JSON 是否有四个空格的缩进

```python
def test_authoritative_project_iam_binding(binding):
    assert 'google_project_iam_binding' in binding.keys(), \
        "use `google_project_iam_binding` to add team members to roles"
```

检查工厂模块使用正确的 Terraform 资源(Google 项目 IAM 绑定),而不是 Google 项目 IAM 成员。该方式使用授权绑定来将团队成员添加到一个特定的角色

AWS 和 Azure 等效用法说明

GCP 项目 IAM 绑定类似于 AWS 中名为aws_iam_policy_attachment 的 Terraform 资源(网址见链接[2]),这个绑定或附加授权机制能够撤销任何非 Terraform 资源用户的权限。在撰写本书时, Azure 的访问控制模型采用增量式策略,尚没有明确的方法定义角色权限或角色绑定。

得益于自动化的代码检查和单元测试，我们能在同行评审之前修正错误，并缩短反馈循环，团队成员也不必花时间去挑剔格式和标准。但团队内仍在争论是应该将用户添加到角色还是将角色添加到用户，你决定将此架构决策交给更广泛的团队来讨论解决。

图 7.19 展示了有效的同行评审遵循的是将自动化测试与更广泛架构讨论相结合的工作流。在自动化测试、同行评审和协作之间，我们可以维护安全、弹性和可扩展的 IaC。

有效的IaC同行评审需要自动化和手动流程相结合

编写用于风格检查和格式化配置的自动化测试　　　评审配置以识别依赖的基础设施和对架构的变更*　　　使用结对编程来沟通变更并尽早发现问题

*要清楚手动评审需要多长时间。变更规模越大，评审就越复杂，所需时间也就越长

图 7.19　自动化一些检查并保持对任何手动审查流程的了解将有助于加快同行评审

尽管如此，测试自动化和同行评审也无法解决所有问题，开发过程的后期进行同行评审也会令人沮丧。为了在 IaC 编写过程的早期就解决所有差异并提出架构问题，我们可以与团队成员一起编程。这种技术实践称为结对编程，即两名工程师协作编码来减轻同行评审的摩擦。

定义　结对编程是两名程序员在同一个工作站上协同工作的实践。

一名工程师可能会发现另一名工程师没有意识到的东西，反之亦然。结对编程也面临很多挑战，包括资源限制和性格冲突。大多数公司不会采用它，因为它最初会减缓交付速度，影响团队产能。有些人也不喜欢它，因为他们的结对伙伴可能以不同的节奏工作。结对编程需要自知和纪律。

建议尝试 IaC 的结对编程，毕竟基础设施通常包括特定术语和系统知识。例如，现在的团队成员都必须了解为什么有人使用授权绑定进行项目访问控制。结对编程有助于知识共享，并在开发过程中进行变更评审。随着时间的推移，我们的团队会在快速交付基础设施变更方面变得更加熟练，而不需要手动变更评审。

注意 同行(或代码)评审和结对编程应为团队中的每个人提供一个安全的空间,让他们学习如何使用最佳实践编写代码。关于这些过程的具体细节超出了本书的范围。有关代码评审的更多信息,建议查看 Google 的工程实践(网址见链接[3])。有关结对编程的更多信息,网址见链接[4]。我们可以使用各种技术实践来平衡结对关系,例如每 30 分钟切换一次键盘或是分配"驾驶员"和"领航员"角色。

基础设施的变更可能会影响关键业务系统的可用性。批量处理许多变更可能会使故障更加严重,因为很难进行故障排除并找到问题根源。如果可以通过结对编程和自动化测试来缩短同行评审的过程,那么就可以更加专注于评审架构和基础设施变更的影响。

7.4 GitOps

能否将持续部署、声明式配置、漂移检测和版本控制结合在一起?虽然所有这些模式看起来完全不同,但将它们结合在一起能提供一种管理基础设施的特定方法。我们可以为基础设施声明所需的配置,将配置添加到版本控制中并部署到生产环境。

假设你希望将支付服务的版本从 3.0 更新到 3.2。而支付服务在工作负载编排系统(例如 Kubernetes)上运行,编排系统使用 DSL 提供声明式配置接口,我们可以传递 YAML 文件来配置编排系统中的资源。

如图 7.20 所示,通过结合持续部署、声明式配置和版本控制,实现了响应式变更的工作流程。使用版本 3.2 更新声明式配置后,控制器将检测当前配置和版本控制中配置之间的漂移。随后它启动一个交付流水线来部署新版本,并运行测试来检查其功能。

为什么要有一个控制器持续检测和应用更改?因为控制器减少了期望配置和实际状态之间的漂移,这样可确保我们的系统始终保持更新。

你可能会感觉这个工作流程似曾相识。毕竟,它结合了编写 IaC、测试和交付的所有实践。本书对 IaC 的立场非常坚定,与名为 GitOps 的理念较为一致。GitOps 定义了一种方法,允许团队在版本控制中管理基础设施变更,通过 IaC 进行声明式的更改,并持续部署基础设施的更新。

定义 **GitOps** 是一种方法,它使用声明式 IaC 并通过版本控制来管理基础设施变更,并将变更持续部署到生产环境中。

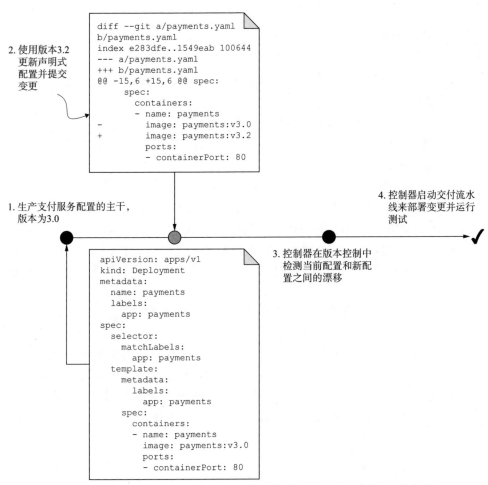

图 7.20　GitOps 实现可以通过基于特性的开发模式开启拉取请求，测试分支上的变更，添加评审员，以及合并变更

　　我们一般都会将 GitOps 与 Kubernetes 生态系统联系起来。GitOps 为在整个组织中扩展 IaC 实践提供了一个特定的范式，我们不需要再通过填写详细工单来实施变更。

　　相反，组织中的任何人都可以建立 IaC 的分支版本并提交变更。持续部署可以减少漂移，保持基础设施更新，并始终运行测试。我们还可以通过拉取请求和提交历史来跟踪哪些人请求并执行了变更。

注意　要了解有关 GitOps 和 Kubernetes 的更多信息，请查看 Billy Yuen 等人的 *GitOp and Kubernetes*(Manning，2021)。GitOps 相关的通用实践详见链接[5]。

7.5　本章小结

- 向生产交付基础设施变更通常涉及变更评审过程，该过程手动验证变更的架构和影响。
- 持续集成涉及将基础设施配置的变更频繁地合并到主干。
- 持续交付将变更部署到测试环境以进行自动化测试，并在将变更推送到生产之前等待手动审批。
- 持续部署直接将变更部署到生产中，而不需要手动审批阶段。
- 我们可以使用持续集成、持续交付或持续部署来推送带有自动化测试的 IaC 变更，具体选择哪种方式取决于变更的类型和频率。
- 我们的团队可以通过基于特性的开发或基于主干的开发来开展 IaC 协作。
- 基于特性的开发为每个变更创建一个分支，支持独立测试，但需要熟悉版本控制实践。
- 主干开发是将所有变更应用到主干，主干识别变更之间的冲突，但在交付生产之前还需要一个专用的测试环境。
- 可以将格式检查和标准验证自动化，并手动检查架构和依赖的配置。
- 结对编程有助于在开发过程的早期识别变更中的冲突和问题。
- GitOps 结合了版本控制、声明式基础设施配置和持续部署，使得任何人都可以通过代码提交的方式自动化基础设施的变更。

第 8 章

安全与合规

本章主要内容
- 在 IaC 中为凭证和机密提供保护
- 实施策略以加强基础设施的合规性和安全性
- 为安全与合规准备端到端测试

在前面的章节中,我提到了将基础设施作为代码加以保护,并检查其是否符合组织的安全与合规性要求的重要性。通常,直到工作流程的后期才考虑这些需求。而那时,可能已经部署了不安全的配置或违反了有关数据隐私的合规要求!

例如,假定你在一家名为 uDress 的零售公司工作。你的团队有六个月的时间在 GCP 上构建新的前端应用程序,公司需要它在假期前可用。你的团队非常努力,开发了足够的功能以供上线。然而,在部署和测试新应用程序的一个月前,合规与安全团队进行了审核,遗憾的是你的团队未能通过。

现在,你的待办工作中增加了新的事项,要修复安全与合规问题,遵从公司政策。不幸的是,这些修复会延迟你的交付时间,或者最坏的情况,导致功能被破坏。你可能希望从一开始就知道这些,这样你就可以为安全与合规提前做出计划!

公司的政策会确保系统符合安全、审计和组织要求。此外,安全或合规团队还会根据国家或地区、所处的行业等定义策略。

定义 策略是组织中的一组规则和标准,以确保符合安全、行业或法规要求。

本章将指导你保护凭证和机密,并编写测试以强制执行安全与合规策略。如果在编写 IaC 之前能考虑到这些实践,就可以构建安全、合规的基础设施,并避免交付时间延迟。引用我曾经共事过的一位主管的名言，"我们应将安全性植入基础设施，而不是以后再将其覆盖在最上层。"

8.1 管理访问与机密

第 2 章已介绍了"植入"安全性的概念。IaC 使用了两套机密。包括可用于自动化基础设施的 API 凭证以及传递给资源的敏感变量(如密码)。你可以将这两个机密都存储在机密管理器中，以便对它们进行保护和轮换。

本节将重点关注如何加强 IaC 交付流水线的安全。IaC 传递了基础设施的预期状态，常包含一些根密码、用户名、私钥等敏感信息。基础设施交付流水线控制要基于这些信息来进行基础设施的部署和发布。

假设你将为新的 uDress 系统构建交付流水线以部署基础设施。流水线使用一组基础设施提供者身份凭据来创建和更新资源。每个流水线也从机密管理器读取数据库密码，并传递该属性来创建数据库。

安全团队指出你的方法存在两个问题：首先，基础设施交付流水线使用完整的管理员身份凭据来配置 GCP；其次，你团队的交付流水线意外地在日志中打印出了数据库根密码！

实际上，你的交付流水线增加了系统的受攻击面(不同攻击点的总和)。

定义 受攻击面描述了未经授权的用户可以危害系统的不同攻击点的总和。

目前，任何人都可以使用管理员凭据或数据库根密码获取信息并危害系统。你需要一个解决方案来更好地保护凭证和数据库密码，该解决方案应该最小化受攻击面。

8.1.1 最小权限原则

IaC 交付流水线存在受攻击点，允许未经授权的用户使用具有较高访问权限的凭据。例如，我们使用第 7 章的内容构建一条不断向生产环境提供基础设施变更的流水线。流水线需要一些权限才能变更 GCP 中的基础设施。

一开始，你的团队向流水线提供完整的管理员凭据，以便流水线可以在 GCP 中创建所有资源。如果有人获取到了这些凭据，他们就可以在 uDress 系统中创建和更新任何内容。某些人有可能利用你团队的流水线来运行机器学习模型或访问其他客户数据！

流水线并不需要访问所有资源。你决定更新凭据，让它只使用最小权限集来更新特定的资源。限制 IaC 仅创建网络、Google App Engine 以及 Cloud SQL 资源。你可以从凭据中删除管理访问权限，并将其替换为对这三个资源的写访问权限。

当流水线运行时，如图 8.1 所示，新凭据只有足够的权限来更新这三组资源。在将更新部署到网络、应用程序和数据库之前，它会从机密管理器中检索数据库密码。将更新部署到测试环境后，可添加一个单元测试来验证凭据不再具有管理访问权限。

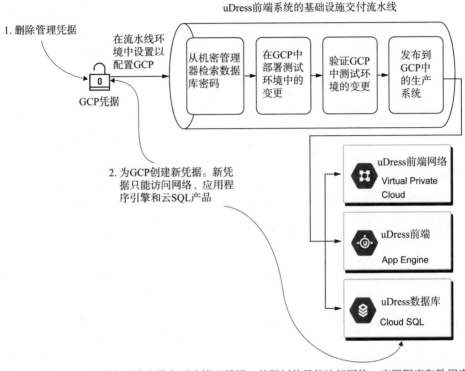

图 8.1　从 uDress 前端交付流水线中删除管理凭据，并限制其只能访问网络、应用程序和数据库

我们通过采用最小权限原则解决了流水线凭据的安全问题，这一原则确保用户或服务账户只获得完成任务所需的最小访问权限。

定义　最小权限原则表示用户或服务账户对系统的访问权限为最低标准，他们拥有的权限应该只够用来完成任务。

维护最小权限原则需要花费时间和精力。我们通常是在向 IaC 添加新资源时变更访问权限，一般说来，会将角色附加到交付流水线凭据上。将访问权限按角色分组有助于提高可组合性，便于我们根据需要添加和删除访问权限。

可以应用第 3 章中的模块实践来提供权限集模块。例如，为 uDress 的 Web 应用程序提供工厂模块来定制网络、应用程序和数据库的写权限。任何网络应用程序都可以使用该模块，并且正确地复制所需的最小权限集。

让我们使用访问控制模块为代码清单 8.1 中的 uDress 前端交付流水线实现最

小权限访问控制。我们将流水线限制为网络、应用程序和 Cloud SQL 管理凭据。
这些凭据允许流水线创建、删除和更新网络、应用程序及数据库，而不会更新任
何其他资源类型。

代码清单 8.1   前端程序的最低权限访问管理策略

```python
import json
import iam
```
→ 基于服务账户的角色列表(如网络、App Engine 和 Cloud SQL)创建角色配置

```python
def build_frontend_configuration():
    name = 'frontend'
    roles = [
        'roles/compute.networkAdmin',
        'roles/appengine.appAdmin',
        'roles/cloudsql.admin'
    ]
```
→ 导入应用程序访问控制工厂模块，为前端应用程序创建访问管理角色

```python
    frontend = iam.ApplicationFactoryModule(name, roles)
    resources = {
        'resource': frontend._build()
    }
    return resources
```
→ 调用该方法为流水线的访问权限创建 JSON 配置

```python
if __name__ == "__main__":
    resources = build_frontend_configuration()

    with open('main.tf.json', 'w') as outfile:
        json.dump(resources, outfile, sort_keys=True, indent=4)
```

将 Python 字典写入 JSON 文件，稍后由 Terraform 执行

AWS 和 Azure 等效用法说明

Google App Engine 类似于 AWS Elastic Beanstalk 或 Azure App Service，后者
将 Web 应用程序和服务部署到供应商管理的基础设施。

Google Cloud SQL 类似于 Amazon 的关系数据库服务(RDS)，它部署不同的
托管数据库。Azure 为特定的数据库提供了不同的服务，例如 Azure Database for
PostgreSQL 或 Azure SQL Database 产品。

由于坚持最低权限原则，因此在删除许可时要小心。有时，流水线需要更具
体的权限来读取或更新依赖项，如果没有足够的权限，你可能会损坏基础设施或
应用程序。

包括GCP在内的一些基础设施提供者可以对服务账户或用户所使用的权限进
行分析，并输出多余的权限。我们还可以运行其他第三方工具来分析访问权限并

识别未使用的权限。我建议在每次添加新的基础设施资源时使用这些工具检查和更新访问控制。

8.1.2 保护配置中的机密

除了使用来自流水线的管理凭据访问基础设施提供程序，还可以通过修改流水线来打印有关基础设施的敏感信息。例如，如果前端交付流水线在日志中输出数据库根密码，那么任何可以访问流水线日志的人都可以使用根密码登录数据库！

为了解决这个安全问题，可以使用 IaC 工具将密码标记为敏感变量，此类工具将对日志中的密码进行加密。还可以在流水线工具中安装一个插件，以识别和删除任何敏感信息(如密码)。如图 8.2 所示，我们将这两种配置添加到流水线中，以避免在流水线日志中泄露数据库密码。作为安全预防措施，我们可以在机密管理器中轮换数据库密码，并直接变更数据库中的密码，而不是使用 IaC。

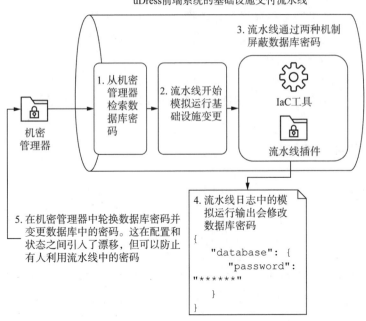

图 8.2　可以通过使用工具屏蔽数值并在对 IaC 应用变更后轮换凭据来保护根数据库密码

可以使用工具压缩或删除明文信息，屏蔽交付流水线中的密码。

定义 屏蔽敏感信息意味着压缩或删除其明文格式，以防止他人阅读信息。

使用这两种或是任一种机制，可以防止敏感信息出现在流水线日志中。敏感信息包括密码、加密密钥或 IP 地址等基础设施标识符。如果你认为有人可以使用该信息访问系统，请考虑隐藏流水线中的数值。

然而，屏蔽敏感信息并不能保证防止未经授权的访问。我们仍然需要一个工作流来尽快修正暴露的凭据。一种解决方案是在使用凭据配置 IaC 之后，使用机密管理器来存储和轮换凭据。

单独管理机密会给你的 IaC 带来可变性或本地修改。虽然它引入了漂移(实际的根数据库密码和 IaC 密码表示之间存在不同)，但密码管理可以防止有人利用 IaC 流水线和使用凭据。

在构建 IaC 时，要考虑一下交付流水线中的安全要求检查清单，以尽量减少其受攻击面：

(1) 从头开始检查基础设施提供程序凭据的最低权限访问。应提供足够的权限来应用和保护你的 IaC。

(2) 使用函数生成随机字符串或从机密管理器读取机密，从而生成机密。避免将机密作为静态变量传递给配置。

(3) 检查流水线是否在其模拟运行过程或命令输出中屏蔽了敏感的配置数据。

(4) 提供一种机制来快速撤销和轮换泄露的凭证或数据。

我们可以通过机密管理器解决检查清单中的许多要求，机密管理器可以避免在配置中静态定义机密。

虽然有些要求是交付流水线的通用安全实践，但它们也同样适用于确保 IaC 的安全。可以查看第 2 章，了解使用机密管理器保护机密的模式。

8.2　标记基础设施

在确保基础设施安全之后，我们面临着运行和支持基础设施的挑战。操作基础设施需要一套故障排除和审计的模式及实践。当继续向系统添加基础设施时，我们需要一种方法来确定资源的用途和生命周期。

假设 uDress 前端应用程序即将上线。突然，团队从财务团队获得了一个消息。在过去两三个月里，你的基础设施提供商的账单已超过预算。你需要在提供商页面中搜索，以确定哪些资源产生了最大的成本。你如何了解每个资源的所有者和环境？

GCP 提供了标记的能力，它允许你将元数据添加到资源中，用于识别和审核。你可以更新这些标记以包括所有者和环境信息。在图 8.3 中，uDress 包括所有者和环境的标识、标记格式的标准和自动化元数据。你决定用连字符分隔标记名称和值，以便标记可以和 GCP 一起工作。

在 GCP 之外，其他基础设施提供商允许你添加元数据以标识资源。在组织中，你将开发一个标记策略来定义一组用于审计基础设施系统的标准元数据。

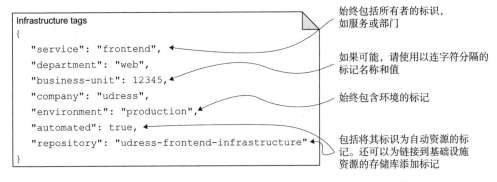

图 8.3 标记应包括所有者、环境和自动化的标识，以便于故障排除

定义 标记策略定义了一组元数据(也称为标记)，用于审核、管理和保护组织中的基础设施资源。

为什么使用标记形式的元数据？因为标记可以帮助你搜索和审核资源及相关操作(事关成本和安全)。还可以使用标记将对基础设施资源批量操作自动化。批量操作自动化包括清理或破坏性地更新(比如为了稳定或修复系统故障而进行的手动变更)资源子集。

让我们在代码清单 8.2 中实现 uDress 的标准标记。从第 3 章开始，我们开始应用原型模式来定义 uDress 的标准标记列表。可以参考 uDress 标记模块为 GCP 服务器创建标记列表。

代码清单 8.2　使用标记模块为服务器设置标准标记

```
class TagsPrototypeModule():               ←──  标记模块使用原型模式来定义
    def __init__(                               一组标准标记
            self, service, department,
            business_unit, company, team_email,
        environment):
            self.resource = {
            'service': service,
            'department': department,                   设置标记以标识资源的
            'business-unit': business_unit,            所有者、部门、计费的业
            'company': company,                         务单元和存储库
            'email': team_email,
            'environment': environment,
            'automated': True,
            'repository': f"${company}-${service}-infrastructure"
        }

class ServerFactory:
    def __init__(self, name, network, zone='us-central1-a', tags={}):
        self.name = name
        self.network = network
```

```
        self.zone = zone
        self.tags = TagsPrototypeModule(          传递所需参数以设置前端应用
            'frontend', 'web', 12345, 'udress',    程序的标记
            'frontend@udress.net', 'production')
        self.resource = self._build()

    def _build(self):  ◄────────────        使用模块为服务器创建 JSON
        return {                             配置
            'resource': [
                {
                    'google_compute_instance': [  ◄────    使用 Terraform 资源创建
                        {                                   Google 计算实例(服务器)
                            self.name: [
                                {
                                    'allow_stopping_for_update': True,
                                    'boot_disk': [
                                        {
                                            'initialize_params': [
                                                {
                                                    'image': 'ubuntu-1804-lts'
                                                }
                                            ]
                                        }
                                    ],
                                    'machine_type': 'f1-micro',
                                    'name': self.name,
                                    'network_interface': [
                                        {
                                            'network': self.network
                                        }
                                    ],
                                    'zone': self.zone,
                                    'labels': self.tags  ◄────
                                }                                   将标记模块中的标记作为标签
                            ]                                       添加到 Google 计算实例
                        }
                    ]
                }
            ]
        }
```

AWS 和 Azure 等效用法说明

要更换代码清单 8.2 中的云提供商,请将资源变更为 Amazon EC2 实例或 Azure Linux 虚拟机。然后,将 self.tags 传递给 AWS 或 Azure 资源的 tags 属性。

如何知道要添加哪些标记?回想第 2 章,我们必须标准化基础设施资源的命名和标记。与合规、安全和财务团队讨论这些注意事项,将有助于确定我们需要哪些标记以及如何使用它们。至少,我总是将标记应用于以下内容:

- 服务或团队
- 团队电子邮件或沟通渠道
- 环境(开发或生产)

　　例如，假设 uDress 安全团队审核前端资源并发现一些配置错误的基础设施。团队成员可以检查标记，确定存在问题的服务和环境，并联系创建资源的团队。

　　还可以为以下内容添加标记：

- 自动化，帮助你从自动匹配的资源中识别手动创建的资源。
- 存储库，允许你在版本控制中将资源与其原始配置关联起来。
- 业务部门，用于标识会计中的计费或回退标识符。
- 合规，用于确定资源是否具有针对个人信息进行处理的合规或策略要求。

　　当进行标记时，请确保它符合一组通用约束，以便在任何基础设施提供程序之间都应用相同的标记。大多数基础设施提供程序对标记有字符限制。我通常喜欢破折号式命名，使用小写标记名和用连字符分隔的值。虽然你可以采用驼峰式命名风格，但并非所有提供程序都有区分大小写的标记。

　　标记字符限制也因基础设施提供程序而异。大多数提供程序的标记键支持最多 128 个字符，标记值最多 256 个字符。我们必须在冗长的描述性名称(如第 2 章所述)和提供程序的标记限制之间找到平衡！

　　标记策略的另一部分涉及是否删除未标记资源。可以考虑对生产环境中的所有资源强制标记。测试环境可以支持手动测试的无标记资源。总之，我不建议在没有仔细检查的情况下立即删除未标记的资源，因为无法避免意外删除重要资源。

8.3　策略即代码

　　保护基础设施交付流水线中的访问和机密，以及管理基础设施提供程序中的标记，可以提高安全性和合规性。但是，你可能希望在基础设施配置投入生产之前识别出可能不安全或不合规的基础设施配置。你想在其他人发现生产系统中的问题之前找出它。

　　想象一下，你将 uDress 前端应用程序连接到另一个数据库，并打开防火墙规则以允许所有流量进入测试用的托管数据库。测试完毕，你希望删除数据库，因此并未标记它。

　　你忘记了防火墙和标记配置，并将其送交评审。遗憾的是，你的队友在代码评审中错过了它们，并将变更推向生产。两周后，你发现一个未知实体访问了一些数据！然而，你没有任何标记来识别受损的数据库。

　　能做些什么呢？回想第 6 章中针对基础设施配置进行单元测试或静态分析的重要性。你可以应用相同的技术来编写专门针对安全和策略的测试。

　　可以将策略表示为代码，以静态分析防火墙规则或缺少标记的配置，而不是依靠队友来解决问题。策略即代码将测试基础设施元数据，并验证其是否符合安全性或合规性要求。

定义　策略即代码(也称为左移安全测试或 IaC 静态分析)会对基础设施元数据进
　　　行测试，并在将变更推向生产之前验证值是否符合安全性或合规性要求。
　　　策略即代码包括你为动态分析工具或漏洞扫描编写的规则。

　　我在第 1 章和第 6 章中讨论过自动化和测试 IaC 的长期收益。类似地，你需
要有一个初始的短期时间投入，以编写策略即代码。策略检查不断地验证你要对生
产进行的每一个变更是否合规。在合规和安全团队审核你的系统后，你可以将意外
情况降至最低。随着时间的推移，你减少了长期的时间投资，缩短了生产时间。

8.3.1　策略引擎和标准

　　工具可以通过评估基于一组规则的元数据来帮助运行策略即代码。这个领域
的大多数测试工具都使用策略引擎。策略引擎将策略作为输入，并评估基础设施
资源的合规性。

定义　**策略引擎**将策略作为输入，并评估资源元数据是否符合策略。

　　许多策略引擎会解析并检查基础设施配置或状态中的字段。如图 8.4 所示，
策略引擎从 IaC 或系统状态中提取 JSON 或其他元数据，然后将元数据传递给安
全或策略测试。引擎运行测试来解析字段，检查字段的值，如果实际值与预期值
不匹配，则返回失败。

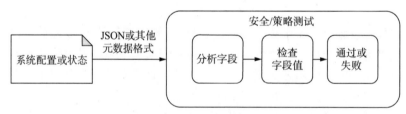

图 8.4　安全性和策略的测试将分析系统的配置或状态以获得正确的
字段值，如果它们与预期值不匹配，则失败

　　此工作流适用于策略即代码和我们自己编写的任何测试。策略即代码工具使
得针对字段值的测试更加简单，因为这些工具抽象了解析字段和检查值的复杂性。
然而，工具并不能涵盖我们想要测试的所有取值或用例。

　　因此，我们通常会编写自己的策略引擎来满足自己的需求。在本章的示例中，
我使用 pytest(一个 Python 测试框架)作为一个原始的"策略引擎"来检查配置的
安全和合规情况。

策略引擎

策略即代码生态系统针对不同用途有不同的工具。大多数工具属于以下三种

用例中的一种，这三种用例分别针对不同的功能和不同的行为：

1. 针对特定平台的安全测试
2. 基于行业或监管标准的政策测试
3. 自定义策略

表 8.1 列出了供应商和开源工具策略引擎的不完整列表，简要描述了每个工具的技术集成和用例类别。

表 8.1 置备工具的策略引擎示例

工具	用例	技术集成
AWS CloudFormation Guard	特定平台的安全测试自定义策略	AWS CloudFormation
HashiCorp Sentinel	特定平台的安全测试自定义策略	HashiCorp Terraform
Pulumi CrossGuard	特定平台的安全测试自定义策略	Pulumi SDK
Open Policy Agent(Fugue、Conftest、Kubernetes Gatekeeper 等的基础技术)	特定平台的安全测试(取决于工具)行业或监管标准的政策测试(取决于工具)自定义策略	各种(完整清单见链接[1])
Chef InSpec	特定平台的安全测试自定义策略	各种(完整清单见链接[2])
Kyverno	特定平台的安全测试自定义策略	Kubernetes

我们通常需要混合和匹配工具来覆盖所有的用例，没有一个工具能够涵盖所有用例。有些工具提供了定制功能，你可以使用它们来构建自己的策略。一般来说，可以考虑使用自定义策略扩展现有工具，以与安全、合规和工程团队建立固定的模式和默认值。实际上，我们可能会采用五六个策略引擎来覆盖所需的工具、平台和策略。

注意，我并没有包含任何特定于数据中心设备的安全或策略工具，这通常取决于组织的采购要求。还可以找到一些表 8.1 示例以外的社区项目。我经常发现这些工具及其集成会被更新的工具取代，因为生态系统变化很快。

镜像构建和配置管理

镜像构建工具没有太多的安全或策略工具，因为我们倾向于为它们编写测试。配置管理工具与置备工具类似。你需要找到验证安全性和策略配置的社区或内置工具。

行业或监管标准

查看表 8.1 时，你会发现很少有工具包含基于行业或监管标准的策略测试。这些策略中的大多数都以文档形式存在，你通常必须自己编写策略测试。有时，你可以找到由社区创建的策略测试套件，但需要用自己的策略来增强它们。

例如，美国国家标准与技术研究所(NIST)发布了一份安全基准清单，作为国家检查表计划的一部分(网址见链接[3])。本书的一位审稿人还推荐美国国防部的安全技术实施指南(STIG)，其中包括技术测试和配置标准。

注意 我的确在本节中没有列出太多的工具或标准。因为我所列的标准适用于美国，不一定适用于全世界。当阅读本文时，政策引擎可能已经改变了功能、集成或开源状态，行业或监管标准可能已经更新了草案。如果你有所推荐，可通过链接[4]告知我。

8.3.2　安全测试

应该测试什么来保护基础设施？一些策略即代码工具提供了固有的默认值，可以匹配安全系统的最佳实践。然而，你可能需要为公司特定的平台和基础设施编写自己的代码。让我们从修复数据库安全漏洞开始，幸运的是，测试数据本身一点都不重要。但是，你不会希望队友未来复制测试数据配置并将其部署到生产环境中。为防止将测试环境的 IaC 部署到生产环境，你需要编写一个测试来保护数据库网络配置。

数据库需要一个限制性很强的最低权限(最低访问权限)防火墙规则。图 8.5 显示了如何让测试检索 IaC 的防火墙配置。配置进入测试后，该测试会解析防火墙规则中的源地址范围，如果源地址规则允许 0.0.0.0/0，则测试返回失败。

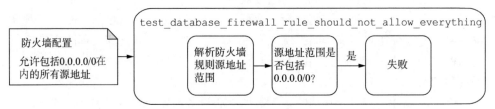

图 8.5　从防火墙规则配置中检索源地址范围值，并确定其是否包含过度许可范围

GCP 用 0.0.0.0/0 表示任何 IP 地址都可以访问数据库。如果有人访问了你的网络，一旦他们有用户名和密码，他们就可以访问你的数据库。你的新测试在检测到 0.0.0.0/0 等过度宽松的规则时会失败，防止其进入生产。

代码清单 8.3 在 Python 中实现了防火墙规则的测试。在测试中，你实现的代码将打开 JSON 配置文件、检索 source_ranges 列表，并检查列表是否包含 0.0.0.0/0。

代码清单 8.3　使用测试解析 0.0.0.0 的防火墙规则

```
import json
import pytest
from main import APP_NAME, CONFIGURATION_FILE
```

```
@pytest.fixture(scope="module")
def resources():
    with open(CONFIGURATION_FILE, 'r') as f:
        config = json.load(f)
    return config['resource']
```

从 JSON 文件加载基础设施配置

解析 JSON 中的资源块

```
@pytest.fixture
def database_firewall_rule(resources):
    return resources[0][
        'google_compute_firewall'][0][APP_NAME][0]
```

从 JSON 配置解析 Terraform 定义的 Google 计算防火墙资源

```
def test_database_firewall_rule_should_not_allow_everything(
        database_firewall_rule):
    assert '0.0.0.0/0' not in \
        database_firewall_rule['source_ranges'], \
        'database firewall rule must not ' + \
            'allow traffic from 0.0.0.0/0, specify source_ranges ' + \
            'with exact IP address ranges'
```

检查规则的源范围中是否未定义 0.0.0.0/0 或允许所有

使用描述性测试名称解释防火墙规则的策略，此规则不应该允许所有的流量

使用描述性错误消息，描述如何更正防火墙规则，例如从源地址范围中删除 0.0.0.0/0

AWS 和 Azure 等效用法说明

GCP 中的防火墙规则相当于 AWS 安全组(网址见链接[5])或 Azure 网络安全组(网址见链接[6])。要更新代码，请在所选的云提供商中创建安全组资源。然后，编辑测试以使用 Azure 的 security_rule.source_port_range 属性或 AWS 的 ingress.cidr_blocks 属性切换 GCP 的 source_ranges。

想象一下，你的新队友想在他们的笔记本电脑上对数据库进行一些测试。他们在 IaC 中将防火墙规则变更为 0.0.0.0/0。流水线运行 Python 代码以生成 JSON：

```
$ python main.py
```

流水线运行单元测试，检查 JSON 文件和配置。它识别出防火墙规则在允许的源范围列表中包含 0.0.0.0/0，便抛出错误：

```
$ pytest test_security.py
====== short test summary info ====== FAILED
  test_security.py::test_database_firewall_rule_should_not_allow_everything -
  ➥AssertionError: database firewall rule must not allow traffic
  ➥from 0.0.0.0/0, specify source_ranges with exact IP address ranges
===== 1 failed in 0.04s ======
```

你的队友阅读了错误描述，意识到防火墙规则不应允许所有流量。他们可以对此进行更正，将他们的笔记本电脑的 IP 地址添加到源地址范围。

正如第 6 章中功能测试的作用一样，安全测试向团队的其他成员传授理想的基础设施安全实践。虽然测试不一定能捕捉所有的安全违规行为，但它们传达了有关安全预期的重要信息。将安全最佳实践，从未知的已知转换为已知的已知，可以避免重复的错误。

这些测试还有助于扩展组织中的安全实践。你的队友会确信自己有能力修正配置。此外，安全团队对安全违规行为的调查和跟进所投入的工作量将会更少。让安全成为每个人责任的一部分，能减少未来补救要投入的时间和工作量。

正向测试与反向测试

在数据库 IP 地址范围的示例中，你检查了 IP 地址范围与 IP 地址 0.0.0.0/0 不匹配。此过程称为反向测试，它断言取值不匹配。我们还可以使用正向测试来断言属性确实与预期值匹配。

一些参考书建议使用同一种类型来表示所有的安全或策略测试。然而，我编写测试时通常结合使用正向和反向测试断言。这种组合更好地表达了安全和策略需求的意图。例如，我们可以使用反向测试来根据任意团队编写的任意基础设施配置检查任意的 IP 地址段。另一方面，如果每一个防火墙规则都必须包含某 IP 地址范围，例如 VPN 连接，则可以使用正向测试。

可以编写测试来检查的其他安全配置包括：
- 其他网络策略的端口、IP 范围或协议
- 访问控制，限制对基础设施资源、服务器或容器的管理或访问权限
- 采用元数据配置以减少对实例元数据的使用
- 安全信息和事件管理(SIEM)的访问和审核日志配置如负载均衡器、IAM 或存储库的访问和审核日志配置
- 针对已修复漏洞的包或配置版本

此不完整列表涵盖了一些常规配置。但是，你应该咨询安全团队或其他行业基准，以获取更多信息和测试。

8.3.3   策略测试

安全测试会验证你是否将 IaC 中错误配置的受攻击面减至最小。然而，我们还需要针对审计、报告、成本和故障排除的其他测试。例如，测试数据库上应该有一个标签，以便其他人识别该库的所有者并报告安全漏洞。

uDress 合规团队提醒你需要在 GCP 数据库中添加标签，这样他们就可以识别数据库所有者。他们还通知你，安全漏洞将导致数据库资源扩展，从而增加云计算费用。如果没有标签，合规团队就很难确定应该联系谁来解决安全问题和增加费用账单。

你向数据库配置添加了标记。为了提醒自己以后也要做标记，可以使用图 8.6 所示的工作流来实现检查标记的单元测试。与防火墙规则配置的安全测试一样，你使用数据库配置解析 JSON 文件，以检查是否正确地使用标记填充了标签。如果测试有空标签，则测试失败。

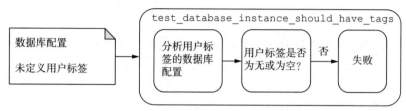

图 8.6　此测试解析数据库配置并检查数据库用户标签中的标记列表

策略测试的行为与安全测试类似。但是，它测试的是标记，而不是 IP 源范围。虽然该策略不能更好地保护基础设施，但它能提高你的故障排除和识别资源的能力。

让我们实现此测试工作流。在代码清单 8.4 中，你编写了一个测试，以检查 GCP user_labels 参数下是否有零个以上的标记。

代码清单 8.4　使用测试解析数据库配置中的标记

```
import json
import pytest
from main import APP_NAME, CONFIGURATION_FILE


@pytest.fixture(scope="module")
def resources():
    with open(CONFIGURATION_FILE, 'r') as f:          从 JSON 文件加载基础设施配置
        config = json.load(f)
    return config['resource']   ◄──────
                                        解析 JSON 配置文件中的资源块

@pytest.fixture
def database_instance(resources):
    return resources[2][                              从 JSON 配置中解析
        'google_sql_database_instance'][0][APP_NAME][0]   Terraform 定义的
                                                      Google SQL 数据库
使用描述性测试名称解释                                  实例中的用户标签
标记数据库的策略
└─► def test_database_instance_should_have_tags(database_instance):
        assert database_instance['settings'][0]['user_labels'] \
            is not None
        assert len(
            database_instance['settings'][0]['user_labels']) > 0, \
            'database instance must have `user_labels`' + \
            'configuration with tags'
使用描述性错误消息描述向                               检查数据库上的用户标签
GCP 用户标签添加标签                                   是否没有空列表或空值
```

AWS 和 Azure 等效用法说明

要将代码清单 8.4 转换为 AWS 或 Azure，请将 Google SQL 数据库实例变更为任一云厂商的 PostgreSQL 产品。你可以使用 AWS RDS(网址见链接[7])或 Azure Database for PostgreSQL(网址见链接[8])。然后，解析 tags 属性的数据库实例资源。Azure 和 AWS 都使用标记。

你将策略测试添加到了安全测试中，这样下次队友做出变更但忘记添加标签时，测试会失败。队友可以读取错误信息，并更正他们的 IaC 来包含标签。你同样可以为其他的组织策略实施测试，要测试的内容包括：

- 所有资源的必须标记
- 变更的审批者数量
- 基础设施资源的地理位置
- 日志输出和用于审核的目标服务器
- 将开发数据与生产数据分开

此列表虽然不完整，但涵盖了一些常规配置。总之，你应该咨询你的合规团队或其他行业基准，以获取更多信息和测试。在编写测试时，请确保包含明确的错误消息，以概述测试检查的策略。

8.3.4　实践和模式

随着你编写越来越多的安全性测试和策略测试，你越来越能确保自己的配置安全且合规。然而，如何在整个团队和公司中传递这一点？

你可以将一些测试实践和模式应用于检查基础设施的安全性和合规性。接下来，我将更详细地介绍编写安全和策略测试的实践和模式。

使用详细的测试名称和错误消息

uDress 策略和安全性测试的详细测试名称和错误消息很有用。这些名称和消息看似冗长，但却能准确地告诉队友策略的意图，以及他们应该如何纠正它！第 2 章中介绍了相关技术，可用来验证命名和代码的质量。不妨请其他人来阅读你的测试，如果他们能够理解其目的，那么他们就可以更新自己的配置以符合策略即代码。

模块化测试

你可以将第 3 章中的一些模块模式应用于策略即代码。例如，uDress 支付团队要求借用你的基础设施安全和策略测试。所以你将数据库策略划分为 database-tests，将防火墙策略划分为 firewall-tests。

安全团队还要求你添加一个互联网安全中心(CIS)基准。该行业基准包括验证 GCP 安全配置最佳实践的测试。添加安全基准后，你发现在多个存储库中有太多的测试需要跟踪。

图 8.7 将所有这些测试统一移到名为 gcp-security-test 的存储库中，该存储库组织了 uDress 所有的 GCP 基础设施测试。uDress 前端和支付团队可以引用共享存储库，导入测试，并根据其配置运行测试。同时，安全团队可以在 gcp-security-tests 库的某个位置更新安全性基准。

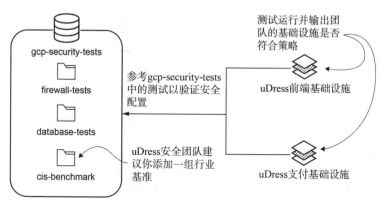

图 8.7 将策略即代码添加到共享存储库中，以便在创建基础设施的所有团队中分发

与代码存储库结构的基础设施方法一样，你可以选择将组织的策略即代码放在单个存储库中，或根据环境将其划分为多个存储库。无论哪种结构，都要确保所有团队都能了解组织的安全和策略测试，了解如何部署合规的基础设施。

此外，要根据业务单元、功能、环境、基础设施提供程序、基础设施资源、堆栈或基准来划分测试。随着业务的变化，你可能希望单独开发测试类型。因为一些业务部门可能需要某一种测试，而另一些可能不需要。划分测试并有选择地运行测试会有所帮助。

将策略即代码添加到交付流水线

团队希望在投入生产之前必须运行安全和策略测试，因此他们将其添加为交付流水线的一个阶段。策略即代码会在将变更部署到测试环境之后运行，但必须是在发布到生产环境之前。你可以快速获得基础设施变更的反馈，对功能进行优先级排序，但请在发布到生产前检查策略。

安全团队还将添加策略即代码，以扫描正在运行的生产环境。该动态分析持续验证基础设施的任何紧急或破坏性变更的安全性和合规性。

图 8.8 显示了交付流水线中的静态分析和运行基础设施的动态分析的工作流，以检查配置变更并主动解决资源问题。将变更部署到测试环境后，你将运行安全和策略测试。在发布变更到生产环境之前，它们应该通过验证。当资源变更后，你将使用类似的测试扫描正在运行的基础设施，以进行运行时安全性和策略检查。

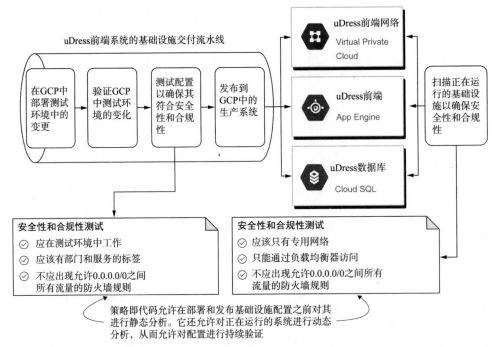

图 8.8   安全性测试和策略检查，检查不正确的基础设施配置，防止变更进入生产环境

可能会有不同的静态和动态分析测试。有些测试，如端点访问的实时验证，只能在运行的基础设施上工作。因此，你需要在推送至生产之前和之后运行一些测试。

如果静态分析测试花费的时间太长，可以在将变更推送到生产环境后运行测试子集。但是，必须快速纠正任何违反安全或法规的行为。因此，我建议将最关键的安全和策略测试作为流水线的一部分。

镜像构建

你可能会遇到构建不可变服务器或容器镜像的实践。通过将所需的包植入到服务器或容器镜像中，可以创建更新后的新服务器，而不会出现就地更新的问题。

可使用策略即代码和相同的基础设施流水线工作流来构建不可变的镜像。该工作流程包括单元测试，以检查特定安装要求的脚本，如公司软件包注册表，以及针对测试服务器的集成测试，以验证软件包版本是否符合策略和安全性。

你可以始终使用代理形式的动态分析来扫描服务器并确保其配置符合规则。例如，Sysdig 提供了 Falco，这是一种运行时安全工具，可在服务器上运行并检查是否合规。

大多数团队不希望他们的安全或策略测试阻止所有变更进入生产。例如，如果客户需要访问基础设施的公共端点怎么办？仅检查专用网络的测试可能不适用。有时你会在你的安全策略中发现异常。

定义强制级别

当你将更多策略构建为代码时，必须确定最重要的策略，并为其他策略设置例外。例如，uDress 安全团队将数据库标记策略确定为硬性要求。如果没有找到标记，则交付流水线必须失败，并且必须有人添加标记。

你定义了三类策略，如图 8.9 所示。安全团队强制要求你在投入生产之前修复数据库标记。但是，团队对防火墙规则设置了例外，因为客户需要访问你的端点。该团队还提供了更安全的基础设施配置建议。

我将策略即代码分为以下三种强制类别(借用 HashiCorp Sentinel 的术语)：

- 硬强制，策略性要求
- 软强制，针对可能需要对异常进行手动分析的策略
- 建议性，作为最佳实践进行知识共享

硬强制

软强制

建议性

在将变更推向生产前，必须修复数据库标记

安全团队必须评审防火墙规则并手动批准对生产的变更

你的基础设施配置可能不符合行业标准；尽量纠正你所能纠正的

图 8.9 可以将策略即代码分为三种强制类别，在生产之前对变更进行检查

安全团队将防火墙规则归类为软强制。一些公共负载均衡器必须允许从 0.0.0.0/0 访问。如果防火墙规则测试失败，安全团队的人员必须评审规则，并手动批准对流水线中生产的变更。

安全团队将 CIS 基准作为知识共享和最佳实践的建议性要求。如果可能，他们会要求你更正配置，但不要求在生产前强制执行。

在变更进入生产环境之前，你是否必须运行安全测试？毕竟，它们需要一段时间才能运行！如果你担心安全性和策略测试会使变更的时间过长，可在部署到生产环境之前运行硬强制的那些测试。

你可以异步运行软强制或建议性测试，这样只有必要的测试才会阻塞你的流水线。我不建议异步运行所有的安全和策略测试，因为你有可能将不合规的配置引入生产中，即使你在运行异步测试后快速修复了这个配置！

图 8.10 总结了一些测试模式和实践，例如编写详细的测试名称和错误消息。与基础设施类似，你可以模块化基于功能的测试，并将测试添加到生产交付流水线中。

无论是工具、安全基准还是策略规则，你都应该通过测试表现出来并付诸实践。遵循这些模式和实践将帮助你和你的队友提高安全和合规方面的认知。

随着组织的发展和设置更多的策略，你可以扩展安全性和策略测试。尽早采用策略即代码为你的 IaC 安全和合规奠定了基础。如果找不到工具来运行所需的

测试，可以考虑编写自己的测试来解析 IaC。

编写详细的名称和错误消息，传达安全和策略要求	按业务单元、功能、环境、基础设施提供程序或堆栈划分安全和策略测试	将安全和策略测试添加到交付流水线，作为发布到生产的门禁	定义强制执行级别，以指示强制性政策与建议性政策

图 8.10 安全和策略测试，检查不正确的基础设施配置，防止变更进入生产环境

8.4 本章小结

- 公司政策会确保系统符合安全、审计和组织要求。你的公司可以根据行业、国家和其他因素制定政策。
- 最小权限原则仅给予用户或服务账户他们所需的最小访问权限。
- 确保你的 IaC 使用的凭据具有最低访问权限，最低权限可防止有人在你的环境中利用凭据，以及创建未经授权的资源。
- 可使用工具来禁止或掩盖传递流水线中的明文敏感信息。
- 在流水线中应用 IaC 生成的任何用户名或密码后，可对其进行轮换。
- 使用服务、所有者、电子邮件、会计信息、环境和自动化详细信息标记基础设施，可以更容易地识别和审核安全性和成本。
- 策略即代码会测试一些基础设施元数据，并验证其是否符合安全或合规配置。
- 可采用策略即代码来测试基础设施的安全性和合规性，之后再推送至生产(在系统功能测试之后)。
- 可将整洁的 IaC 和模块模式应用于管理和扩展策略即代码。
- 可将每个安全和策略测试划分至三个强制类别之一，如硬强制(必须修复)、软强制(手动评审)和建议性(最佳实践，但不妨碍发布生产)。

第Ⅲ部分

管理生产环境复杂性

一旦多个团队都开始采用基础设施即代码，并形成了一种通用的实践模式，我们就要逐步调整工作方式，妥善管理生产环境的复杂性。接下来的最后一个部分，讲解的是通过 IaC 对基础设施和 IaC 本身执行变更的技术。最终我们将掌握基础设施的变更，并推动工具和配置的演进。

在第 9 章，我们会学习如何在对基础设施进行变更的同时，把变更故障的风险降到最低。第 10 章介绍的是 IaC 的重构过程，你可能需要在你的实践或系统增长后用到它。如果重构导致基础设施的故障，就可以使用第 11 章讨论的常用技术进行前滚、故障排除和修复更改。

不过，随着系统的持续增长，终有一天我们要遇到成本的问题。第 12 章介绍了可用于管理基础设施成本的 IaC 技术指导。最后，在第 13 章，我总结了一些开源工具与模块，探讨如何用它们对现有工具进行升级或替换。

第 *9* 章

执行变更

本章主要内容
- 更新基础设施的过程中，何时引入蓝绿部署等模式
- 用 IaC 搭建具备不可变性的跨地域环境
- 有状态基础设施的变更策略

前面的几章，我们学习了模块化、解耦合、测试和部署基础设施变更的有用模式与实践。不过，对于基础设施变更的管理，我们也要采用基础设施即代码的技术。本章将介绍在 IaC 的变更过程中，如何运用一些确保不可变性的策略，从而最小化潜在的故障影响。

下面回到第 5 章有菜数据公司的例子，回想当时 IaC 模块化过程中的困难。有菜数据收购了一家子公司，名为食虫植物数据公司。这家公司的食虫植物，如捕蝇草，需要特殊的成长条件。

因此，食虫植物数据公司要求网络要支持全局联网，同时要求服务器及各类组件都要面向网络进行优化。大部分团队在配置 IaC 时，发现他们的代码无法处理这样大范围的变更。我们作为有菜数据公司里正好具有 IaC 经验的工程师，收到了他们的求助。

我们跟着工程师来到茅膏菜团队，从这个团队开始修改他们的基础设施。作为一种强壮的食虫植物，茅膏菜能够轻松地应对任何系统停机(该故障有可能导致温度和水分波动)。茅膏菜基础设施的所有资源配置只有几个文件，存储在同一个存储库中。

我们通过研究，绘制出茅膏菜团队的系统架构。图 9.1 所示为一条地域内(负载均衡)转发规则，可以把流量发送到当前区域的网络，网络中有一个容器集群和

三台服务器。所有的流量都会保持在同一个地域之内，不会发生全局联网。

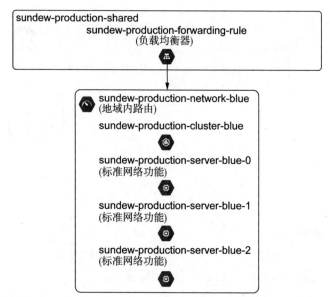

图9.1　茅膏菜应用的基础设施体系中，包括一套共享负载均衡器资源、三台服务器和一个容器集群

我们希望所有资源发送的流量都能实现全局互联，而不局限于单个区域之内。可是，茅膏菜团队把所有这些资源的定义都写入同一个 IaC，这种做法也称为单例模式(见第 3 章)。并且这些资源还共享基础设施的状态。

如何执行网络变更，才能对系统影响最小呢？如果把基础设施视为可变的，进行就地变更，不免令人担心会对用于浇水的灌溉模块造成破坏。因为，把网络改为全局路由会影响用于运行灌溉模块的服务器。

回顾第 2 章，我们知道有一种以"不可变"的方式引入变更的做法。如果能在系统中运用这些技术，就可以用一套新环境对变更内容进行隔离和测试，而不会影响旧环境。在这一章，我们将学习如何隔离并执行 IaC 的变更。

注意　为演示不同的变更策略，需要一个比较庞大(且复杂)的示例。如果把完整的示例运行在 GCP 上，免费套餐会不适用。为了可读性，书中只列出了关键的代码行，省略了其余内容。完整的代码详见链接[1]。如果把示例转换为 AWS 或 Azure 的版本，同样会产生相应的成本。但我会给出一些关于如何将这些例子转换为您所选择的云提供商的注释。

9.1　变更前实践

我们快速投入到茅膏菜系统的变更工作中。糟糕的是，我们不小心删除了一

项用于给服务器添加 blue(蓝色分组)标签的配置属性。标签 blue 把服务器标记为
"蓝色"之后,可以处理来自其他分组同为蓝色的服务器实例的网络流量。我们把
变更推送到发布流水线,对配置进行测试,并发布到生产环境。

测试环节没有发现标签丢失的情况。所幸,监控系统发来了一条警报,指出
灌溉模块无法与新服务器通信!我们将请求转移到冗余的服务器实例,确保调试
期间茅膏菜仍然能够得到灌溉。

此时,我们意识到,不应立即变更系统。在变更之前,我们不仅要充分了解
茅膏菜系统现有的架构和工具,还要了解系统是否已制作备份,以及如果破坏了
什么功能,有没有备用环境可用?在变更之前,有哪些工作要做呢?

9.1.1　按工作清单行事

对 IaC 的变更,天然存在引入 Bug 和各类问题的风险。我们要用测试、监控
和可观测性(一种从输出结果了解系统内部状态的能力)来确保变更期间不会对系
统造成不良影响。如果系统不具有必要的可检视能力,一旦变更失败,我们就无
法快速地诊断问题。

在对茅膏菜系统进行变更前,我们决定对变更添加几项检查。图 9.2 所示为
检查的内容。首先,我们针对标签被删的情况添加一个测试。接着,查看监控系
统和应用程序的健康检查和指标。最后,创建备份服务器,以防对现有服务器造
成破坏。如果变更后的服务器突然故障,可以将流量发送给备用服务器。

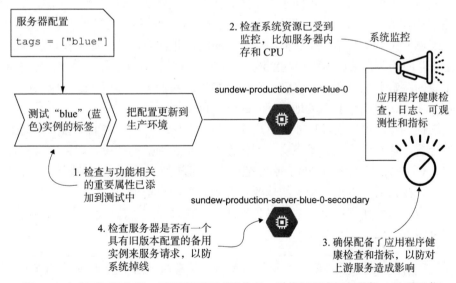

图 9.2　在变更网络之前,需要验证测试覆盖率、系统级和应用级监控,以及冗余

为什么要创建重复的服务器作为备份?它是用先前的配置版本再搭建一份资
源,只有在主要的资源出现故障时才启用。这种冗余机制能够确保系统不掉线。

定义　冗余机制是一组可以提高系统性能的备用资源。如果变更中的组件发生故障，系统可以用先前的配置版本继续运行。

总之，在执行变更之前，逐一确认下面的工作清单：

- 变更能否预览，且能在隔离环境里测试？
- 系统是否具备监控和警报来识别各种异常情况？
- 应用程序能否利用健康检查、日志、可观测性和指标等来发现错误响应？
- 应用程序和相应的系统是否具备冗余机制？

清单中的条目主要关注的是系统的可见性与可感知能力。如果没有监控系统和测试集来发现问题，我们就难以发现和解决导致故障的变更。有一次，我推送的变更破坏了一个应用，而这一情况直到两周之后才被发现。之所以这么久才发现问题，就是因为这个应用没有配置警报！

在变更失败的情况下，变更前的检查清单可为各类问题的诊断和备份计划的制定奠定基础。我们还可以运用第 6 章和第 8 章的实践方法，把这个清单制作成交付流水线中的质量门禁。

9.1.2　增加可靠性

在查阅清单之后，我们发现，有必要为系统搭建一套更好的备份环境。为了确保在后续持续的重构中，不会致使茅膏菜系统整体掉线，我们要构建额外的冗余机制。有了这套机制，再向茅膏菜团队的模块部署变更时，就不必担心会对系统造成损害了。

遗憾的是，茅膏菜系统目前只在 us-central1 地区有部署。如果模块的地区不匹配，对应的茅膏菜就无法得到灌溉。我们决定在另一个地区(us-west1)再搭建一套闲置的茅膏菜生产环境，以便启动灌溉模块。我们可以利用 IaC 向备用(闲置)区域 us-west1 复制一套活动地区 us-central1 的部署。

这样，备用地区的环境才可以用作备份。在图 9.3 中，我们更新了茅膏菜团队的配置，让它引用服务器模块，把修改内容推送到活动环境。如果效果与预期不符，就可以在问题诊断期间，临时把所有流量转到备用地区。如果没有出问题，就在运行测试后，将模块相关的修改也变更到备用环境中。

茅膏菜系统现在用上了主从热备模式：在这种模式中，一套环境以备用的角色保持闲置。

定义　主从热备模式指的是，一套系统是用于处理用户请求的活动环境(主)，另一套是备用环境(从)。

一旦位于 us-central1 地区的环境发生故障，我们总是可以把流量转发到位于 us-west1 地区的其他备用环境。从发生故障的活动环境切换到正常工作的备用环境应遵循故障转移流程。

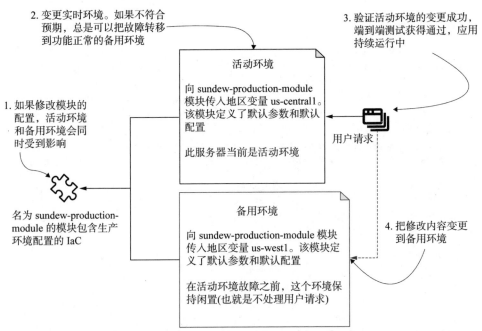

图 9.3　运用 IaC 为茅膏菜系统实现一套主从热备机制，以提高变更过程中的可靠性

定义　**故障转移**是一种在原本的主要资源发生故障时，运用备用(或后援)资源接管系统的实践。

为什么要用主从热备模式？在另一个地区搭建备用环境，能提供系统整体的可靠性。可靠性是指在指定的时间范围内，系统多快可以恢复正常。

定义　**可靠性度量**指的是，在指定的时间范围内，系统多快可以恢复正常。

我们希望在 IaC 执行变更期间，系统持续可靠。提高可靠性能最大限度地减少对核心业务模块本身和最终用户的损害。通过把流量切换到正常工作的备用环境，能够减少故障对活动环境的影响半径。

现在我们用代码来实现一套主从热备机制。在终端窗口里，请复制名为 blue.py 的文件，它包含有茅膏菜系统的基础设施资源，保存为新文件 passive.py。

```
$ cp blue.py passive.py
```

代码清单 9.1 所示为 passive.py 的内容，用于创建备用环境时，要修改其中几个变量的值，如地区和名称。

代码清单 9.1 针对 us-west1 地区，完善茅膏菜系统备用环境配置

```
设置版本，用于标记备用环境
    TEAM = 'sundew'
    ENVIRONMENT = 'production'         针对备用环境，把地区从
    VERSION = 'passive'               us-central1 改为 us-west1
    REGION = 'us-west1'
    IP_RANGE = '10.0.1.0/24'           为备用环境设置不同的 IP 地址
                                       段，从而避免处理请求
    zone = f'{REGION}-a'
    network_name = f'{TEAM}-{ENVIRONMENT}-network-{VERSION}'      其余的变
    server_name = f'{TEAM}-{ENVIRONMENT}-server-{VERSION}'        量和函数
                                                                 将引用备
    cluster_name = f'{TEAM}-{ENVIRONMENT}-cluster-{VERSION}'      用环境的
    cluster_nodes = f'{TEAM}-{ENVIRONMENT}-cluster-nodes-{VERSION}'  值，包括
    cluster_service_account = f'{TEAM}-{ENVIRONMENT}-sa-{VERSION}'  地区

    labels = {
        'team': TEAM,              定义资源的标签，以便
        'environment': ENVIRONMENT, 你可以标识生产环境
        'automated': True
    }
```

AWS 和 Azure 等效用法说明

GCP 的标签(label)与 AWS 和 Azure 的标记(tag)类似。可以把 labels 变量定义的数据传给 AWS 和 Azure 资源的标记。

现在我们就有了一个备用环境，以应对模块变更出现问题。可以想象，如果推送的变更破坏了 us-central1 地区的活动环境，那么就可以修改生产环境全局负载均衡器的配置并完成推送，即可启动故障转移，这样所有请求就会转发到备用环境。在代码清单 9.2 中，我们在全局负载均衡器的配置里，将发往备用环境的流量权重改为 100%。

代码清单 9.2 向茅膏菜位于 us-west1 地区的备用环境进行故障转移

```
import blue        为 blue(活动环境)和 passive
import passive     (备用环境)导入 IaC

services_list = [
    {
        'version': 'blue',          定义用于负载均衡器加载各环境的版
        'zone': blue.zone,          本变量 version，值为 blue 和 passive
        'name': f'{shared_name}-blue',
        'weight': 0                 配置负载均衡器，将发往 blue 活动环境的流量权重设为 0%
    }, {
```

```
            'version': 'passive',
            'zone': passive.zone,
            'name': f'{shared_name}-passive',
            'weight': 100
    }
]
```

定义用于负载均衡器加载各环境的版本变量 version，值为 blue 和 passive

配置负载均衡器，将发往 passive 备用环境的流量权重设为 100%

```
def _generate_backend_services(services):
    backend_services_list = []
    for service in services:
        version = service['version']
        weight = service['weight']
        backend_services_list.append({
            'backend_service': (
                '${google_compute_backend_service.'f'{version}.id}}'
            ),
            'weight': weight,
        })
    return backend_services_list
```

把带有权重配置的两个版本信息添加为负载均衡器的路由规则

分别为活动环境和备用环境定义后端服务，其中包含指向各环境的流量权重

```
def load_balancer(name, default_version, services):
    return [{
        'google_compute_url_map': {
            TEAM: [{
                'name': name,
                'path_matcher': [{
                    'name': 'allpaths',
                    'path_rule': [{
                        'paths': [
                            '/*'
                        ],
                        'route_action': {
                            'weighted_backend_services':
                                _generate_backend_services(
                                    services)
                        }
                    }]
                }]
            }]
        }
    }]
```

根据路径、两个环境的服务器和权重，利用 Terraform 资源创建 GCP 云网址映射对象(即负载均衡规则)

配置路径规则，把所有路径的流量都转发到活动或备用服务器上

把带有权重配置的两个版本信息添加为负载均衡器的路由规则

AWS 和 Azure 等效用法说明

GCP 云网址映射与 AWS 应用负载均衡器(ALB)、Azure 流量管理器，以及应用程序网关都类似。如果要把代码清单 9.2 转换为 AWS 的版本，需要修改资源的定义，在其中创建 AWS ALB 资源及对应的侦听器规则。接着，向侦听器规则添加路径路由与权重属性。

对于 Azure，需要把 Azure 流量管理器配置文件和端点链接到 Azure 应用程序网关。使用权值更新 Azure 流量管理器，然后路由到正确后端地址池(已连接到 Azure 应用网关)。

在成功启用了故障转移之后，茅膏菜团队报告称灌溉应用模块已恢复。同时，我们也拥有了在活动环境中诊断模块问题的能力。主从热备机制会在未来持续用于处置系统在单个地区的故障。

茅膏菜团队后来还提到，他们希望让两个地区的系统都能处理用户流量。位于不同地区的两个环境都要处理请求。图 9.4 所示为他们理想中的配置。他们准备下次把相关模块上的修改推送到任一地区。如果这个地区出现故障，那么整体上大部分的请求仍能由系统正确地处理。毕竟茅膏菜的灌溉没那么频繁，我们仍有机会修复这个故障所在的区域。

主从热备配置

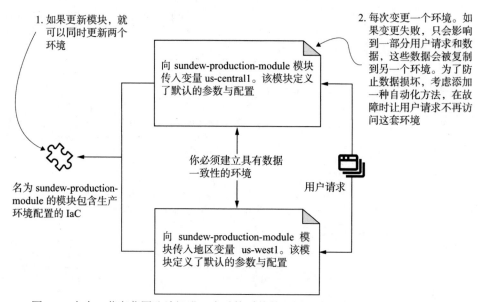

图 9.4   未来，茅膏菜团队希望进一步重构系统的配置，让它支持双活架构，也就是两个区域同时处理请求

为什么想要运行两个活动环境？很多分布式的系统都以双活架构运行，这意味着两个系统都能接收和处理用户请求，并在各系统之间同步数据。公有云架构推荐我们运用多地区和多活架构来提高系统的可靠性。

> **定义**　双活架构是指多个系统都充当用于处理用户请求的活动环境，它们之间会进行数据的同步。

IaC 的变更会因采用双活架构还是主从模式而有所不同。为了支持茅膏菜团队的双活架构，我们需要重构它的 IaC，使用更模块化的组件拼装，同时要支持环境之间的数据同步。假设茅膏菜已经完成了应用程序的重构，应用已经支持了双活架构。现在我们要在 IaC 中以某种形式实现全局负载均衡，并将其连接到每个地区。

IaC 遵循可重建性，这一点我们在第 1 章就介绍过。得益于这一原则，我们只需要修改几个属性就可以在另一个地区创建一个新的环境，而不再需要像第 2 章那样小心翼翼地逐个资源重做。

不过，我们可能还是要到处复制和粘贴很多配置。如果是这样，可以尝试对 IaC 进行模块化改造，并将地域作为输入参数，从而减少复制和粘贴。共享的资源的配置要区别对待，比如全局的负载均衡的定义就要与环境本身的配置区分开。

多地区环境确实会增加资金和时间成本，但同时也提高了系统的可靠性。IaC 可以在其他地区快速创建新环境的副本，并在不同地区之间强制执行一致的配置。多地区之间的配置如果不同，就有可能引发严重的系统故障，还会增加维护成本！我们将在第 12 章讨论成本管理的内容。

9.2　蓝绿部署

现在我们有了一个新环境，如果不小心破坏了其中一个活动环境，就可以依靠另一个环境。可以开始更新茅膏菜系统了：启用全局联网，并为服务器配备高级网络访问功能。茅膏菜使用的是主从热备架构，所以为了执行变更，需要在新地区重做一套完整的新环境。

我们发现，不少变更并不需要完整地重做一套跨多地区的环境。如果只是要变更一台服务器，为什么要引入一整套备用从环境呢？就不能直接变更这台服务器吗？毕竟，我们还是希望故障的爆炸半径尽可能的小，同时优化资源的使用效率。与主从热备模式不同，你可以在更小的规模上将这种模式应用到更少的资源上。

如图 9.5 所示，我们搭建一个新的网络，在其中启用全局联网，而不是重做一整套环境。给新网络添加标签 green(绿色组)，并在其中部署一组由三台服务器构成的集群。完成了新资源的测试之后，我们让全局负载均衡器把一小部分流量转发到这套新的资源上。请求成功，意味着全局路由的更新有效。

在创建一组新的资源，并逐步切换到新资源这一模式的过程中，应用了系统的可组合性和可演进性。我们在现有环境里，新搭建了一个绿色组的资源，并让它们以独立于旧资源的方式演进。如果要对基础设施执行变更，就可以重复这个流程来缩小变更的影响范围，并且在向新资源发送流量之前开展测试。

这种模式称为蓝绿部署，它创建了一组新的基础设施资源子集，该子集分阶段执行你想要进行的变更，并被标记为 green。接着，把一小部分请求转发到绿色分组的预发布基础设施资源上，并确保一切工作正常。逐渐地，我们把所有请求都转发给它们处理，最终删除旧的、标记为 blue 的生产环境资源。

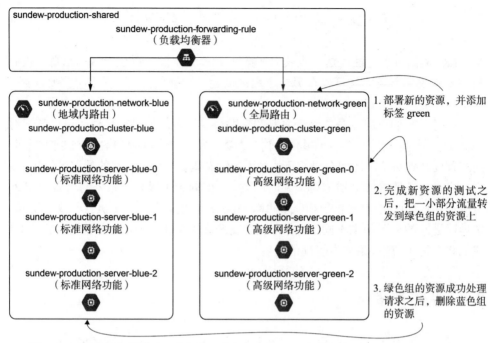

图 9.5 运用蓝绿部署模式，先创建一套绿色环境，在其中启用全局联网；先向新资源
发送一部分流量，而后才删除旧资源

定义 蓝绿部署模式指的是，创建一组新的基础设施资源子集，其中包含你想要
执行的变更。然后逐步把流量从旧的(蓝)资源上切换到新的(绿)资源上，最
终旧的资源得以删除。

　　蓝绿部署提供了一种(临时的)预发布环境，用于在实际处理请求之前隔离和
测试变更。一旦绿色环境验证完成，就可以将新的环境切换为生产环境，并删除
旧的环境。在这数周的时间里，需要临时承担两个环境的成本，却从整体上节省
了持续维护两个环境的成本。

注意 蓝绿部署有很多称谓，根据上下文偶尔会有所不同。环境的称谓和标记并
不重要，只需要能分辨哪个是现有的生产环境，哪个是新的预发布环境即
可。在指代蓝绿部署的新旧资源时，我曾用过生产/预发布来描述，有时也
用版本编号(v1/v2)。

　　运用蓝绿部署模式来重构或修改 IaC 时，所需的操作可能略微复杂。通过创
建新的资源、把流量或功能切换给它，再删除旧的资源，蓝绿部署很好地践行了
不可变性的要求。重构(见第 10 章)和 IaC 变更过程中运用的大多数模式，都体现
了可重建性原则。

镜像制作与配置管理

类似地,我们还可以通过运用蓝绿部署来消除由机器镜像和配置中的错误带来的风险。可以把机器镜像、配置管理变更的生效范围限定到一台新服务器上(绿色分组),把流量转发给它,先验证它的功能性,然后再删除旧的服务器(蓝色分组)。

负载均衡当前连接的是蓝色分组网络,接着我们要把它连接到绿色分组。下面逐步为茅膏菜系统实现蓝绿部署。

9.2.1　部署绿色分组的基础设施

为了给茅膏菜系统的全球网络和高级服务器启用蓝绿部署,我们先复制现有蓝色分组的网络配置。创建文件,命名为 green.py,向其中粘贴蓝色分组的网络配置。如代码清单 9.3 所示,我们在其中修改网络定义,让它启用全局路由模式。

代码清单 9.3　创建绿色分组的网络

```
TEAM = 'sundew'
ENVIRONMENT = 'production'
VERSION = 'green'
REGION = 'us-central1'
IP_RANGE = '10.0.0.0/24'

zone = f'{REGION}-a'
network_name = f'{TEAM}-{ENVIRONMENT}-network-{VERSION}'

labels = {
    'team': TEAM,
    'environment': ENVIRONMENT,
    'automated': True
}


def build():
    return network()


def network(name=network_name,
        region=REGION,
        ip_range=IP_RANGE):
    return [
        {
            'google_compute_network': {
                VERSION: [{
                    'name': name,
                    'auto_create_subnetworks': False,
                    'routing_mode': 'GLOBAL'
                }]
            }
        },
        {
```

针对新的网络,把 version 设置为 green(绿色分组)

在绿色分组里使用与蓝色一致的 IP 地址段。GCP 允许两个网络使用相同的 CIDR 区段,条件是这两个网络不能互通

调用模块来创建用于生成网络和子网的 JSON 配置,最终构成绿色分组的网络

基于指定的名称和全局路由模式,调用 Terraform 资源创建 GCP 网络对象

把绿色分组网络的路由模式设置为全局,向全局公开路由规则

```
'google_compute_subnetwork': {
    VERSION: [{
        'name': f'{name}-subnet',
        'region': region,
        'network': f'${{google_compute_network.{VERSION}.name}}',
        'ip_cidr_range': ip_range
    }]
}
}
]
```

基于指定的名称、地域、网络和
IP 地址段，调用 Terraform 资源
创建 GCP 子网络对象

AWS 和 Azure 等效用法说明

将代码清单 9.3 改为 AWS 和 Azure 版本时，其中的全局路由模式便不能使用，可以通过将 Google 的网络和子网修改为 VPC 或虚拟网络，以及修改子网和路由表配置，将代码清单更新为 AWS 和 Azure 版。

我们希望尽可能地让蓝绿组的资源配置保持一致。它们的区别应该只在于要做的变更(仅包含需要在绿色分组资源上做的变更)。但是，可能还是会引入一些差异！

比如，如果我们的网络之间需要连通，那么绿色分组与蓝色分组就不能使用相同的 IP 地址段，而需要使用另一个 IP 地址段，如 10.0.1.0/24。然后还要更新所有的依赖项以与另一个 IP 地址段通信。

蓝绿部署有助于实现不可变性，创建新的资源，在新的资源上完成变更，以便变更与旧资源隔离。但是，像网络机制这种低层级资源，在部署新版本时，不能立即向它发送实时流量。应该先对要变更的基础设施资源进行测试。然后，还要对依赖它的其他资源完成变更和测试。

9.2.2   部署绿色分组基础设施的高层级依赖

在使用蓝绿部署模式的过程中，我们需要部署一组新的基础设施资源，同时对于依赖它的高层级资源，也要部署一组新的。如果只完成网络的变更，而不在其中部署服务器和应用，那么还是无法使用。所以还需要创建依赖新网络的高级基础设施。

我们与茅膏菜团队沟通，要用图 9.6 所示的方式，向绿色分组的网络部署新的集群和服务器。服务器需要用高级网络功能，并启用全局联网。茅膏菜团队还要把他们的应用部署到集群和服务器上。

在这个例子里，对网络这样的低层级基础设施的变更，也会影响到高层级的资源。因为服务器需要启用高级网络功能。如果对原有的蓝色分组的网络进行就地变更，把它从单地区改为全局路由，势必会影响到原有的服务器和集群。而使用蓝绿部署之后，就可以在推动服务器网络属性演进的同时，避免对线上环境造成影响。

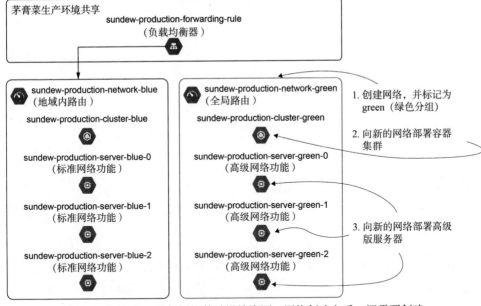

图 9.6　网络是一种低层级基础设施资源，网络创建之后，还需要创建
依赖它的高层级资源，比如服务器和容器集群

如代码清单 9.4 所示，我们来回顾一下茅膏菜团队编写的 IaC 示例，功能是向绿色分组网络部署集群。他们先从蓝色分组的资源复制了集群配置，然后修改其中的属性以在绿色分组网络上运行。

代码清单 9.4　为绿色分组的网络添加新集群

把集群的 version 设置为 green(绿色分组)

```
VERSION = 'green'

cluster_name = f'{TEAM}-{ENVIRONMENT}-cluster-{VERSION}'
cluster_nodes = f'{TEAM}-{ENVIRONMENT}-cluster-nodes-{VERSION}'
cluster_service_account = f'{TEAM}-{ENVIRONMENT}-sa-{VERSION}
```

调用模块来创建用于生成绿色分组网络、子网和集群的 JSON 配置

为绿色分组的网络和子网建立集群对象

```
'def build():
  return network() + \
     cluster()

def cluster(name=cluster_name,
        node_name=cluster_nodes,
        service_account=cluster_service_account,
        region=REGION):
  return [
    {
```

向集群传入必要的属性，包括名称、节点名称、用于自动化的服务账号，以及地区名称

```
              'google_container_cluster': {
                 VERSION: [
                    {
                       'initial_node_count': 1,
                       'location': region,
                       'name': name,
                       'remove_default_node_pool': True,
                       'network':
      f'${{google_compute_network.{VERSION}.name}}',
                       'subnetwork': \
                          f'${{google_compute_subnetwork.{VERSION}.name}}'
                    }
                 ]
              }
           }
        ]
```

调用包含一个节点的 Terraform 资源，在绿色分组的网络上创建 GCP 容器集群

为绿色分组的网络和子网建立集群

AWS 和 Azure 等效用法说明

代码中的 Google 容器集群可改为 Amazon EKS 集群和 Azure Kubernetes 服务 (AKS)集群。在构造 Kubernetes 节点池(也称为节点组)时，需要用到 Amazon VPC 和 Azure 虚拟网络。

启用全局联网之后，不必为了适配它而专门修改集群配置。不过，其中的服务器需要启用高级网络功能。我们从蓝色分组复制服务器配置，然后在 green.py 中修改相关属性，改为使用高级网络。

代码清单 9.5   在绿色分组网络上，给服务器配置高级网络

把新网络的版本标记设为 green(绿色分组)

```
VERSION = 'green'

server_name = f'{TEAM}-{ENVIRONMENT}-server-{VERSION}'


def build():
    return network() + \
        cluster() + \
        server0() + \
        server1() + \
        server2()

def server0(name=f'{server_name}-0',
        zone=zone):
    return [
        {
            'google_compute_instance': {
                f'{VERSION}_0': [{
                    'allow_stopping_for_update': True,
                    'boot_disk': [{
```

创建模板所采用的服务器名称，其中包括团队名称、环境名称和版本标记(蓝色或绿色)

调用模块，为绿色分组里的网络、子网、集群，和服务器对象创建 JSON 配置

在绿色分组网络里，生成三台服务器和一个集群

通过复制和粘贴为每个服务器编写一份配置。这里只展示第一台服务器 server0 的配置。为了节省篇幅，省略了其他服务器的配置

使用 Terraform 资源，在绿色分组网络上创建一个小的 Google 计算实例(服务器)

```
                        'initialize_params': [{
                            'image': 'ubuntu-1804-lts'
                        }]
                    }],
                    'machine_type': 'f1-micro',
                    'name': name,
                    'zone': zone,
                    'network_interface': [{
                        'subnetwork': \
                            f'${{google_compute_subnetwork.{VERSION}.name}}',
                        'access_config': {
                            'network_tier': 'PREMIUM'  ◄─────────────┐
                        }                                            │
                    }]                      设置网络类型为高级网络。这样才能兼 │
                }]                          容全局路由所需的底层子网对象        │
            }
        }
    ]
```

> **AWS 和 Azure 等效用法说明**
>
> 代码清单 9.5 改写为 AWS 和 Azure 版本时，其中的网络类型就不能使用了，可以把代码中的 Google 计算实例转换为 Amazon EC2 实例或者 Azure Linux 虚拟机，并使用 Ubuntu 18.04 镜像。此外，还需要提前创建好 Amazon VPC 和 Azure 虚拟网络。

把网络类型改为高级网络应该不会影响到应用程序的功能，虽然目前还不太好验证这一点。不过，绿色环境能让各类问题在影响到茅膏菜的生长之前就被及早发现并得到解决。完成了这些修改之后，团队推送代码，并检查交付流水线上的测试结果。

包括单元测试、集成测试和端到端测试的各类测试，都是为了确保应用能在新的容器集群上运行并向绿色组的服务器发送请求。幸运的是，测试通过！这时我们认为绿色组的资源已经为处理线上流量做好了准备。

9.2.3　金丝雀部署

虽然可以立即将所有流量都切换到绿色版本的网络、服务器和集群上。但无论如何，我们不希望茅膏菜系统出故障！如果遇到问题，理想情况下，我们希望流量能够切回蓝色版本。如图 9.7 所示，我们在全局负载均衡器上设置，将 90% 的流量发到蓝色版本的网络上，而 10% 发到绿色版本。

向系统发送一小部分的流量称为金丝雀部署，如果请求出错，我们就需要着手排查并修复变更中的问题了。

定义　金丝雀部署是一种模式，是指仅将一小部分流量发往变更后的资源上。如果请求成功完成，则逐步提高这部分流量的比例。

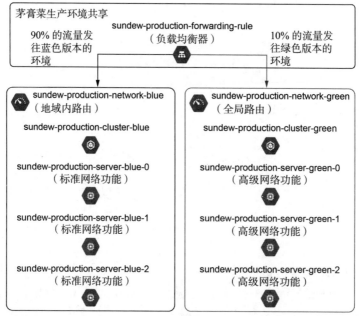

图 9.7 需要配置全局负载均衡器来运行金丝雀测试，向绿色版本资源发送一小部分流量

为什么一开始只处理一小部分流量？因为如果出现问题，我们不希望所有的请求都受到影响。通过只向变更后的资源发送少量请求，我们就可以在问题影响到整体系统之前发现这些问题。

煤矿行业的金丝雀

软件和基础设施领域里的金丝雀一词指的是能判断新系统、新功能或新应用能否正常工作的早期指征。这一术语源于"煤矿行业的金丝雀"，是指矿工下矿时，会用笼子带一些小鸟。如果矿里存在危险的气体，这些对气味更敏感的小鸟就会发现，从而引起人们注意。金丝雀便成为危险的早期指征。

在软件开发领域，金丝雀测试也很常见，它用于度量新的应用或功能的用户体验。在执行各类重大基础设施变更时，我强烈推荐使用金丝雀部署，也就是一开始只向新的资源发送一小部分流量。

另外，金丝雀部署并非必须使用负载均衡器。向变更后的基础设施发送少量流量的方法有很多。比如，可以把某个变更后的应用实例加入到现有的、包含三个实例的实例池中。轮询式负载均衡机制会将大约 25%的流量发送到更新后的实例上，其余 75%则发送到之前的旧应用实例上。

对于茅膏菜团队的情况，我们需要将全局负载均衡的配置从绿色、蓝色版本的环境中分离出来。这样有利于负载均衡器的可演进性。我们把绿色版本的服务器作为单独的后端服务添加到负载均衡器上，然后控制绿色和蓝色环境间请求的比例。

下面在一个名为 shared.py 的文件中定负载均衡器，如代码清单 9.6 所示。我们向环境版本列表中添加绿色版本的网络(以及服务器和集群)，设置权重为 10。

代码清单 9.6　把绿色版本添加到负载均衡器的服务列表

```
import blue      导入蓝色和绿色版本环境的 IaC
import green

shared_name = f'{TEAM}-{ENVIRONMENT}-shared'        根据团队和环境名，生成
                                                     共享负载均衡器名称
                          定义用于关联到负载均衡器的环境版
                          本列表，比如蓝色和绿色版本的环境
services_list = [
  {
    'version': 'blue',
    'zone': blue.zone,                    向负载均衡器添加蓝色版本的网络、服务器和
    'name': f'{shared_name}-blue',        集群。从蓝色版本环境的 IaC 读取可用区信息
    'weight': 90          设置蓝色版本服务器实例的流量
  },                      权重为 90，代表 90%的请求
  {
    'version': 'green',
    'zone': green.zone,                   向负载均衡器添加绿色版本的网络、服务器和
    'name': f'{shared_name}-green',       集群。从绿色版本环境的 IaC 读取可用区信息
    'weight': 10          设置绿色版本服务器实例的流量
  }                       权重为 10，代表 10%的请求
]
                                              定义用于为负载均衡器生
                                              成后端服务列表的函数
def _generate_backend_services(services):
    backend_services_list = []
    for service in services:
        version = service['version']
        weight = service['weight']
        backend_services_list.append({
            'backend_service': (
                '${google_compute_backend_service.'f'{version}.id}}'
            ),
            'weight': weight,
        })
    return backend_services_list
```

为每个环境定义一个Google负载均衡后端服务，其中包含版本和权重信息

AWS 和 Azure 等效用法说明

代码清单9.6中的后端服务与AWS ALB的AWS目标组比较类似。不过，Azure却需要一些额外的资源。在 Azure 上，需要创建 Azure 流量管理器配置，以及后端地址池(已关联到 Azure 应用网关)的端点。

shared.py 文件定义的负载均衡器包含一组权重不同的后端服务。只要使用代码清单 9.7，完成这些服务和权重配置的部署，负载均衡器就会把 10%的流量发

送到绿色版本所在的网络。

代码清单 9.7　修改负载均衡器配置，把流量发送到绿色版本

根据路径、两个环境的服务器和权重，利用 Terraform 资源创建 Google 云网址映射对象(即负载均衡规则)

```
default_version = 'blue'

def load_balancer(name, default_version, services):
    return [{
        'google_compute_url_map': {
            TEAM: [{
                'default_service': (
                    '${google_compute_backend_service.'
                    f'{default_version}.id}}'
                ),
                'description': f'URL Map for {TEAM}',
                'host_rule': [{
                    'hosts': [
                        f'{TEAM}.{COMPANY}.com'
                    ],
                    'path_matcher': 'allpaths'
                }],
                'name': name,
                'path_matcher': [{
                    'default_service': (
                        '${google_compute_backend_service.'
                        f'{default_version}.id}}'
                    ),
                    'name': 'allpaths',
                    'path_rule': [{
                        'paths': [
                            '/*'
                        ],
                        'route_action': {
                            'weighted_backend_services':
                                _generate_backend_services(
                                    services)
                        }
                    }]
                }]
            }]
        }
    }]
```

负载均衡的流量默认都发往蓝色版本的环境

调用模块创建负载均衡器的 JSON 配置，分别向蓝色和绿色版本发送 90%和 10%的流量

设置负载均衡器的路由规则，向绿色版本发送 10%、蓝色版本发送 90%的流量

> **AWS 和 Azure 等效用法说明**
>
> 　　Google 云网址映射与 AWS 应用负载均衡器(ALB)、Azure 流量管理器，以及应用程序网关都很相似。如果要把代码清单 9.7 转换为 AWS 的版本，需要修改资源的定义，在其中创建 AWS ALB 资源及对应的侦听器规则。接着，向侦听器规则添加路径路由与权重属性。
>
> 　　对于 Azure，需要把 Azure 流量管理器配置和端点链接到 Azure 应用程序网

关。修改 Azure 流量管理器，向其中添加权重，然后路由到已附加到 Azure 应用网关的正确后端地址池。

运行代码清单 9.8 中的 Python 代码可以生成便于复查的 Terraform 格式 JSON 配置。负载均衡器的 JSON 配置包含的信息有：蓝绿两个版本的服务器实例组，指向这些实例组的后端服务，以及带权重的路由操作。

代码清单 9.8 负载均衡器的 JSON 配置

```
{
    "resource": [
        {"google_compute_url_map": {          ◄──── 根据路径、两个环境的服务器和权重，
            "sundew": [                              利用 Terraform 资源创建 Google 云网址
                {                                    映射对象(即负载均衡规则)
                    "default_service": \
                        "${google_compute_backend_service.blue.id}",
                    "description": "URL Map for sundew",
                    "host_rule": [
                        {
                            "hosts": [
                                "sundew. dc4plants.com"
                            ],
                            "path_matcher": "allpaths"
                        }
                    ],
                    "name": "sundew-production- shared",
                    "path_matcher": [
                        {
                            "default_service":
                                "${google_compute_backend_service.blue.id}",
                            "name": "allpaths",
                            "path_rule": [
                                {
                                    "paths": [
                                        "/*"
                                    ],
                                    "route_action": {
                                        "weighted_backend_services": [
                                            {
                                                "backend_ service":
                                        "${google_compute_backend_
                                        service.blue.id}",
                                                "weight": 90,
                                            },
                                            {
                                                "backend_ service":"
                                        "${google_compute_backend_
                                        service.green.id}",
                                                "weight": 10,}
                                        ]
                                    }
                                }
                            ]
                        }
```

把 Google 云网址映射对象(即负载均衡规则)的默认服务指向蓝色版本的环境

根据权重的设置，把所有请求都发送到蓝色或绿色环境

90%的流量发往蓝色版本的后端服务，使用蓝色版本的网络

10%的流量发往绿色版本的后端服务，使用绿色版本的网络

```
                                  }
                               ]
                            }
                         ]
                      }
                   }
                ]
             }
```

为什么默认要把所有流量都发往蓝色版本的环境呢？我们已知蓝色版本的环境能够成功处理请求。如果绿色版本的环境有问题，那我们就可以用负载均衡器快速把请求切换到默认的蓝色环境去。

简而言之，通过复制粘贴和必要的调整即可得到绿色版本的资源。如果蓝色版本的资源是用模块定义的，只需要修改传入模块的属性即可。我通常会尽可能地把蓝绿两个版本的环境定义存放到不同的文件夹或文件中，以便以后更容易区分具体的环境。

你可能注意到，在前面的 shared.py 文件的 Python 代码中，我们让关联到负载均衡的环境列表和默认环境更容易演进。我常定义一个环境列表，以及一个用于指代默认环境的变量。然后逐个读取环境列表，把它们关联到负载均衡器上。这样就能确保高层级的负载均衡器能够演进，从而适应不同的资源和环境。

添加新资源后，就可以调整负载均衡器，把流量转发到新的环境。由于每次实施蓝绿部署，都需要变更负载均衡器的 IaC，在负载均衡器的配置上多投入一些时间精力有助于消除变更中的各种问题，对潜在可能造成破坏的变更也更好控制。

9.2.4　开展回归测试

如果直接把所有流量转发到绿色版本的网络，但刚巧遇到故障，那么将直接破坏茅膏菜的灌溉系统。因此，我们以金丝雀部署的形式启动变更，每天把发往绿色版本网络的流量的占比提高 10%。尽管这一过程共需要大约两周，我们却能对网络变更的正确性更有把握。如果期间发现问题，可以随时降低流量比例并启动排查。

图 9.8 演示了这种通过逐步增加流量来持续对绿色版本的环境进行测试的过程。在该过程中，发往蓝色版本环境的流量逐步减为 0，而发往绿色版本环境的流量则最终达到 100%。在最终关闭蓝色版本网络之前，持续观察绿色版本网络一到两周，以防绿色版本后续再出现问题。

逐步增加流量的过程和等待一周后才能继续的整个过程虽然漫长，但为了明确能否继续下一步，我们必须先让系统在绿色版本环境运行足够长的时间，达到足够的流量。有些故障只有在流量达到一定量的时候才触发，另外有些问题需要一定的时间才能发现。

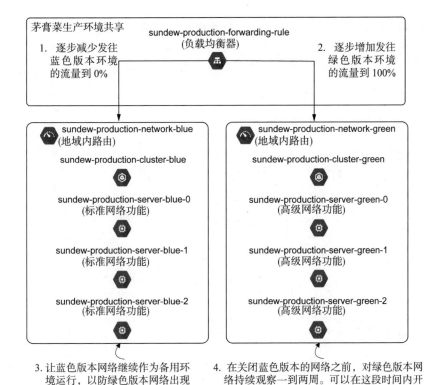

图 9.8 在把所有流量都切换到新网络并关闭旧的网络之前，保留一周的
时间进行回归测试，用于验证业务功能

我们在问题的测试、观测和监控上花费的时间会成为系统回归测试的一部分。回归测试是一种用于检查变更是否对系统功能造成破坏的测试。随着时间的推移，逐渐增加流量比例可以让你持续地对系统的功能进行评估，消除潜在的故障影响。

定义 回归测试是一种用于检查变更是否对系统功能造成破坏的测试。

在调整绿色版本环境的流量时，每次应该调多少呢？如果每天只增加 1%，就没法看出什么明显问题，除非系统的流量有数百万。我们所说的逐步增加流量比例，并不明确地要求每次必然增加多少。我建议根据系统每天要处理的请求量，以及故障的代价(如错误请求数)来评估。

通常，我会以 10% 的节奏设置增量，并观察系统的情况。如果样本量不足以发现问题，就要提高这个增量。在多次的流量比例调整之间，要设置回归测试窗口，以识别系统中的问题。

即使负载均衡器已将所有流量都切换到了绿色版本的网络上，还是要用一到两周的时间继续开展回归测试，同步监控系统功能的情况。这又是为什么呢？因为有时，我们会遇到一些极端的情况，有的请求还会导致系统功能的故障。通过预留一段回归测试的时间，我们可以继续观察系统是否能够处理这些不符合预期的，或是少见的内容或请求。

9.2.5 删除蓝色版本的基础设施

对系统继续观察两周，并解决了所有问题后，蓝色版本的网络已经差不多有两周没有处理请求和数据了，这也意味着，理论上我们可以直接删除它，不需要额外的迁移步骤。可以通过同行或变更委员会的审查来进行确认。如图 9.9 所示，在 IaC 中，将默认服务改为指向绿色版本的环境，然后再删除蓝色版本的环境。

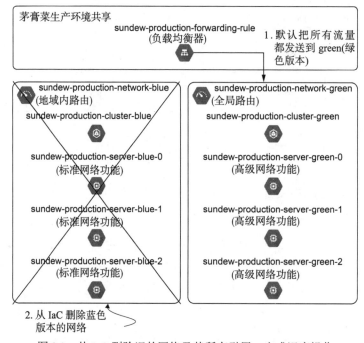

图 9.9 从 IaC 删除旧的网络及其所有引用，完成退库操作

我认为，删除蓝色版本的环境及网络是一次大的变更，因此需要进行额外的评审。比如我们不可能预料到网络中的所有用户。而一些没有与其他团队共用的资源，比如服务器，也许不需要额外的评审或变更审批。请根据第 7 章介绍的模式对删除环境的潜在影响进行评估，对这类场景做好变更的分类。我们用 shared.py 调整负载均衡器的默认服务配置，把它改为绿色版本的网络，并从后端服务列表里移除蓝色版本的网络。请看下面的代码清单 9.9。

代码清单 9.9　从负载均衡器上移除蓝色版本的环境

```
import blue
import green          导入蓝色和绿色版本环境的 IaC

TEAM = 'sundew'
ENVIRONMENT = 'production'
PORT = 8080
                                      修改负载均衡器网络配置，设
                                      置为默认指向绿色版本
shared_name = f'{TEAM}-{ENVIRONMENT}-shared'

default_version = 'green'  ◀

services_list = [  ◀            从用于生成配置的后端服务列表中，移除蓝
    {                         色版本的网络及相关服务器实例
        'version': 'green',
        'zone': green.zone,
        'name': f'{shared_name}-green',
        'weight': 100  ◀
    }                       发送所有流量到绿色版本的网络
]
```

AWS 和 Azure 等效用法说明

代码清单 9.9 同样适用于 AWS 和 Azure。我们需要把版本、可用区域、名称和权重配置映射为 AWS ALB 和 Azure Traffic Manager 的配置。

　　我们把这些变更实施到负载均衡上。不过，蓝色版本的资源不能立即删除，我们需要先确认负载均衡不再引用任何蓝色版本的资源。完成了变更的测试之后，删除 main.py 中用于生成蓝色版本环境的代码，而绿色版本的代码则要保留，如代码清单 9.10 所示。

代码清单 9.10　从 main.py 删除蓝色版本的环境

```
import green
import json

if __name__ == "__main__":
    resources = {           调用共享模块为全局负载均衡
        'resource':          创建 JSON 配置
        shared.build() +  ◀
        green.build()  ◀
    }                   调用绿色版本所在模块，创建网络所需的 JSON 配置，在其中
                        启用全局路由，启用高级网络功能的服务器以及容器集群

    with open('main.tf.json', 'w') as outfile:     将 Python 字典输出到 JSON 文
        json.dump(resources, outfile,              件，稍后由 Terraform 执行
                  sort_keys=True, indent=4)
```

　　执行变更后，IaC 工具会完成蓝色版本资源的删除。现在我们需要把 blue.py

也一并删除，以防再有人用它创建出新的蓝色版本资源。我推荐及时删除各类不再使用的文件，以避免未来给团队同事造成干扰。不然，系统中可能会多出很多不需要的资源。

> **练习题 9.1**
> 考虑以下代码：
>
> ```
> if __name__ == "__main__":
>   network.build()
>   queue.build(network)
>   server.build(network, queue)
>   load_balancer.build(server)
>   dns.build(load_balancer)
> ```
>
> 该队列依赖网络，并且服务器依赖于网络和队列。如何以蓝绿部署的方式更新队列的 SSL 配置？答案见附录 B。

9.2.6   其他注意事项

如果茅膏菜团队需要再次变更网络，就可以用类似的方式创建一个蓝色版本的环境，再走一遍部署、回归测试和删除的整个流程即可，而不需要再做一个新的绿色版本环境。由于旧的蓝色版本环境早已销毁，所以本次变更不会与现有的环境产生冲突。

变更版本的命名方式并不重要，只要能对新旧资源进行区分即可。对于网络相关的场景来说，需要妥善处理 IP 地址段的分配工作。最好为蓝色和绿色版本的网络分别确定一个固定的 IP 地址段。这样，我们在蓝绿部署的过程时，不用每次都去外层网络空间查找可用的地址段。

通常，我在下列场景中运用蓝绿部署：
- 变更的回退需要很长时间
- 不确定能否在部署后回退对资源的更改
- 有大量不易识别的高层级资源依赖于该资源
- 资源的变更可能对不允许停机时间的核心业务造成影响

并不是所有的基础设施资源都需要使用蓝绿部署。比如，身份与访问控制系统(IAM)中的策略可以就地变更，一旦发现问题，就可以快速回退。我们将在第 11 章介绍更多关于变更回退的内容。

相比于要维护多套环境，蓝绿部署的做法所需的时间与资金成本会小些。不过，如果要部署的是网络、项目和账号这类低层级基础设施，这种做法的成本却更高。我通常认为这一模式的效用是值得付出成本的：它可让变更的影响范围局限在特定资源内，提供了一种低风险的部署方法，以使系统中断最小化。

9.3　有状态基础设施

至此，本章的示例还没有涉及一种常见类型的基础设施资源。然而，茅膏菜系统包含各种需要处理、管理和存储数据的资源。比如，茅膏菜系统有一个 Google SQL 数据库，运行于"地域内路由"模式的网络中。

9.3.1　蓝绿部署

茅膏菜的应用团队通知我们说，他们希望变更数据库，以使用新的"全局路由"网络。我们修改了 IaC 中的私有网络 ID，并推送到代码仓库。随后，此部署流水线中的合规性测试(见第 8 章)运行失败。

你注意到，一个负责从模拟运行(执行计划)中检查数据库删除操作的测试运行失败：

```
$ pytest . -q

F                                               [100%]
====== FAILURES ======
_____ test_if_plan_deletes_database _____

database = {'address': 'google_sql_database_instance.blue', 'change':
➥{'actions': ['delete'], 'after': None, 'after_sensitive': False,
➥'after_unknown': {}, ...}, 'mode': 'managed', 'name': 'blue', ...}

 def test_if_plan_deletes_database(database):
>     assert database['change']['actions'][0] != 'delete'
E     AssertionError: assert 'delete' != 'delete'

test/test_database_plan.py:35: AssertionError
======= short test summary info =======
FAILED test/test_database_plan.py::test_if_plan_deletes_database -
➥AssertionError: assert 'delete' != 'delete'
1 failed in 0.04s
```

合规性检查阻止了我们对关键数据库的删除操作！如果没有这个测试就直接执行了变更，那么有可能导致所有的茅膏菜业务数据全部被删除！茅膏菜团队对就地变更数据库的网络提出了疑虑。我们需要以蓝绿部署的方式来完成这次变更。

在图 9.10 中，我们先手工确认能否把数据库迁移到绿色版本的网络上，却发现迁移并不成功。茅膏菜系统能够接受数据丢失，所以我们复制一份蓝色版本数据库的 IaC，并用它在高级网格里创建出绿色版本的数据库实例。把数据从蓝色版本数据库迁移到绿色版本之后，我们让应用切换为使用新的数据库，并删除旧的数据库。

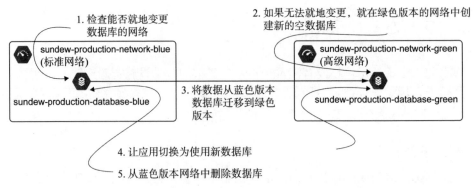

图 9.10   如果无法就地变更数据库，就需要部署新的绿色版本数据库，迁移并
完成数据的对账，再把数据库地址修改为绿色版本

数据库是一种与状态强相关的基础设施资源，蓝绿部署的做法同样适用于数据库。数据库这种要存储和管理数据的基础设施称为有状态基础设施资源。在现实中，所有的业务应用都要以某种形式处理和存储数据。然而，我们需要对有状态基础设施格外关注，因为与之相关的变更会直接影响到数据。典型的这类基础设施包括数据库、队列、缓存和流处理工具等。

定义   有状态基础设施资源指的是负责存储和管理数据的基础设施。

为什么要在处理数据的基础设施资源上运用蓝绿部署技术？因为有时我们无法用 IaC 对这些资源进行就地变更。直接以新的资源替代会导致数据损坏或丢失，从而影响到业务应用。蓝绿部署能让我们在新的数据库实际启用之前，就能对其功能进行测试。

9.3.2   修改交付流水线

我们回到茅膏菜团队的场景。现在我们要修复交付流水线，以自动化的方式变更数据库。如图 9.11 所示，我们修改交付流水线，在其中加入自动从蓝色向绿色版本的数据库迁移数据的步骤。在绿色版本的数据完成了添加和部署之后，流水线就运行集成测试，以及从蓝色向绿色版本数据库的自动数据迁移步骤，最后还会运行端到端测试。

在数据迁移步骤，要注意保持幂等性。每次运行用于迁移的自动化脚本所得到的数据库应该一致，运行期间要防止产生重复数据。实际的数据迁移过程会有所不同，具体取决于所使用的有状态基础设施的类型(数据库、队列、缓存和流处理工具)。

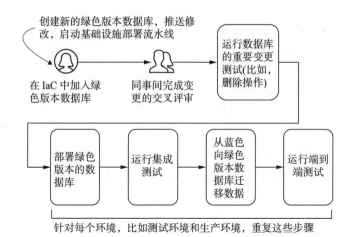

图 9.11   在基础设施部署流水线中加入创建绿色版本数据库，以及从蓝色版本迁移数据的步骤

注意   有关以几乎无停机(或完全无停机)的方式迁移和管理有状态基础设施的技术，可以用一本书来介绍。我推荐 Laine Campbell 和 Charity Majors 著的 *Database Reliability Engineering* 一书(O`Reilly，2017)，你可从中学习管理数据库的其他模式和实践。对于其他各类的基础设施资源的迁移、升级和高可用的配置，你也可参考相应的文档。

根据有状态基础设施的变更频率，我们应该把自动数据迁移过程记录在部署流水线上，而不是在 IaC 中。单独管理数据迁移过程，有助于随时修改具体步骤，调试问题，而不会影响到有状态资源的创建与删除。

9.3.3   金丝雀部署

为了完成茅膏菜数据库的变更，还要修改应用的配置，启用绿色版本的数据库。作为一种高层级资源，业务应用和数据库的依赖关系，与负载均衡和承载流量的服务器的关系是类似的。通过运用微调的金丝雀部署技术，即可完成到新数据库的切换。

图 9.12 展示了回归测试，以及修改应用配置以启用新数据库的过程。一段时间的回归测试(以确保业务功能仍然正常)之后，我们变更应用的配置，让它只向绿色版本数据库写入数据。回归测试继续开展一段时间之后，我们再变更应用配置，从绿色版本数据库读取数据。

我们采取增量变更，逐步将变更实施到业务应用上，以便遇到问题时，能够回退到蓝色版本的数据库。由于在变更期间，应用要把数据库同时写入两个数据库，所以可能要编写额外的自动化机制来处理数据对账。有状态基础设施变更流程中的这种双写机制，可确保我们能够对有关数据存储与更新的关键功能进行测试。也只有如此，应用才能正确读取和处理数据。

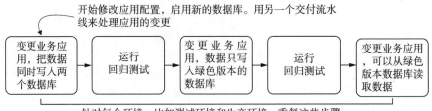

图 9.12　增量地更新应用的部署流水线以写入两个数据库，只写入绿色版本
数据库，然后从绿色版本数据库读取

既然茅膏菜已切换为启用绿色版本数据库，那么如图 9.13 所示，我们修改 IaC，以删除蓝色版本的数据库。我们注意到，由于执行了数据库的删除操作，还是会导致合规性测试运行失败！此时，需要修改测试，让它只在删除绿色版本数据库时运行失败，删除蓝色版本时则运行通过。这一修改将允许我们删除不再使用的蓝色版本数据库。

像金丝雀部署这样的技术，具备较为快速的反应能力，能够缓解故障带来的影响，尤其在一些涉及数据处理的场景更加突出。这种优势体现在遇到数据错误只需要修复几条错误的数据记录，而不需要从备份还原整个数据库。执行有状态基础设施的变更时，相比于直接变更线上生产系统，在单独的绿色版环境中变更会让我更有信心。

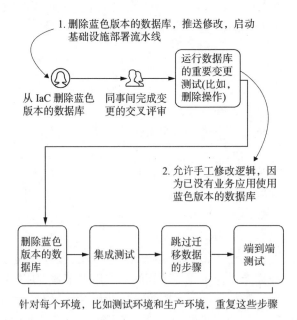

图 9.13　通过从 IaC 移除相关内容来删除蓝色版本的数据库，将修改内容推送到部署流水线

像蓝绿部署这类能体现不可变性的变更策略为我们提供了一种清晰的变更流程，并尽可能地缩小潜在故障的影响范围。得益于可重建性原则，我们通常可基于原有配置进行复制和编辑来实现符合不可变性的变更。这一原则还允许通过类似的复制流程提升基础设施体系的冗余度。

9.4　本章小结

- 在实施任何基础设施变更之前，要确保系统已具备针对基础设施和业务应用的测试、监控和可观测性能力。
- IaC 领域的冗余度意味着向配置添加额外的空闲资源，以备组件发生故障时完成故障的转移。
- 系统可靠性度量的是系统在一段时间之内正常工作的时间长度，在 IaC 中为系统增加冗余度相关配置可提升系统的可靠性。
- 主从热备模式包含一个用于处理请求的活跃主环境，以及一个功能相同的闲置环境，作为活跃环境故障时的备用。
- 故障转移指的是把流量从发生故障的活动环境切换到闲置的从环境的过程。
- 双活架构模式指的是搭建两套活动环境，同时处理请求。它们都可以通过 IaC 复制和管理。
- 蓝绿部署会创建一组新的基础设施资源子集，该子集分阶段执行你想要执行的变更，然后逐步把流量切换到新的资源上。最终完成旧资源的删除。
- 蓝绿部署期间，既要部署直接变更的资源，也要部署依赖这些资源的高层级资源。
- 金丝雀部署是一种先把小部分流量转发到新的基础设施资源上，以验证系统的功能正常；再随着时间的推移，逐步提升转发流量的比例的部署方法。
- 要预留几周的回归测试时间，检查系统变更是否影响到现有或新的业务功能。
- 有状态基础设施指的是存储和管理数据的资源，比如数据库、缓存、队列和流处理工具。
- 有状态基础设施的蓝绿部署过程，需要额外的数据迁移步骤。要妥善地处理蓝绿版本有状态基础设施之间的数据复制。

第**10**章

重　　构

本章主要内容
- 学会在合适的时机对 IaC 进行重构，以免影响系统
- 使用特性开关来提高基础设施属性的可变更性
- 解释如何使用滚动更新实现不停机变更

随着时间的推移你会发现，采用各种模式或者实践也已无法满足你在基础设施即代码上的协作需求了。即使采用蓝绿部署这样的策略也无法解决你的团队所遇到的配置和变更需求。这时，必须对 IaC 代码进行一系列的修改，才能应对扩展方面的问题。

比如，负责维护食人草养殖场数据中心的茅膏菜团队发现他们已经无法自信且便捷地对系统进行变更。这个团队按照单例模式将所有的基础设施资源都存放在一个代码库中，这样可以更快速地交付系统，他们一直在持续地更新这个代码库。

茅膏菜团队描述了几个系统中存在的问题。首先，团队发现他们对于基础设施的变更经常会相互覆盖。比如一个团队正在更新服务器的配置，却突然发现另外一个团队成员更新了网络配置，这对正在进行的配置是有影响的。

其次，完成一次变更需要超过 30 分钟的时间。因为这个变更会调用上百个基础设施 API 来获取各种资源的状态，这让反馈速度变得非常慢。

最后，安全团队对于茅膏菜团队的基础设施提出了担心，因为当前的配置没有使用以公司标准强化过的基础设施模块。

你意识到需要对茅膏菜团队的配置进行改进，新的配置需要使用安全团队批准的现有的服务器模块。你还需要将配置拆分，以便最小化变更的影响范围。在

本章中，我们将探讨一些可以帮助将大型单实例代码库拆分的模式和技术，这些代码库往往包含上百个资源。作为茅膏菜团队的 IaC 顾问，你要帮助他们将单体代码库拆分成多个，并且调整服务器配置的结构，从而防止冲突和遵守安全标准。

> **注意**　演示重构过程需要一个足够大型且复杂的示例。如果你运行了我们提供的完整示例，那么会超出 GCP 提供的免费限额。本书中仅仅引用了与内容相关的部分代码，隐去了其他部分。如果需要获取完整的代码清单，示例代码库网址见链接[1]。如果你将这些示例转换成 AWS 或者 Azure 的格式，也一样会产生费用。在本书中，我提供了用于在云服务提供商之间转换示例的说明。

10.1　最小化重构的影响

茅膏菜团队在拆分他们的基础设施配置上需要一些帮助。你决定对他们的 IaC 代码进行重构，以实现更好的隔离性，缩短在生产环境应用配置的运行时长以及通过遵守公司标准来提升安全性。对 IaC 进行重构需要确保在修改代码结构的同时不影响现有的基础设施。

> **定义**　**IaC 重构**是指在不影响现有基础设施资源的前提下修改配置或者代码的实践。

你和茅膏菜团队进行了沟通，说明他们的配置需要进行重构才能解决这些问题。团队成员支持你的努力，但他们希望你将重构的影响降到最低。为应对这些挑战，你将使用一些技巧来减小 IaC 重构造成的影响。

> **技术债**
>
> 重构是偿还技术债的一种手段。技术债是一种比喻，是指那些随着时间的推移越来越难修改或扩展的代码或实现方式。
>
> 为帮助理解 IaC 技术债，回顾一下茅膏菜团队的做法。他们将所有的基础设施资源放入一个代码库中。随着时间的推移和变更的累积，团队积累了技术债。比如一个服务器变更可能要先解决和其他变更的冲突才能实现，而解决这些冲突需要先对上百个基础设施 API 进行调用才能得到反馈。注意，任何复杂系统中都存在技术债，但是你要努力减少它们。
>
> 管理层对我要处理技术债而不是开发新功能感到非常担心。我对此据理力争，基础设施上积累的技术债迟早要还，否则就需要付出代价。一个很小的遗留问题都有可能在某次变更时造成系统宕机,更糟糕的情况是造成个人信息的泄露，

这种问题一旦出现将造成巨大的经济损失。如果遇到这种质疑，可以通过评估不修复技术债会造成的影响来表明态度。

10.1.1　通过滚动更新减小影响范围

食人草养殖场数据中心的平台和安全团队准备了一个预置了安全配置的服务器模块，你可以在茅膏菜系统中使用这个模块。茅膏菜团队的基础设施配置包括三个服务器配置，但并没有使用这个安全模块。现在的问题是，如何变更 IaC 代码来引入这个安全模块？

想象一下，如果你直接创建三台新的服务器并且将流量切换到新服务器上。一旦应用程序无法正确运行，那么你将中断整个茅膏菜系统，系统也就无法为可怜的植物浇水。反过来，也可以通过一个接一个地更改服务器来有效地减小服务器模块重构的爆炸半径。

如图 10.1 所示，你先创建一个预置了安全模块的新服务器，将应用程序部署到新服务器上，验证应用程序工作正常，然后删除旧服务器。对另外两台服务器重复以上步骤。采用这种方式，我们可以在不影响现有服务器的情况下逐步实施变更。

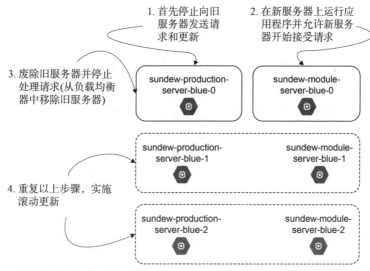

图 10.1　使用滚动更新方式创建新服务器，部署应用程序并通过测试确保对其他资源不造成影响

滚动更新就是一种对类似的资源逐一变更的方式。

定义　**滚动更新**是对一组类似的资源进行逐一变更，在确保每一个被变更资源通过测试以后再去更新下一个资源的方式。

通过在茅膏菜团队中使用滚动更新，可以在每次更新时隔离单个服务器的故障，并允许我们在继续更新下一台服务器之前测试服务器的功能。

滚动更新可以避免因为变更失败或者错误的 IaC 代码造成大量理不清的问题。比如，如果食人草养殖场的数据中心模块在新的服务器上不工作，你就可以停止这次部署，防止对剩下的服务器造成影响。滚动更新允许你在下一台服务器上实施变更之前验证 IaC 的正确性。同时，滚动更新对于减少应用宕机时间以及降低实施变更造成的故障也很有帮助。

注意 滚动更新的概念是从工作负载编排工具(比如 Kubernetes)那里借鉴过来的。当你需要更新一个新节点(虚拟机)时，你会发现它使用自动的滚动更新机制。编排引擎首先切断旧节点的流量，组织新的负载在旧节点上运行，然后在新节点上启动应用，停用旧节点，最后将流量和工作负载重新发送到新节点上。在你进行重构的过程中，你应参照这个方式。

得益于滚动更新和增量测试，你知道新服务器可以使用安全模块运行。你告诉团队你已经完成了服务器模块的重构，确保内部服务正常运行。茅膏菜团队现在可以将所有用户流量发送到这些安全加固过的服务器上了。但是，团队成员告诉你它们还需要先对负载均衡器进行更新才行。

10.1.2 在重构中使用特性开关

你需要一种方法来将新服务器暂时地隐藏,不让面向客户的负载均衡器看到,需要等团队批准后，再重新添加回来。所有的配置都已经准备好，你需要一个能隐藏或显示新服务器的变量，这将简化茅膏菜团队的工作。当团队成员完成对负载均衡器的更新之后，他们只需要更新一个变量就可以把新服务加回来。

图 10.2 展示了为新服务器模块添加控制变量的过程。你可以创建一个布尔值变量，通过设置 True 或者 False 值来激活或者禁用新服务器模块。然后在 IaC 代码中引用这个变量。使用 True 值可以将服务器添加到负载均衡器里面,使用 False 可以将服务器移除掉。

使用这种布尔值变量对于提高系统的可组合性和可演进性有帮助。对变量的一个简单修改就可以添加、移除或者更新一个配置。我们一般称这个变量为特性标志(或者特性开关)，一般被用来激活或禁用特定基础设施资源、依赖项或者属性。在软件开发中，采用主干开发模型(只使用 main 一个分支进行开发)的团队中经常会用到特性开关。

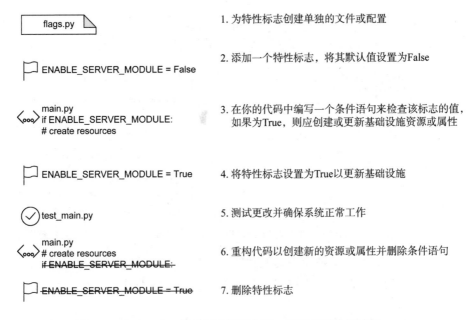

图 10.2　在 IaC 中，特性标志涉及创建、管理和删除的过程

定义 特定开关通过设置一个布尔变量的值来激活或者禁用特定的资源、依赖项或者属性。

特性开关可以将一部分特性或代码隐藏起来，防止它们影响到主分支团队的其他成员。对于茅膏菜团队来说，他们可以在团队完成负载均衡器的变更之前将新服务器隐藏起来。类似地，也可以通过特性开关暂时搁置特定的配置，并通过修改这一个变量来完成变更。

> **配置开关**
> 当你开始使用特性开关对新服务器的变更进行预发布时，一般要先添加一个开关并设置成 False 状态。设置一个开关为 False 状况可以保持原有的基础设施状态不变，如图 10.3 所示。茅膏菜团队的配置首先会默认禁用服务器模块，这样对于原有服务器不会有任何影响。

让我们使用 Python 语言来实现这个开关。首先，你在一个名为 flags.py 的独立文件中设置服务器模块的开关为 False 状态。这个文件中定义了一个开关，ENABLE_ SERVER_MODULE，并设置为 False 状态。

```
ENABLE_SERVER_MODULE = False
```

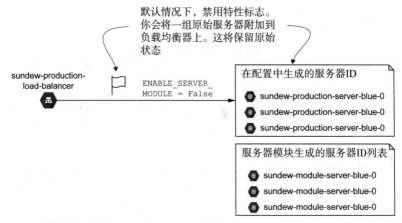

图 10.3   将特性标志默认设置为 False，以保留基础设施资源的原始状态和依赖关系

也可以将开关变量放置在其他文件中，但是这样可能会不方便跟踪这些变量。因此，你决定将这些变量都放在一个独立的 python 文件中。

备注 我总是会使用一个独立的容易识别的文件来管理我的所有的开关变量。

代码清单 10.1 在 main.py 中导入了这些开关，并且实现了用于生成一系列服务器的逻辑，并将这些服务器加入负载均衡器中。

代码清单 10.1   包含特性标志以将服务器添加到负载均衡器中

```
import flags          ←——— 导入定义所有特性标志的文件

def _generate_servers(version):
    instances = [
        f'${{google_compute_instance.{version}_0.id}}',
        f'${{google_compute_instance.{version}_1.id}}',
        f'${{google_compute_instance.{version}_2.id}}'
    ]
    if flags.ENABLE_SERVER_MODULE:
        instances = [
            f'${{google_compute_instance.module_{version}_0.id}}',
            f'${{google_compute_instance.module_{version}_1.id}}',
            f'${{google_compute_instance.module_{version}_2.id}}',
        ]
    return instances
```

使用 Terraform 资源在系统中定义现有的 Google 计算实例(服务器)列表

将特性标志设置为 True 将附加由模块创建的服务器，否则将保留原始服务器

使用条件语句评估特性标志，并将服务器模块的资源添加到负载均衡器中

AWS 和 Azure 等效用法说明

如果要将清单 10.1 中的代码转换成支持 AWS 或者 Azure，你需要使用 AWS EC2 Terraform 资源(网址见链接[2])或者 Azure 的 Linux 虚拟机 Terraform 资源(网址见链接[3])。然后，你只需要更新实例列表中的引用。

代码清单 10.2　用功能标志的 JSON 配置

```
{
    "resource": [
        {
            "google_compute_instance_group": {          ← 用 Terraform 资源创建
                "blue": [                                     Google 计算实例组，以
                    {                                         便附加到负载均衡器
                        "instances": [
                            "${google_compute_instance.blue_0.id}",
                            "${google_compute_instance.blue_1.id}",
                            "${google_compute_instance.blue_2.id}"
                        ]
                    }                                    配置应包含原始 Google
                ]                                        计算实例列表，保留基
            }                                            础设施资源的当前状态
        }
    ]
}
```

AWS 和 Azure 的等效用法说明

谷歌的计算实例组没有与 AWS 和 Azure 直接对应的配置。因此，你需要把计算实例组替换成一个为 AWS 负载均衡器目标组准备的资源定义(网址见链接[4])。对于 Azure 而言，你需要为机器实例准备一个后端地址池以及 3 个地址资源(网址见链接[5])。

将特性开关默认设置成 False 状态实际上是应用了幂等性原则。当你运行 IaC 代码时，你的基础设施状态不应该发生改变。这样的开关配置可以确保你不会无意中改变了基础设施的状态。保持现有服务器的原有状态可以最小化对其他依赖资源的影响。

激活开关

当茅膏菜团队已完成变更并批准将新服务器加入负载均衡器时，你就可以将特性开关设置成 True 状态，如图 10.4 所示。当部署了变更后，就可以将模块中的服务器连接到负载均衡器并且移除掉旧服务器。

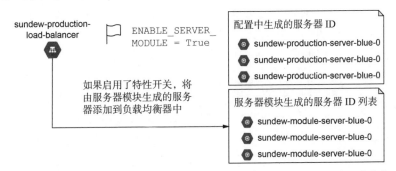

图 10.4　将特性开关设置为 True，将模块创建的三个新服务器附加到负载均衡器上，并分离旧服务器

让我们来看看更新特性开关的过程。首先将服务器的特性开关设置成 True：

```
ENABLE_SERVER_MODULE = True
```

然后，运行 Python 代码生成新的 JSON 配置。代码清单 10.3 中的配置现在已经包含了模块中创建的要被加入负载均衡器的新服务器。

代码清单 10.3：启用特性开关的 JSON 配置

```
{
    "resource": [
        {
            "google_compute_instance_group": {
                "blue": [
                    {
                        "instances": [
                            "${google_compute_instance.module_blue_0.id}",
                            "${google_compute_instance.module_blue_1.id}",
                            "${google_compute_instance.module_blue_2.id}"
                        ]
                    }
                ]
            }
        }
    ]
}
```

因为启用了特性开关，所以模块创建的新服务器将替换旧服务器

特性开关可以帮助你在不影响上层的负载均衡器资源的前提下，对低层级资源进行预部署。也可以将开关设置成关闭状态，然后通过再次运行代码将重新连接旧服务器。

为什么要使用特性开关来完成服务器模块的切换呢？因为特性开关可以在你确定相关资源已经做好准备以前将这些功能隐藏起来。使用一个简单的变量就可以完成添加、移除和更新资源的操作。当然，也可以通过这个变量撤回变更。

移除开关

当新服务器运行一段时间以后，茅膏菜团队确认服务器工作正常。这时你就可以将清单 10.4 中所列的旧服务器移除。你也不再需要这个特性开关，而且你也不想让其他阅读代码的团队成员感到迷惑。这时，你需要对负载均衡器的 python 代码进行重构，将旧服务器移除掉并且删除这个特性开关。

代码清单 10.4　在更改完成后删除特性开关

```
import blue
```

你可以删除特性开关的导入语句，因为你的服务器不再需要它

```
def _generate_servers(version):
```

```
    instances = [
        f'${{google_compute_instance.module_{version}_0.id}}',
        f'${{google_compute_instance.module_{version}_1.id}}',
        f'${{google_compute_instance.module_{version}_2.id}}',
    ]
return instances
```

将由该模块创建
的服务器永久附
加到负载均衡器
上，并移除开关

DSL

代码清单 10.4 中展示了如何在编程语言中使用特性开关。也可以在 DSL 中使用特性开关，当然你需要参照你所用工具的语法来编写。在 Terraform 中，你可以通过一个变量和一个名为 count 的元参数(网址见链接[6])：

```
variable "enable_server_module" {
type    = bool
default    = false
description    = "Choose true to build servers with a module."
}
module "server" {
 count          = var.enable_server_module ? 1 : 0
 ## omitted for clarity
```

在 AWS CloudFormation 中，你可以通过传递一个参数并设置一个条件(网址见链接[7])来激活或者屏蔽资源的创建：

```
AWSTemplateFormatVersion: 2010-09-09
Description: Truncated example for CloudFormation feature flag
Parameters:
  EnableServerModule:
    AllowedValues:
      -'true'
      -'false'
    Default: 'false'
    Description: Choose true to build servers with a module.
    Type: String
Conditions:
  EnableServerModule: !Equals
    -!Ref EnableServerModule
    -true
Resources:
  ServerModule:
    Type: AWS::CloudFormation::Stack
    Condition: EnableServerModule
    ## omitted for clarity
```

除了可以使用特性开关激活或者屏蔽整个资源，也可以通过条件语句来激活或者屏蔽资源里面的特性属性。

通用的规则是，当你完成改动以后就将特性开关删除。因为太多的开关会增加 IaC 代码的逻辑复杂度，让这些代码难以维护和定位错误。

应用场景

在上面的例子里，我们使用特性开关，把基础设施的配置从单体配置重构成模块化配置。我经常会使用特性开关来实现此类场景，这使得基础设施资源的创建和移除都显得更简单。其他类似的用途还包括：

- 在相同的基础设施资源或依赖项上协作并避免变更冲突。
- 将一组变更暂存起来，并通过修改一个开关值来一起更新
- 对变更进行测试，在出现错误时快速禁用

特性开关提供了一种在重构基础设施配置期间隐藏或隔离基础设施资源、属性和依赖项更改的技术。但是，更改开关仍然会破坏系统。在茅膏菜团队的服务器示例中，我们不能简单地将特性开关切换为 True 便期望服务器可以正常运行应用程序。相反，我们会将特性开关与滚动更新等其他技术结合，以最大限度地减少对系统的干扰。

10.2　拆分单体应用

茅膏菜团队成员表示他们的系统仍然存在问题。通过定位你发现，对数百个资源和属性进行统一配置是根本原因。因为在这种情况下，每当有人做变更，团队成员必须解决与其他人的冲突。这样他们就必须等待 30 分钟才能进行更改。

单体架构的 IaC 意味着在一个地方定义所有基础设施资源。你需要将 IaC 的单体分解成更小的模块化组件，以最大程度减少团队成员之间的工作冲突并加快变更的部署。

> **备注**　IaC 的单体架构在单一仓库和同一状态下定义所有基础设施资源。

在本节中，我们将介绍茅膏菜团队的单体架构的重构。其中，最关键的一步是对高级别基础设施资源和依赖项进行识别和分组。我们通过对低级基础设施资源进行重构来完成这个工作。

单体架构和单个代码库

回想一下，你可以将基础设施配置放入单个存储库(第 5 章)。单个存储库是否意味着单体架构？不一定。因为单个存储库可被细分为单独的多个子目录。每个子目录会包含单独的 IaC。

单体式架构意味着你将许多资源统一管理，资源紧密耦合，因此单独更改一个子集就会变得困难。单体式应用通常源于初始的单例模式(所有配置都位于一个地方)，并随着时间的推移而扩展。

你可能已经注意到，我在第 3 章和第 4 章中已开始介绍用于模块化基础设施资

源和依赖项的模式。那么为什么不早点介绍重构呢？如果你可以在 IaC 开发的早期识别并应用一些模式，就可以避免单体架构。但现实情况是，你经常会承接一些采用单体架构的应用，并且经常需要重构。

10.2.1　对高级别资源进行重构

茅膏菜团队在一组配置文件中管理着数百种资源。你应该从哪里开始对 IaC 进行拆分呢？你决定寻找那些不依赖于其他资源的高级别基础设施资源，并从它们开始入手。

茅膏菜团队在 GCP 项目级 IAM 服务账户和角色中有一套高级别基础设施配置。由于实施 IAM 服务账户和角色配置不需要创建网络或服务器资源。其他资源也都不依赖 IAM 角色和服务账户。可以先将它们分离并拆分。

注意不能使用蓝绿部署方式，因为 GCP 不允许复制策略。同时，你也不能简单地从整体配置中删除角色和账户并将它们复制到新的存储库。因为删除它们会阻止所有人登录该项目！那么如何完成拆分工作呢？

可以将配置复制并粘贴到其单独的存储库或目录中，为单独的配置初始化状态，并将资源导入与新配置关联的基础设施状态。然后，你就可以删除单体配置中的 IAM 配置。与滚动更新方式类似，你逐步变更每组基础设施资源，对变更进行测试，然后继续下一个。

图 10.5 概述了为高级别资源进行单体重构的解决方案。你将代码从单体复制到一个新文件夹，并将活动的基础设施资源导入新文件夹的代码状态中。然后重新部署代码以确保它不会更改现有基础设施。最后，从整体中移除高级资源。

与特性开关一样，我们使用幂等性原则来运行 IaC，并验证不影响活动的基础设施状态。无论何时进行重构，都要确保部署了变更并检查了空运行。你不希望意外地更改现有资源并对其依赖项造成影响。

我们将在以下几节中重构示例。坚持就是胜利！我知道重构工作往往非常乏味，但渐进的方法可确保你的系统不会出现大范围的故障。

将单体应用中的代码复制到单独的状态中

重构工作要先将创建 IAM 角色和服务账户的代码复制到新目录。茅膏菜团队希望保持单一的存储库结构，将所有 IaC 存储在一个源代码控制存储库中，而将配置分隔到文件夹中。

你识别出了将要复制到新文件夹中的 IAM 角色和服务账户的代码，如图 10.6 所示。激活的 IAM 策略及其在 GCP 中的基础设施状态不会更改。

为什么要将 IAM 策略的 IaC 复制到单独的文件夹中？因为你希望在不影响任何活动资源的情况下拆分单体 IaC。在重构时最重要的实践是保留幂等性。当你移动 IaC 时，你的活动状态资源永远不应被更改。

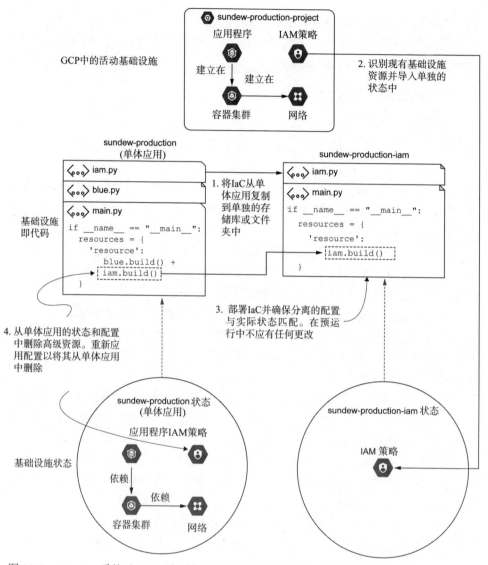

图 10.5 Sundew 系统对 GCP 项目的 1AM 策略没有依赖项, 你可以轻松地对其进行重构,
而不会影响其他基础设施

下面开始重构 IAM 策略, 将其从单体应用中分离出来。创建一个新目录, 专门用于管理 GCP 项目的 IAM 策略:

```
$ mkdir -p sundew_production_iam
```

将 IAM 配置从单体结构中复制到新目录:

```
$ cp iam.py sundew_production_iam/
```

由于 IAM 策略不依赖于其他基础设施，因此你不需要更改任何内容。代码清单 10.6 中的 iam.py 文件将一组用户的创建和角色分配动作分开处理。

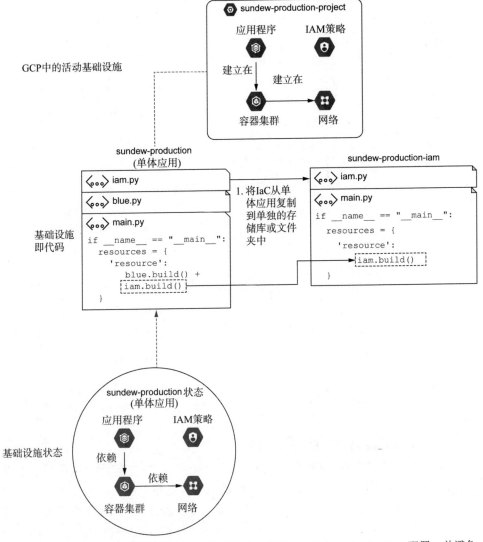

图 10.6　将 IAM 策略的文件复制到一个新目录中，用于 sundew-production-iam 配置，并避免更改 GCP 中的现有基础设施资源

代码清单 10.5　IAM 配置与单体应用分离

```
import json                            设置 Terraform 使用的资源类型为常量，
                                       以便以后需要时可以引用它们
TEAM = 'sundew'
TERRAFORM_GCP_SERVICE_ACCOUNT_TYPE = 'google_service_account'
TERRAFORM_GCP_ROLE_ASSIGNMENT_TYPE = 'google_project_iam_member'
```

```
users = {
    'audit-team': 'roles/viewer',
    'automation-watering': 'roles/editor',
    'user-02': 'roles/owner'
}

def get_user_id(user):
    return user.replace('-', '_')

def build():
    return iam()

def iam(users=users):
    iam_members = []
    for user, role in users.items():
        user_id = get_user_id(user)
        iam_members.append({
            TERRAFORM_GCP_SERVICE_ACCOUNT_TYPE: [{
                user_id: [{
                    'account_id': user,
                    'display_name': user
                }]
            }]
        })
        iam_members.append({
            TERRAFORM_GCP_ROLE_ASSIGNMENT_TYPE: [{
                user_id: [{
                    'role': role,
                    'member': 'serviceAccount:${google_service_account.'
                    + f'{user_id}' + '.email}'
                }]
            }]
        })
    return iam_members
```

将你添加到单体应用中的所有用户作为整体的一部分

使用模块创建 IAM 策略的 JSON 配置，将其放在单体应用之外

为茅膏菜生产项目中的每个用户创建一个 GCP 服务账号

分配为每个服务账号定义的特定角色，例如查看者、编辑者或所有者

AWS 和 Azure 等效用法说明

代码清单 10.5 会在 GCP 中创建所有用户和组，将它们作为服务账号，可以你只需要运行示例直至完成。通常，你会使用服务账号来实现自动化。

在 GCP 中，服务账号类似于专门用于服务自动化的 AWS IAM 用户或使用客户端密钥注册的 Azure Active Directory 应用程序。如果要在 AWS 或 Azure 中重构代码，请根据需要调整查看者、编辑者和所有者的角色，以适应 AWS 或 Azure 的角色。

应设置常量并创建方法，以在分离配置时输出资源类型和标识符。这样你就可以随时将它们用于其他自动化和持续的系统维护，特别是当你要继续重构单体应用时！

如代码清单 10.6 所示，在 sundew_production_iam 文件夹中创建一个 main.py 文件，引用 IAM 配置并输出其 Terraform JSON。

代码清单 10.6　构建 IAM 单独的 JSON 配置的入口点

```
import iam
import json

if __name__ == "__main__":
  resources = {
      'resource': iam.build()
  }

with open('main.tf.json', 'w') as outfile:
    json.dump(resources, outfile,
              sort_keys=True, indent=4)
```

导入 IAM 配置代码并
构建 IAM 策略

将 Python 字典写入 JSON 文件,稍后
供 Terraform 执行

先不要着急马上运行 Python 创建 Terraform JSON 或部署 IAM 策略！因为你已经在 GCP 部分的配置中定义了 IAM 策略。如果你运行 main.py 并应用使用单独 IAM 配置的 Terraform JSON,GCP 会抛出一个错误,因为用户账户和分配已经存在:

```
$ python main.py

$ terraform apply -auto-approve
## output omitted for clarity
| Error: Error creating service account: googleapi:
➥Error 409: Service account audit-team already exists within project
➥projects/infrastructure-as-code-book., alreadyExists
```

茅膏菜团队成员不希望你删除和创建新的账户和角色。因为如果你删除和创建新的账户,他们就无法登录到他们的 GCP 项目。你需要一种方法来迁移单体应用中定义的现有资源,并将它们链接到相应文件夹中的相应代码。

将资源导入新的配置状态中

有时,使用重构后的 IaC 创建新资源会干扰开发团队和业务关键系统。你不能使用不变性原则来删除旧资源并创建新资源。相反,你必须将活动资源从一个 IaC 定义迁移到另一个 IaC 定义。

以茅膏菜团队为例,你需要从单体应用的配置中提取每个服务账户的标识符,并将它们"移动"到新状态。图 10.7 演示了如何从单体应用中分离每个服务账户及其角色分配,并将它们附加到 sundew_production_iam 目录中的 IaC。你调用 GCP API 获取 IAM 策略的当前状态,并将实时基础设施资源导入到分离的配置和状态中。运行 IaC 时,在预演模式下,应该不显示任何更改。

为什么要使用 GCP API 导入 IAM 策略信息呢？因为你希望导入资源的更新、活动的状态。云提供商的 API 提供资源的最新配置状态。你可以调用 GCP API 检索茅膏菜团队的用户电子邮件、角色和标识符信息。

你决定使用 Terraform 的导入功能将现有资源添加到状态中,而不是编写自

己的导入功能并将标识符保存在文件中。在代码清单10.7中，你编写了一些Python代码，用于包装 Terraform 的导入功能以实现自动化批量导入 IAM 资源，以便茅膏菜团队可以重复使用它。

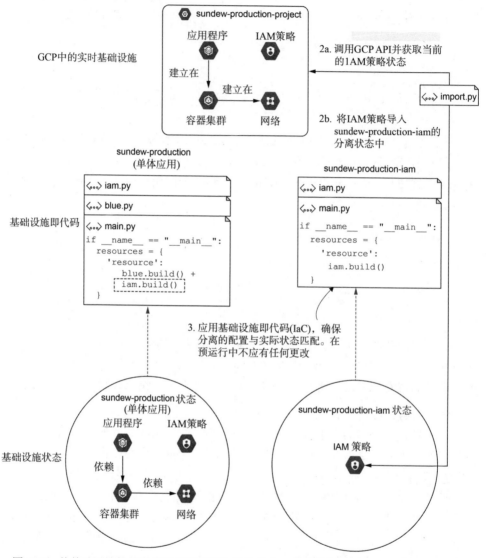

图 10.7 从基础设施提供商获取分离资源的当前状态，并在重新应用 IaC 之前导入标识符

代码清单 10.7 文件 import.py 单独导入了 sundew 1AM 资源

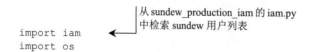

从 sundew_production_iam 的 iam.py
中检索 sundew 用户列表

```
import iam
import os
```

从 CLOUDSDK_CORE_PROJECT
环境变量中检索 GCP 项目 ID

使用 Google Cloud Client Libraries for Python
获取分配给 GCP 项目中某个角色的成员列表

```python
import googleapiclient.discovery
import subprocess

PROJECT = os.environ['CLOUDSDK_CORE_PROJECT']

def _get_members_from_gcp(project, roles):
    roles_and_members = {}
    service = googleapiclient.discovery.build(
        'cloudresourcemanager', 'v1')
    result = service.projects().getIamPolicy(
        resource=project, body={}).execute()
    bindings = result['bindings']
    for binding in bindings:
        if binding['role'] in roles:
            roles_and_members[binding['role']] = binding['members']
    return roles_and_members

def _set_emails_and_roles(users, all_members):
    members = []
    for username, role in users.items():
        members += [(iam.get_user_id(username), m, role)
                    for m in all_members[role] if username in m]
    return members

def check_import_status(ret, err):
    return ret != 0 and \
        'Resource already managed by Terraform'
        not in str(err)

def import_service_account(project_id, user_id, user_email):
    email = user_email.replace('serviceAccount:', '')
    command = ['terraform', 'import', '-no-color',
               f'{iam.TERRAFORM_GCP_SERVICE_ACCOUNT_TYPE}.{user_id}',
               f'projects/{project_id}/serviceAccounts/{email}']
    return _terraform(command)

def import_project_iam_member(project_id, role,
                             user_id, user_email):
    command = ['terraform', 'import', '-no-color',
               f'{iam.TERRAFORM_GCP_ROLE_ASSIGNMENT_TYPE}.{user_id}',
               f'{project_id} {role} {user_email}']
    return _terraform(command)
```

仅获取 sundew 1AM 成员
的电子邮件和用户 ID

根据项目和用户电子邮件,使用 iam.py
中设置的资源类型常量将服务账号导
入 sundew_production_iam 状态

使用 iam.py 中设置的资源类型常量, 将角色
分配导入基于项目、角色和用户电子邮件的
sundew_production_iam 中

```
def _terraform(command):
    process = subprocess.Popen(
        command,
        stdout=subprocess.PIPE,
        stderr=subprocess.PIPE)
    stdout, stderr = process.communicate()
    return process.returncode, stdout, stderr
```

两种导入方法都包装了 Terraform CLI 命令，并返回任何错误和输出

```
if __name__ == "__main__":
    sundew_iam = iam.users
    all_members_for_roles =_get_members_from_gcp(
        PROJECT,set(sundew_iam.values()))
    import_members =_set_emails_and_roles(
        sundew_iam,all_members_for_roles)
    for user_id, email, role in import_members:
        ret, _, err = import_service_account(PROJECT, user_id, email)
        if check_import_status(ret, err):
            print(f'import service account failed: {err}')
        ret, _, err = import_project_iam_member(PROJECT, role,
                                                user_id, email)
        if check_import_status(ret, err):
            print(f'import iam member failed: {err}')
```

从 sundew_production_iam 的 iam.py 中检索 sundew 用户列表

使用 Google Cloud Client Libraries for Python 获取分配给 GCP 项目中某个角色的成员列表

仅获取茅膏菜 IAM 成员的电子邮件和用户 ID

如果导入失败且尚未导入资源，则输出错误

使用 iam.py 中设置的资源类型常量，将角色分配导入基于项目、角色和用户电子邮件的 sundew_production_iam 中

根据项目和用户电子邮件，使用 iam.py 中设置的资源类型常量将服务账号导入 sundew_production_iam 状态

Libcloud 与 Cloud Provider SDKs

本章中的示例需要使用 Google Cloud Python 客户端库，而不是第 4 章中介绍的 Apache Libcloud。尽管 Apache Libcloud 适用于检索虚拟机的相关信息，但它无法用于 GCP 中的其他资源。可阅读有关 Google Cloud Python 客户端库的更多信息，网址见链接[8]。

可以对代码清单 10.7 进行更新，以使用 Azure Python 库(网址见链接[9])或 AWS SDK for Python(网址见链接[10])来检索有关用户的信息。这些都可以用来替换 GCP API 客户端库。

与定义依赖项一样，你希望从基础设施提供商 API 动态检索资源的标识符以进行导入。这是因为你永远不知道什么时候有人会更改资源，你需要的那些资源可能已经存在！使用你的标签和命名约定搜索 API 响应以获取所需的资源会比较保险。

当你运行 import.py 并对分离的 IAM 配置执行 Terraform JSON 的预演时，你会收到一条消息，告诉你不需要进行任何更改。你已成功将现有的 IAM 资源导入其单独的配置和状态：

```
$ python main.py

$ terraform plan
No changes. Your infrastructure matches the configuration.

Terraform has compared your real infrastructure against your configuration
➥and found no differences, so no changes are needed.

Apply complete! Resources: 0 added, 0 changed, 0 destroyed.
```

有时，你的预演会显示活动资源状态和独立配置之间的漂移。你复制的配置
与资源的活动状态不匹配。这些差异通常是由于在手动更改或更新属性的默认值
时更改了基础设施资源的活动状态。这时，就需要更新你分离出来的 IaC，以匹
配当前活动基础设施资源的属性。

置备工具的导入

许多置备工具都有导入资源的功能。例如，AWS CloudFormation 会使用资源
导入命令。本例中将使用 Python 封装的 terraform import 来移动服务账户。如果
没有它，分解单体配置将变得烦琐。

如果不使用工具编写 IaC，那么就不需要直接导入功能。相反，你需要一段
逻辑来检查资源是否存在。茅膏菜服务账户和角色分配可以在没有 Terraform 或
IaC 导入功能的情况下工作：

(1) 调用 GCP API 检查茅膏菜团队的服务账户和角色分配是否存在。

(2) 如果存在，检查服务账户属性的 API 响应是否与所需的配置匹配。根据
需要更新服务账户。

(3) 如果不存在，创建服务账户和角色分配。

将重构后的资源从单体应用中移除

你成功地将茅膏菜团队的服务账户和角色分配提取并移到单独的 IaC 中。但
是，你不希望这些资源留在单体应用中。在重新应用和更新你的工具之前，需要
从单体应用的状态和配置中移除这些资源，如图 10.8 所示。

这一步有助于保持 IaC 的整洁。回忆一下第 2 章中提到的，我们的 IaC 应该
作为唯一可信源。你不希望用两套 IaC 管理同一个资源。如果两者发生冲突，这
个资源的两个 IaC 定义可能会影响依赖项和系统的配置。

你希望 IAM 策略目录成为真相源。从现在开始，茅膏菜团队需要在单独的目
录中声明其 IAM 策略的更改，而不是在同一个单体存储库中声明。为了避免混淆，
我们从单体的 IaC 中删除 IAM 资源。

首先，你需要删除 Terraform 状态文件中的 sudew IAM 资源(JSON 文件形式)。
Terraform 包括一个状态删除命令，可以通过资源标识符删除 JSON 的某些部分。
代码清单 10.8 中，使用 Python 代码封装了 Terraform 的指令。该代码允许你传递

任何要从基础设施状态中删除的资源类型和标识符。

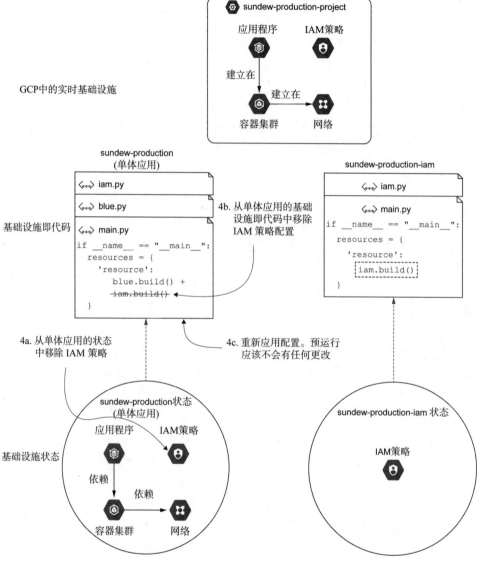

图 10.8 在应用更新并完成重构之前，从单体应用的状态和配置中移除策略

代码清单 10.8 文件 remove.py 从单体应用的状态中删除资源

```
from sundew_production_iam import iam
import subprocess

def check_state_remove_status(ret, err):
  return ret != 0 \
    and 'No matching objects found' not in str(err)
```

引用来自分离的 IaC 的变量，可以让你在将来的重构工作中运行自动化删除

如果删除失败并且没有删除资源，则输出错误信息

创建一个方法，包装 Terraform 的状态
删除命令。该命令传递要删除的资源类
型，例如服务账号和标识符

```python
def state_remove(resource_type, resource_identifier):
    command = ['terraform', 'state', 'rm', '-no-color',
               f'{resource_type}.{resource_identifier}']
    return _terraform(command)

def _terraform(command):
    process = subprocess.Popen(
        command,
        stdout=subprocess.PIPE,
        stderr=subprocess.PIPE)
    stdout, stderr = process.communicate()
    return process.returncode, stdout, stderr

if __name__ == "__main__":
    sundew_iam = iam.users
    for user in iam.users:
        ret, _, err = state_remove(
            iam.TERRAFORM_GCP_SERVICE_ACCOUNT_TYPE,
            iam.get_user_id(user))
        if check_state_remove_status(ret, err):
            print(f'remove service account from state failed: {err}')
        ret, _, err = state_remove(
            iam.TERRAFORM_GCP_ROLE_ASSIGNMENT_TYPE,
            iam.get_user_id(user))
        if check_state_remove_status(ret, err):
            print(f'remove role assignment from state failed: {err}')
```

打开一个子进程，运行 Terraform 命令，从状态中删除资源

引用来自分离的 IaC 的变量，可以让你在将来的重构工作中运行自动化删除

根据其用户标识符，从单体应用的 Terraform 状态中删除 GCP 服务账号

检查子进程的 Terraform 命令是否成功地从单体应用的状态中删除了资源

根据其用户标识符，从单体应用的 Terraform 状态中删除 GCP 角色分配

对于 sundew_production_iaw 中的每个用户，从单体应用的状态中删除其服务账号和角色分配

注意不要马上运行 remove.py 文件！你的单体应用 IaC 配置中仍然包含 IAM 策略的定义。打开单体化 IaC 的 main.py，如代码清单 10.9 所示，删除用于构建茅膏菜团队 IAM 服务账户和角色分配的代码。

代码清单 10.9　从单体应用代码中删除 IAM 策略

```python
import blue
import json

if __name__ == "__main__":
    resources = {
        'resource': blue.build()
    }

    with open('main.tf.json', 'w') as outfile:
        json.dump(resources, outfile,
                  sort_keys=True, indent=4)
```

删除 IAM 策略的导入

删除单体应用中构建 IAM 策略的代码，保留其他资源

将配置写入 JSON 文件，以便稍后由 Terraform 执行。配置不包括 IAM 策略

现在可以更新你的单体应用了。首先使用 python remove.py 删除 IAM 资源：

```
$ python remove.py
```

这一步表示你的单体应用不再作为 IAM 策略和服务账号的真相源。你不需要删除 IAM 资源！你可以将这个步骤视为将 IAM 资源的所有权移交给新的单独文件夹中的IaC的操作。在终端中，你现在可以更新单体应用。生成一个新的 Terraform JSON 文件，不包含 IAM 策略，并应用更新，此时应该没有任何更改发生：

```
$ python main.py

$ terraform apply
google_service_account.blue: Refreshing state...
google_compute_network.blue: Refreshing state...
google_compute_subnetwork.blue: Refreshing state...
google_container_cluster.blue: Refreshing state...
google_container_node_pool.blue: Refreshing state…

No changes. Your infrastructure matches the configuration.

Terraform has compared your real infrastructure against your configuration
➥and found no differences, so no changes are needed.

Apply complete! Resources: 0 added, 0 changed, 0 destroyed.
```

如果你的预运行里包含重构范围内的资源，那么就表明你没有将其从 IaC 单体应用的状态或配置中移除。你需要检查这些资源，并决定是否进行手动删除。

10.2.2   重构具有依赖项的资源

你现在可以开始处理具有依赖项的基础设施资源，例如茅膏菜团队的容器编排器。茅膏菜团队的成员要求你避免创建新工具和销毁旧工具，因为他们不想中断应用程序。你需要就地重构和提取低级别容器编排器。

将容器配置从单体架构中复制出来，重复之前重构 IAM 服务账号和角色的过程。你会创建一个名为 sundew_production_orchestrator 的独立文件夹：

```
$ mkdir -p sundew_production_orchestrator
```

选择并复制创建群集的方法，将其复制到 sundew_production_orchestrator/cluster.py。但你遇到了一个问题。容器编排器需要网络和子网名称。当分离出来的容器编排器无法引用单体应用时，如何获取网络和子网的名称？

如图 10.9 所示，这里使用基础设施提供商的 API 作为抽象层实现了现有单体应用的依赖注入。用于创建集群的 IaC 调用 GCP API 来获取网络信息。你将网络 ID 传递给集群以便使用。

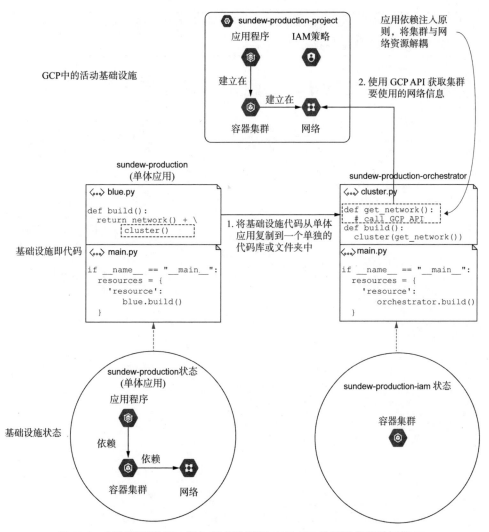

图 10.9　复制基础设施，添加新方法调用 GCP API 并获取集群的网络 ID

　　单体应用将显式地在资源之间传递依赖项。当你创建一个新文件夹时，你的分离资源需要了解其低级依赖项的信息。回想一下，在第 4 章中我们介绍了通过依赖注入来解耦基础设施模块的方法。一个高级别模块调用一个抽象层来获取低级别依赖项的标识符。

　　当开始重构具有依赖项的资源时，你必须实现一个用于依赖注入的接口。在代码清单 10.10 的茅膏菜团队代码中，对 sundew_production_orchestrator/ cluster.py 进行了更新，以使用 Google Cloud Client Library，并检索集群配置的子网和网络名称。

注意 为使代码清单简洁，代码清单 10.10 中删除了几个依赖项、变量和导入。
完整的示例网址见链接[11]。

代码清单 10.10   对集群中的网络名称使用依赖倒置

```
import googleapiclient.discovery

def _get_network_from_gcp():
    service = googleapiclient.discovery.build(
        'compute', 'v1')
    result = service.subnetworks().list(
        project=PROJECT,
        region=REGION,
        filter=f'name:"{TEAM}-{ENVIRONMENT}-*"').execute()
    subnetworks = result['items'] if 'items' in result else None
    if len(subnetworks) != 1:
        print("Network not found")
        exit(1)
    return subnetworks[0]['network'].split('/')[-1], \
        subnetworks[0]['name']


def cluster(name=cluster_name,
            node_name=cluster_nodes,
            service_account=cluster_service_account,
            region=REGION):
    network, subnet = _get_network_from_gcp()
    return [
        {
            'google_container_cluster': {
                VERSION: [
                    {
                        'name': name,
                        'network': network,
                        'subnetwork': subnet
                    }
                ]
            },
            'google_container_node_pool': {
                VERSION: [
                    {
                        'cluster':
                        '${google_container_cluster.' +
                            f'{VERSION}' + '.name}'
                    }
                ]
            },
            'google_service_account': {
                VERSION: [
                    {
                        'account_id': service_account,
                        'display_name': service_account
```

使用 Google Cloud Python 客户端库设置访问 GCP API 的访问权限

创建一个从 GCP 获取网络信息的方法并实现依赖注入

查询 GCP API 以获取以 sundew-production 开头的子网名称列表

如果 GCP API 未找到子网，则抛出错误

返回网络名称和子网名称

应用依赖倒置原则，调用 GCP API 以检索网络和子网名称

使用网络和子网名称更新容器集群

为使代码清单简洁，已删除依赖项、变量和导入。请参考本书的代码存储库以获取完整示例

使用 Terraform 资源创建 Google 容器集群、节点池和服务账号

```
            }
        ]
    }
}
]
```

当重构带有依赖项的基础设施资源时,必须实现依赖注入以检索低级别资源属性。代码清单 10.10 中使用了基础设施提供商的 API,但你可以选择任意抽象层。基础设施提供商的 API 通常提供最简单的抽象层,可以用它来避免实现自己的抽象层。

在复制并更新容器集群以引用 GCP API 中的网络和子网名称后,你将重复图 10.1 所示的重构工作流程。将实际的基础设施资源导入 sundew_production_ orchestrator,应用单独的配置,检查活动状态与 IaC 之间的任何差异,并删除单体配置状态中的资源配置和引用。

利用单体进行重构时,重构高级别资源与重构低级别资源的区别在于依赖注入的实现方式。你可以选择要使用的依赖注入类型,例如基础设施提供商的 API、模块输出或基础设施状态。注意,如果不使用基础设施提供商的 API,你可能需要更改单体 IaC 来输出这些属性。

否则,应确保在重构后通过重新运行 IaC 来应用幂等性原则。你要避免影响活动资源并将所有更改隔离到 IaC 中。如果你的预演反映了要变更的资源,那么必须在继续处理其他资源之前解决重构代码与基础设施状态之间的差异。

10.2.3　重复重构工作流

在提取 IAM 服务账户和角色以及容器编排器后,你可以继续拆分茅膏菜系统的单体 IaC 配置。图 10.11 中的工作流程总结了拆分单体 IaC 的一般模式。你需要确定资源间的依赖,提取其配置,并使用依赖注入更新其依赖项。

我们需要识别出不依赖任何其他资源,也没有其他资源依赖它们的高级基础设施资源。可使用这些高级资源来测试从单体架构中复制、分离、导入和删除资源的工作流程。接下来,我们识别依赖于其他资源的更高级别资源。在复制过程中,我将它们重构为通过依赖注入引用的属性。我们一步步地识别和重复这个过程,最后得到没有任何依赖关系的最底层资源。

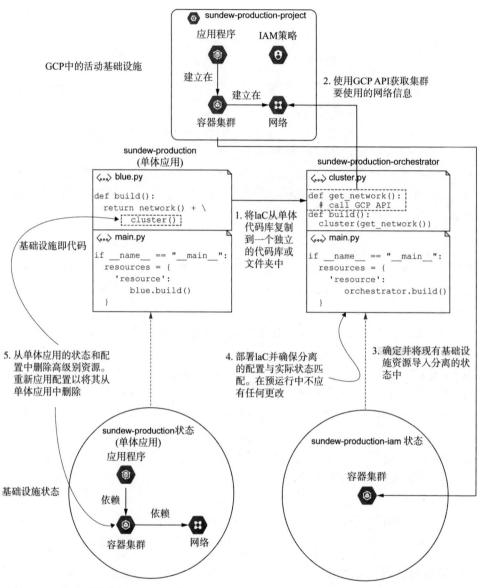

图 10.10 在继续重构低级别资源之前，使用 GCP API 重构高级别资源以获得低级别标识符

配置管理

虽然本章主要关注 IaC 的配置工具，但配置管理也可以变成自动化的单体应用，而导致相同的问题，包括运行时间长或部分配置存在冲突。你可以将类似的重构工作流应用于单体配置管理：

(1) 提取自动化过程中没有依赖项的最独立的部分，并将它们分离到一个模块中。

(2) 运行配置管理器，并确保你没有更改资源状态。

(3) 识别依赖于输出或低级自动化的配置。提取它们并应用依赖注入来检索配置所需的任何值。

(4) 运行配置管理器，并确保你没有更改资源状态。

(5) 重复此过程，直到有效抵达配置管理的第一步。

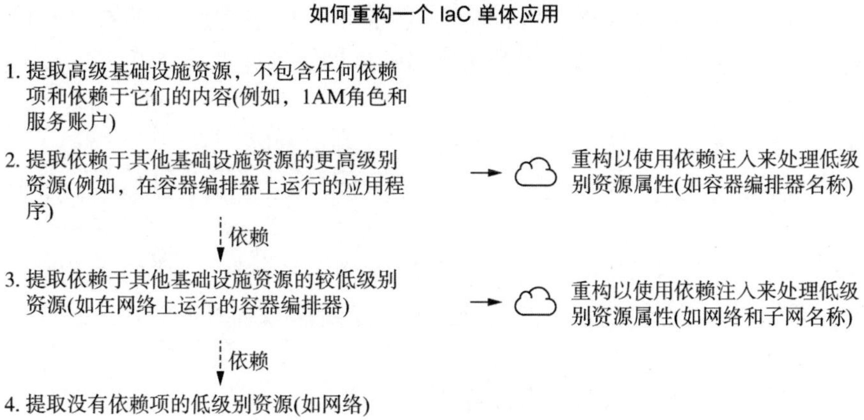

如何重构一个 IaC 单体应用

1. 提取高级基础设施资源，不包含任何依赖项和依赖于它们的内容(例如，IAM角色和服务账户)

2. 提取依赖于其他基础设施资源的更高级别资源(例如，在容器编排器上运行的应用程序) → 重构以使用依赖注入来处理低级别资源属性(如容器编排器名称)

   ↓ 依赖

3. 提取依赖于其他基础设施资源的较低级别资源(如在网络上运行的容器编排器) → 重构以使用依赖注入来处理低级别资源属性(如网络和子网名称)

   ↓ 依赖

4. 提取没有依赖项的低级别资源(如网络)

图 10.11 重构 IaC 单体应用的工作流程始于识别没有依赖项的高级资源

在重构 IaC 单体应用时，要找出将资源解耦的各种方法。我发现重构是一项具有挑战性的任务，很少不出现任何错误或失误就顺利完成。最好的方式是，将各个组件进行隔离，并仔细测试它们，这将有助于识别问题并将对系统的干扰降到最低。如果遇到失败，可使用第 11 章中的技术来解决问题。

练习题 10.1

对于以下代码，你会使用什么顺序和资源分组方式来重构和拆分这个单体？

```
if __name__ == "__main__":
zones = ['us-west1-a', 'us-west1-b', 'us-west1-c']
project.build()
network.build(project)
for zone in zones:
subnet.build(project, network, zone)
database.build(project, network)
for zone in zones:
server.build(project, network, zone)
load_balancer.build(project, network)
dns.build()
```

A. DNS(域名系统)、负载均衡器、服务器、数据库、网络+子网、项目

B. 负载均衡器+DNS、数据库、服务器、网络+子网、项目

C. 项目、网络+子网、服务器、数据库、负载均衡器+DNS

D. 数据库、负载均衡器+DNS、服务器、网络+子网、项目

答案见附录 B

10.3　本章小结

- 对基础设施代码(IaC)进行重构包括在不影响现有基础设施资源的情况下重构配置或代码。
- 重构可以解决技术债。技术债是一种比喻，因为修改代码是有成本的。
- 滚动更新会逐个更改类似的基础设施资源，并在继续变更下一个资源之前测试每个资源。
- 滚动更新允许你逐步实施变更和持续地排除故障。
- 特性开关(也称为特性标记)可以启用或禁用某些基础设施资源、依赖项或属性。
- 在将变更应用于生产环境前，可应用特性开关测试、预发布和隐藏更改。
- 可在一个统一的地方(如文件或配置管理器)定义特性开关，以便一目了然地识别它们的状态。
- 不再需要特性开关时，应将其删除。
- 当你在一个地方定义所有基础设施资源时，就会出现 IaC 的“单体”问题，删除资源会导致整个配置失败。
- 将资源从单体中重构出来涉及将配置分离并复制到一个新的目录或存储库，将其导入新的单独状态中，再从单体配置和状态中删除资源。
- 如果你的资源依赖于另一个资源，则需要更新已分离资源的配置，引入依赖注入机制，一般需要调用基础设施提供商 API，通过标识符检索资源的状态。
- 拆分一个单体，要从没有依赖项的高级别资源或配置开始，然后是具有依赖项的资源或配置，最后是没有依赖项的低层级资源或配置。

第 *11* 章

修复故障

本章主要内容
- 决定如何针对失败的变更进行前滚以恢复功能
- 组织 IaC 故障诊断方法
- 对失败变更的修复进行分类

前面已用大量篇幅讨论了有关基础设施即代码的编写和协作。但是当推送变更(到生产环境)时,所有 IaC 实践和原则都可能在关键时刻失效,变更经常导致系统失败,你需要将其回滚!然而,IaC 并不提倡回滚,因为并不是完全还原 IaC 的所有变更。如果不进行回滚,那么如何修复故障呢?

本章主要讨论如何修复 IaC 中失败的变更。首先,我们将讨论通过前滚来"恢复" IaC 变更意味着什么。然后,我们将学习故障诊断和修复失败变更的工作流。虽然本章中介绍的技术不可能涵盖你在系统中遇到的所有场景,但为此建立了一套广泛的实践,你可以使用这些实践开始修复 IaC 故障。

故障诊断和站点可靠性工程

在本书中,我并不会深入探讨故障诊断系统的过程和原理。关于故障诊断的大部分讨论主要是关于如何在 IaC 环境中管理它。有关故障诊断和构建可靠系统的更多信息,推荐阅读 Betsy Beyer 等著的 *Site Reliability Engineering* (O'Reilly,2016)。

作为一般规则,在进一步调试根本问题(导致问题的问题)前,应优先考虑服务和客户的稳定性和功能性恢复。临时替代版可以为你提供故障排除的机会,并为系统实现一个长期的修复。

11.1 恢复功能

想象一下你在一家名为酷键设计(Cool Caps for Keys)的公司工作。该公司主营定制化键帽的设计，负责客户与艺术家的沟通以完善键帽设计。作为安全工程师，你需要缩小 GCP 项目中应用程序和用户的访问控制范围。

你复制了 Google Cloud SQL 数据库配置并更新了访问控制，以实现团队成员和应用程序的最低访问权限；你针对不同的应用程序选择不同的策略来使用基础设施，并验证应用程序是否仍然可用。

接下来，你要和促销团队进行沟通。促销应用程序使用数据库用户名和密码直接访问数据库。直接访问数据库意味着可以从促销应用程序的服务账户中删除 roles/cloudsql.admin 的策略。你删除了策略，测试了变更，与促销团队确认过变更不会影响测试环境中的应用程序，并将其推送到生产环境，如图 11.1 所示。

图 11.1   删除促销服务的数据库管理访问权限后，你发现变更破坏了服务访问数据库的能力

一个小时后，促销团队告诉你，应用程序不断抛出错误，无法访问数据库！你怀疑你的变更可能引入了问题。虽然可以立即开始查找问题，但你决定优先恢复促销服务，以在进一步调查之前服务可以继续访问数据库。

11.1.1 前滚以还原变更

你需要修复服务，以便用户可以向系统发出请求。但是，不能简单地将系统恢复到此前的工作状态。IaC 优先考虑不可变性，这意味着对系统的任何变更，包括还原的变更，都必须创建新的资源！

例如，让我们通过还原变更并将角色添加到服务账户来修复酷键设计的促销服务。如图 11.2 所示，我们还原提交并将 roles/cloudsql.admin 添加回服务账户。然后，将变更推送到测试和生产环境。

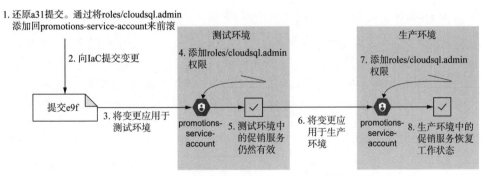

图 11.2 为促销服务添加数据库管理角色，以将系统前滚到工作状态

我们可以还原提交并将变更推送到测试和生产环境。前滚 IaC，是因为它使用不可变性将系统返回到工作状态。

定义 前滚 IaC 的实践是为系统还原变更，并使用不可变性将系统恢复到工作状态。

而回滚意味着你要将基础设施恢复到以前的状态。事实上，IaC 的不可变性意味着你在任何时候进行变更都会创建一个新的状态。你无法将基础设施的状态完全恢复到此前的状态。

有时，我们无法真正地将基础设施恢复到以前的状态，因为变更具有很大的爆炸半径。

下面让我们还原服务账户的变更，并前滚变更把权限添加回来。首先，检查提交历史记录，因为版本控制系统会跟踪我们做的所有变更。前缀为 a31 的提交包括删除 roles/cloudsql.admin：

```
$ git log --oneline -2
a3119fc (HEAD -> main) Remove database admin access from promotions
6f84f5d Add database admin to promotions service
```

可应用第 7 章中的 GitOps 实践，因为我们希望避免手动的、破坏性的变更。相反，我们更喜欢通过 IaC 进行操作上的变更！你还原了推送更新的提交，将促销服务恢复到工作状态：

```
$ git revert a3119fc
```

你推送了提交，流水线将角色添加回服务账户。前滚后，应用程序恢复了运行，你成功地将基础设施状态恢复到工作状态。然而，我们永远无法实现状态的完全恢复。相反，我们前滚到了一个与先前工作状态匹配的新状态。

回滚 IaC 通常意味着对基础设施状态的变更进行前滚。可以使用 git revert 来进行前滚撤销，以保持不可变性，并将还原的变更前滚至基础设施。

> **配置管理**
>
> 配置管理不会优先考虑不可变性，但仍会将还原的变更前滚到服务器或资源。例如，假设安装的软件包版本为 3.0.0，需要还原到 2.0.0。配置管理工具可能会选择卸载新版本并重新安装旧版本。注意，我们不会将包及其配置恢复到此前的状态，只是用旧的包将服务器恢复到新的工作状态。

11.1.2 新变更的前滚

采用前滚思维模式的好处是让我们扩展了解决问题的方法。在本示例中，通过让新状态与先前的工作状态匹配，你还原了已中断的提交并恢复了促销服务的功能。然而，有时还原提交并不能修复你的系统，还会使一切变得更糟！相反，我们可以以前滚新的变更并恢复功能。

想象一下在进行变更后，促销服务仍不起作用。你没有尝试修复应用程序，而是使用变更以及新的促销服务创建一个新的环境。回顾我们第 9 章使用的金丝雀部署技术，逐步地增加流量以完全恢复应用程序，如图 11.3 所示。在所有请求转到新服务实例进行调试后，再禁用失败的环境。

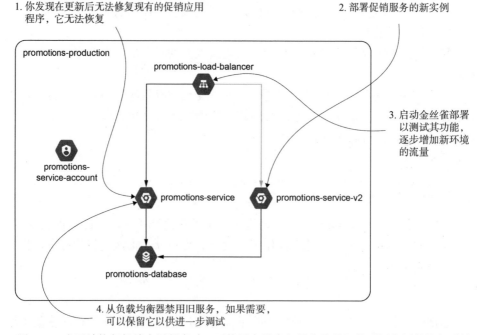

图 11.3 当无法恢复促销应用程序时，可使用金丝雀部署将流量切换到新实例并恢复系统

IaC 允许你以更少的工作量来复制环境。此外，你有了一个为一些变更创建新环境的模式，符合不可变性原则。这两个原则的结合有助于在更大的爆炸半径内缓解更高风险的变更。

如果用例涉及数据或一些完全不可恢复资源,那么将无法回滚到先前的状态。因为可能会损坏应用程序数据或影响其他基础设施,同时发生级联故障。相较于通过前滚进行还原,我们可以通过应用第 9 章中的变更技术来前滚并应用新的变更。

我们还可以将还原和全新变更结合起来以恢复功能。可进一步拓宽我们的前滚思维,在撤销旧变更之外添加新变更,这种结合为快速恢复功能并最大限度地减少对系统其他部分的干扰提供了很有用的备选方案。

11.2　故障诊断

由于系统被打了"绷带",促销团队仍可以继续为酷键设计提供促销优惠。但是,你仍然需要保护应用程序的 IAM(身份与授权管理)! 当删除了促销团队不需要的管理权限时,你应该从哪里查找促销服务失败的原因呢?

IaC 故障诊断也遵循特定模式。即便是在最复杂的基础设施系统中,大部分导致 IaC 失败的变更通常源于三个原因:漂移、依赖或差异。检查配置是否符合其中的任一种,这有助于确定问题所在和找出潜在的修复方法。

11.2.1　检查漂移

许多损坏的基础设施变更源于配置和资源状态之间的配置漂移。如图 11.4 所示,我们从检查漂移开始,确保服务账户的 IaC 与 GCP 中服务账户的状态匹配。

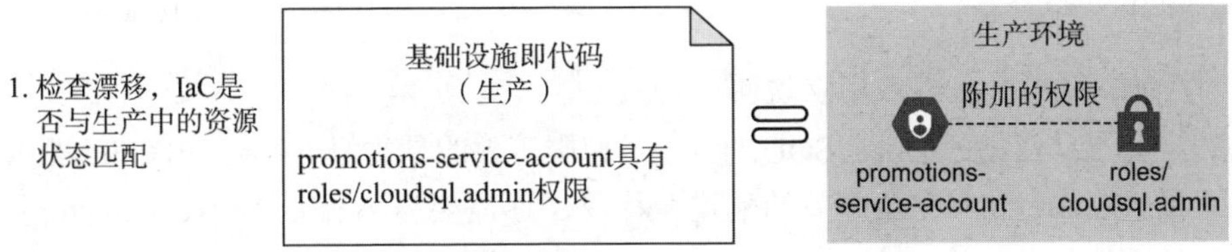

图 11.4　从检查 IaC 和状态之间的漂移开始

检查代码和状态之间的漂移可以确保消除两者之间的差异导致的故障。代码和状态之间的差异可能会导致意外问题。消除这些差异可确保你的变更行为按预期工作。

在酷键设计示例中,你可以查看在 IaC 中定义的促销服务账户的权限。代码清单 11.1 列出了定义服务和角色的 IaC。

代码清单 11.1　具有数据库管理员权限的促销服务账户

导入数据库模块以构建 Google
Cloud SQL 数据库

```
   from os import environ
import database
```

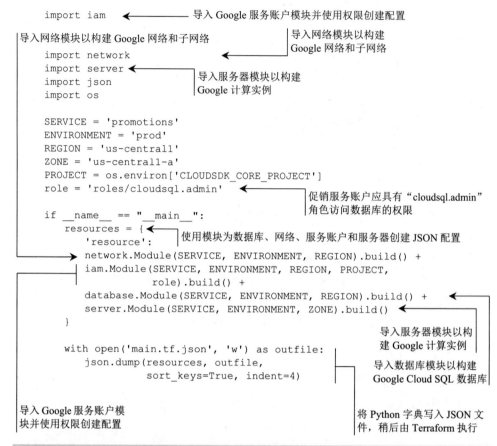

导入 Google 服务账户模块并使用权限创建配置

导入网络模块以构建 Google 网络和子网络

导入网络模块以构建
Google 网络和子网络

导入服务器模块以构建
Google 计算实例

促销服务账户应具有 "cloudsql.admin"
角色访问数据库的权限

使用模块为数据库、网络、服务账户和服务器创建 JSON 配置

导入服务器模块以构
建 Google 计算实例

导入数据库模块以构建
Google Cloud SQL 数据库

导入 Google 服务账户模
块并使用权限创建配置

将 Python 字典写入 JSON 文
件，稍后由 Terraform 执行

AWS 和 Azure 等效用法说明

AWS 中与 GCP Cloud SQL 的管理员权限等效的是类似 AmazonRDSFullAccess
的配置。Azure 没有完全等效的配置。相反，你需要将 Azure Active Directory 账
户直接添加到数据库，并授予 Azure SQL 数据库 API 权限的管理许可。

然后，将代码与 GCP 中促销应用程序的服务账户权限进行比较。服务账户(应
该)只拥有与你的 IaC 一致的 roles/cloudsql.admin 权限：

```
$ gcloud projects get-iam-policy $CLOUDSDK_CORE_PROJECT bindings:
- members:
  - serviceAccount:promotions-prod@infrastructure-as-code-book
  ➥.iam.gserviceaccount.com
    role: roles/cloudsql.admin
version: 1
```

如果你发现 IaC 和活动资源状态之间存在配置漂移，可以进一步调查它是否
影响系统功能。可以选择消除一些漂移，以确保它不会成为问题的根因。不管怎样，
仅仅因为检测出一些漂移并不意味着它会破坏系统！有些漂移可能与故障无关。

11.2.2 检查依赖

如果确定漂移不会导致失败，那么可以检查那些对更新有依赖的资源。如图 11.5 所示，我们需要绘制哪些资源依赖于服务账户。在 IaC 和生产环境中，服务器都依赖于服务账户。

2. 检查依赖于更新的基础 设施资源，是否存在意 外的依赖关系

图 11.5　对依赖于要更新资源的那些资源进行故障诊断

你需要检查期望的依赖项是否与实际的相匹配。意外的依赖关系会破坏变更行为。当查看代码清单 11.2 中的代码时，你需要核实服务账户的电子邮件是否已传递到服务器。

代码清单 11.2　促销服务器取决于促销服务账户

```
class Module():
    def __init__(self, service, environment,
                 zone, machine_type='e2-micro'):
        self._name = f'{service}-{environment}'
        self._environment = environment
        self._zone = zone
        self._machine_type = machine_type


    def build(self):
        return [
            {
                'google_compute_instance': {
                    self._environment: {
                        'allow_stopping_for_update': True,
                        'boot_disk': [{
                            'initialize_params': [{
                                'image': 'ubuntu-1804-lts'
                            }]
                        }],
                        'machine_type': self._machine_type,
                        'name': self._name,
                        'zone': self._zone,
                        'network_interface': [{
                            'subnetwork':
                            '${google_compute_subnetwork.' +
                            f'{self._environment}' + '.name}',
                            'access_config': {
                                'network_tier': 'STANDARD'
                            }
                        }],
```

使用模块为服务器 创建 JSON 配置

根据名称、地址、地域和 网络使用 Terraform 资源 创建 Google 计算实例

```
                         'service_account': [{
                             'email': '${google_service_account.' +
                         f'{self._environment}' + '.email}',
                             'scopes': ['cloud-platform']
                         }]
                 }
             }
         }
     ]
```

促销应用程序服务器的工厂使用服务账户访问GCP服务

> ### AWS 和 Azure 等效用法说明
>
> 首先在 AWS 或 Azure 中创建网络。然后，更新代码清单以使用具有托管身份块的 Azure Linux 虚拟机 Terraform 资源(网址见链接[1])。identity 块应包含一个具有访问 Azure 权限的用户 ID 列表。对于 AWS，你可以为 AWS EC2 Terraform 资源定义 IAM 实例配置文件。

然而，促销团队提到，应用程序会使用 IP 地址、用户名和密码直接访问数据库。如果应用程序直接从文件中读取数据库连接字符串，那么为服务器配置服务账户有什么用？

你意识到这里有个差异。你要求促销团队向你展示应用代码。应用程序的配置并未使用数据库 IP 地址、用户名或密码！

在与促销团队进行了额外的调试后，你发现促销应用程序连接到了 localhost 上的数据库。该配置使用了 Cloud SQL Auth 代理(网址见链接[2])，代理将处理连接并登录数据库！因此，连接到服务器的服务账户需要访问数据库。

如图 11.6 所示，促销应用程序通过代理访问数据库。代理使用服务账户来验证和访问数据库。服务账户需要使用策略访问数据库。

图 11.6　促销应用程序通过代理访问数据库，该代理需要具有数据库权限的服务账户

> ### AWS 和 Azure 等效用法说明
>
> AWS 与 GCP Cloud SQL Auth 代理等效的是 Amazon RDS Proxy。代理有助于加强数据库连接，避免在应用程序代码中使用数据库用户名和密码。
>
> Azure 没有等效的 SQL 代理选项。相反，你必须设置到数据库的 Azure 专用链接。这将在你选择的专用网络上分配 IP 地址。你可以配置数据库以允许应用程序使用 Azure Active Directory 服务主体登录。

恭喜，你发现了删除服务账户时促销应用程序崩溃的原因！然而，你依然有些许的疑惑。难道测试环境中没有同样的问题吗？毕竟，你在测试环境中测试了变更，并且应用程序没有出现问题。

11.2.3 检查环境差异

为什么变更在测试环境中有效，但在生产环境中无效？你在测试环境中验证促销应用程序时，它并未连接本地主机上的数据库。相反，它使用的是数据库 IP 地址、用户名和密码。

你告知应用团队，生产 IaC 使用 Cloud SQL Auth 代理，而测试 IaC 直接调用数据库，如图 11.7 所示。这两种配置都使用 roles/cloudsql.admin 权限。

图 11.7 检查测试和生产之间的差异，以找出经过验证的变更最终失败的原因

在与促销团队进一步讨论后，你发现团队实施了一项紧急变更，以使用 Cloud SQL Auth 代理确保生产环境安全。然而，团队没有更新测试环境来匹配这个变更！不匹配导致了你的变更在测试环境中成功，但在生产环境中失败。

你希望使测试环境和生产环境应尽可能相似。但是，你无法总是在测试环境中重现生产环境。因此，由于两者之间的差异导致失败的变更。系统地识别测试环境和生产环境之间的差异，有助于突出测试和变更交付之间的差距。

虽然 IaC 应该记录系统的所有变更和配置，但你仍然可能发现 IaC 和环境之间的一些其他差异。图 11.8 总结了调试促销应用程序 IaC 变更失败的系统方法。你可以检查环境之间的漂移、依赖，以及最后的差异。

确定根本原因后，你最终可以实施终极修复。现在，你必须调整测试环境和生产环境之间的差异，并重新审视最低权限访问措施以保护促销应用程序的服务账户。

练习题 11.1

团队报告其应用程序无法再连接到另一个应用程序。该应用程序上周正常工作，但自周一以来请求一直失败。该团队尚未对其应用程序进行任何变更，并怀疑问题可能出自防火墙规则。你可以采取哪些步骤来诊断问题？(多选)

A. 登录云服务提供商网址并检查应用程序的防火墙规则

B. 将新的基础设施和应用程序部署到绿色环境中进行测试

C. 检查应用程序的 IaC 变更

D. 对比云服务提供商和 IaC 的防火墙规则

E. 编辑防火墙规则，允许应用程序之间的所有流量通过

答案见附录 B

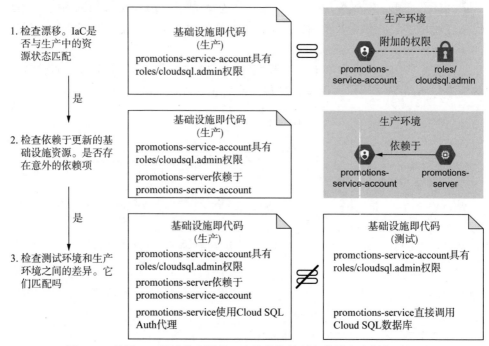

图 11.8 使用 IaC 通过检查漂移、意外的依赖项和差异来诊断变更问题

11.3 解决问题

你最初的任务包括更新每个酷键设计应用程序的服务账户，以确保对服务的访问权限最小。你试图从促销应用程序的服务账户中删除数据库管理访问权限，但失败了。诊断出问题后，现在可以着手解决了。

此时你可能会发现自己有点不耐烦了！毕竟，还没有完成更新酷键设计其他应用的访问权限。然而，不要急于求成。推送一批变更会使故障排除的复杂性增加(之前在第 7 章中提到)。你的测试环境仍然与生产环境不匹配，如果一次进行太多的变更，依然会影响促销应用程序。

在整本书中，我都提倡进行增量变更以最大限度地减小潜在故障的影响范围。类似的，增量修复会分解你要对系统做出的变更，防止将来发生故障。

定义 增量修复将变更分解为较小的部分，以逐步改进系统并防止将来发生故障。

进行小的配置变更并逐步部署这些变更有助于发现故障征兆，并为未来的成功做好准备。

11.3.1　解决漂移

如第 2 章所述，你需要用 IaC 调整任何对基础设施状态的手动变更。如果你发现了一些漂移，首先要解决它！如果优先使用 IaC，你的系统不将远离破坏性变更。

回想一下，酷键设计的促销应用程序实施了破坏性的变更，导致测试环境和生产环境之间的差异。生产应用程序使用 Cloud SQL Auth 代理连接到数据库，而测试应用程序通过 IP 地址和密码直接连接到数据库。你需要在测试环境中构建 Cloud SQL Auth 代理。

要着手修复漂移，我们需要在配置中重建基础设施的当前状态。如图 11.9 所示，基于生产服务器重新构建 Cloud SQL Auth 代理的安装命令，然后，将命令添加到 IaC 并将其应用于测试环境。

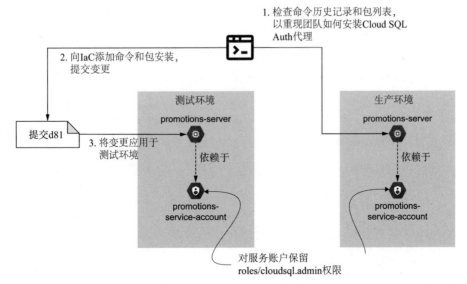

图 11.9　在测试环境中，需要将 Cloud SQL Auth 代理包安装到促销应用程序的服务器上，以消除破坏性变更的影响

在本例中，团队没有将手动变更添加到 IaC。因此，你需要花费额外的时间来重建 Cloud SQL Auth 代理的安装。计划外手工变更(如代理)导致了变更失败，这需要花费更多的时间和精力来修复。

为了帮助最小化这些问题，可使用第 2 章中描述的迁移至 IaC 的流程。将手动变更捕获为 IaC 有助于最小化环境之间的差异以及 IaC 和实际状态之间的漂移。

如果需要重建基础设施的状态，可参考第 2 章中将现有基础设施迁移到 IaC 的高级示例。然而，你通常需要找到或编写一个工具来将状态转换为 IaC。

下面编写 IaC 来安装代理。你检查了生产环境中促销应用程序服务器上的命令历史记录，并重建了 Cloud SQL Auth 代理的安装。代码清单 11.3 自动化了促销应用程序服务器启动脚本中的命令和安装过程。

代码清单 11.3　在服务器启动脚本中安装 Cloud SQL Auth 代理

将变量设置为代理下载 URL

创建一个启动脚本，重构 Cloud SQL Auth 代理的手动安装命令

设置在端口 3306 上运行 Cloud SQL Auth 代理二进制文件的变量

返回一个 shell 脚本，该脚本安装代理并在服务器上启动它

配置 systemd 守护程序以启动和停止 Cloud SQL Auth 代理

使用该模块为 Google 计算实例创建 JSON 配置，并包含了安装代理的启动脚本

将启动脚本添加到服务器。为了简明起见，我省略了其他属性

```python
class Module():
    def _startup_script(self):
        proxy_download = 'https://dl.google.com/cloudsql/' + \
            'cloud_sql_proxy.linux.amd64'
        exec_start = '/usr/local/bin/cloud_sql_proxy ' + \
            '-instances=${google_sql_database_instance.' + \
            f'{self._environment}.connection_name}}=tcp:3306'

        return f"""
#!/bin/bash
wget {proxy_download} -O /usr/local/bin/cloud_sql_proxy
chmod +x /usr/local/bin/cloud_sql_proxy

cat << EOF > /usr/lib/systemd/system/cloudsqlproxy.service
[Install]
WantedBy=multi-user.target

[Unit]
Description=Google Cloud Compute Engine SQL Proxy
Requires=networking.service
After=networking.service

[Service]
Type=simple
WorkingDirectory=/usr/local/bin
ExecStart={exec_start}
Restart=always
StandardOutput=journal
User=root
EOF

systemctl daemon-reload
systemctl start cloudsqlproxy
"""

    def build(self):
        return [
            {
                'google_compute_instance': {
                    self._environment: {
                        'metadata_startup_script': self._startup_script()
                    }
                }
            }
        ]
```

```
    }
  ]
```

AWS 和 Azure 等效用法说明

对于 AWS 和 Azure，你不必为实例上的代理安装软件。如果希望在 AWS 和 Azure 中重现代码清单 11.3 的练习，可以将启动脚本作为 user_data 传递给 AWS 实例或者作为 custom_data 传递给 Azure Linux 虚拟机。

你并没有使用新权限更新服务账户！本着增量修复的精神，你希望在推送到生产环境的过程中避免添加更多变更。于是你将启动脚本添加到促销应用程序的服务器，不必进行太多更新就更改了测试环境。

启动脚本、配置管理器还是镜像构建器？

在本例中，我使用启动脚本字段以避免引入更多的语法。相反，你应该使用配置管理器或镜像构建器来实现任何新包或进程的配置。

例如，配置管理器可以将 Cloud SQL Auth 代理安装过程推送到带有促销应用程序的任何服务器。类似的，镜像生成器可以为你制作的每个镜像配置代理！每当你引用促销应用程序的镜像时，都会在服务器中内置代理。

11.3.2 解决环境差异

在更新 IaC 以解决漂移的同时，还需要确保测试和生产环境使用新的 IaC。对于酷键设计，你需要确保数据库连接在测试环境中正常工作。然后，要求促销团队更新其应用配置，以通过本地主机上的代理连接到数据库。

促销团队会将其应用配置推送到测试环境中，使用 Cloud SQL Auth 代理，运行测试并更新至生产环境，如图 11.10 所示。你保留了服务账户的 roles/cloudsql.admin 权限，因为代理需要它。

推送动作将使用新的启动脚本重新创建生产服务器。在对促销应用程序进行额外的端到端测试后，你确认已成功地更新了测试环境和生产环境。

为什么要在调整生产环境和测试环境之间的差异前就着手解决漂移？在本例中，你选择首先解决漂移，因为你将花费更多的时间在测试环境中手动安装软件包。如果你更新了 IaC 并自动化了包安装，那么可确保在将变更推到生产环境之前，变更在测试环境中正常运行。

你也可能会选择首先调整测试环境和生产环境，因为存在大量的漂移。在这种情况下，应在修复漂移之前对比测试环境和生产环境的差异。因为在调整变更之前，你需要一个准确的测试环境。

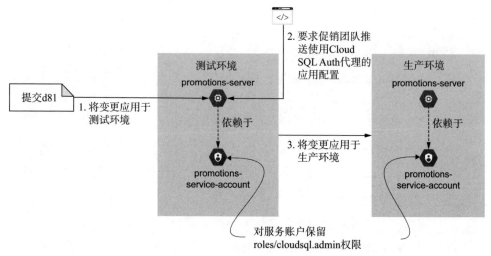

图 11.10 需要在测试和生产环境中将 IaC 变更推送到促销应用程序的服务器上

解决环境中的漂移和差异，能方便下一个人对系统进行更新。因为他不必担心配置的差异或手动配置代理。此外，更新 IaC 所花费的额外时间有助于避免额外的调试时间！

11.3.3　推进最初的变更

现在，通过调整漂移和更新环境，你已将潜在故障的影响范围降至最小，终于可以推进最初的变更了。你的调试和增量修复会改变基础设施。当你回过头来再实现原始变更时，可能需要调整代码。

下面完成对酷键设计促销应用程序的原始变更。回想一下，安全团队要求你从服务账户中删除管理权限。此过程可确保最小化使用 Cloud SQL Auth 代理的权限和账户。

你知道服务账户必须具有数据库访问权限，因为应用程序使用 Cloud SQL Auth 代理。现在，你尝试找出应用应使用哪种最小访问权限。roles/cloudsql.client 权限为服务账户提供了足够的访问权限，可用于获取实例列表并进行连接。

如图 11.11 所示，你将服务账户的权限从管理员访问变更为 roles/cloudsql.client。之后，你将此变更推送到测试环境，验证促销应用仍然正常工作，并将 roles/cloudsql.client 权限部署到生产环境。

你解决了测试环境和生产环境之间代理的差异。理论上，测试环境现在应该能捕捉到变更中的任何问题。任何失败的变更现在都应该出现在测试环境中。下面，如代码清单 11.4 所示，将服务账户的权限从 roles/cloudsql.admin 变更为 roles/cloudsql.client。

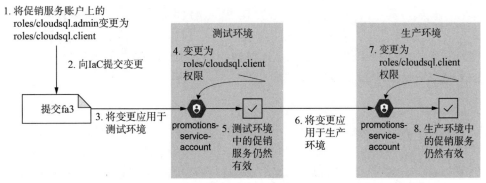

图 11.11 需要在测试和生产环境中将 IaC 变更推送到促销应用程序的服务器上

代码清单 11.4 将服务账户角色变更为数据库客户端

```
from os import environ
import database
import iam
import network
import server
import json
import os

SERVICE = 'promotions'
ENVIRONMENT = 'prod'
REGION = 'us-central1'
ZONE = 'us-central1-a'
PROJECT = os.environ['CLOUDSDK_CORE_PROJECT']
role = 'roles/cloudsql.client'

if __name__ == "__main__":
    resources = {
        'resource':
        network.Module(SERVICE, ENVIRONMENT, REGION).build() +
        iam.Module(SERVICE, ENVIRONMENT, REGION, PROJECT,
                role).build() +
        database.Module(SERVICE, ENVIRONMENT, REGION).build() +
        server.Module(SERVICE, ENVIRONMENT, ZONE).build()
    }

    with open('main.tf.json', 'w') as outfile:
        json.dump(resources, outfile,
                sort_keys=True, indent=4)
```

将促销服务账户角色变更为客户端访问，允许连接到数据库实例

导入服务账户并将"roles/cloudsql.client"角色附加到其权限

在不变更资源的情况下导入网络、数据库和服务器模块

AWS 和 Azure 等效用法说明

在 AWS 中与 GCP Cloud SQL 管理员权限等效的是类似 AmazonRDS- FullAccess 的配置。Azure 中没有完全等效的。相反，你需要将 Azure Active Directory 账户

直接添加到数据库，并授予 Azure SQL 数据库 API 权限的管理许可。

在 AWS 中，可以添加 rds-db:connect 操作到 EC2 实例的 IAM 角色。在 Azure 中，你需要撤销管理访问权限，并向链接到数据库用户的 Azure AD 用户授予 SELECT 访问权限(网址见链接[3])。

一旦你提交并应用变更，测试环境将应用变更并验证应用程序是否仍然正常工作！你需要促销团队再次确认，促销团队同意了在生产环境中实施变更。

团队将新的权限变更推送到生产环境，运行端到端测试，并确认促销应用程序可以访问数据库！经过几周的调试和变更，现在你终于可以修复酷键设计中的其他应用程序了。

为什么要用一整章介绍一个修复失败变更的例子呢？因为它提示了修复 IaC 的现实，必须尽快解决故障，而不让它变得更糟。

前滚有助于恢复系统的工作状态，并将对基础设施资源的破坏降至最低。然后，你可以着手诊断根本原因。许多基础设施故障都来自测试环境和生产环境之间的漂移、依赖或差异。只有解决这些差异后，你才能执行原始的变更。

学生前滚 IaC 的艺术需要时间和经验。虽然你可以登录到云服务提供商控制台执行手动变更以使系统正常工作，但这种做法类似于打"绷带"，它会很快脱落，不会促进系统的长期修复。应使用 IaC 来跟踪和修复系统，逐步减少修复造成的不良影响，并为其他更新系统的人提供上下文信息。

11.4 本章小结

- 修复 IaC 的故障涉及前滚修复，而不是回滚修复。
- 前滚 IaC 使用不变性将系统恢复到工作状态。
- 在调试和实施长期修复之前，应首先尝试稳定系统并将其恢复到工作状态。
- 对 IaC 进行故障诊断时，应检查环境之间的漂移、意外依赖和差异，这些都是根本原因。
- 可进行增量修复，以快速识别并减少潜在故障的爆炸半径。
- 在重新实施失败的原始变更之前，务必解决环境之间的漂移和差异，以能准确地进行测试和为未来的系统更新做准备。
- 重构 IaC 中的状态以解决漂移时，需要为服务器配置聚合手动命令或将基础结构元数据转换为 IaC。

第 *12* 章

管理云服务费用

本章主要内容
- 对影响云成本的因素进行调研
- 对各种成本优化实践进行比较
- 实施成本策略相关的 IaC 测试
- 对基础设施成本进行估算

当你使用云提供商的服务时，你会因为轻松进行资源调配而感到非常兴奋。毕竟，你只需要点击鼠标或运行一个命令即可创建资源。然而，随着你的组织规模和业务的扩展，云计算的成本变得越来越令人担忧。你对基础设施即代码的更新会影响云计算的整体成本！

我们必须像构建安全性一样在基础设施中考虑成本因素。如果你发现超出了预算，而在尝试删除资源和降低云计算费用时破坏了系统，那就得不偿失了。在第 8 章中，我推荐像烘焙蛋糕一样将安全性植入 IaC 中。成本因素就像烘焙蛋糕所需的材料一样，需要在开始前了解清楚，这对于确定我们可以制作多少蛋糕是非常重要的。

本章将介绍如何结合 IaC 来管理云计算成本并减少未使用的资源。你将发现一些高级、通用的成本控制实践和模式，我会把这些内容放在 IaC 的背景下进行描述。然而，定期运用这些实践以重新优化成本还需要基于客户需求、组织规模和云服务提供商的计费标准而变化。

数据中心或托管服务的成本该如何处理?

本章主要关注云计算的成本问题,因为它具有灵活性和按需计费的优点。通常,你会通过组织的分摊系统来核算数据中心计算的成本。每个业务部门为其数据中心资源设立预算,技术部门根据资源使用情况进行分摊,数据中心的运营成本也包括在内。

你始终可以将成本控制和估算以及管理成本驱动因素方面的实践结合起来。然而,我所描述的节省成本和优化技术可能并不适用于所有情况(无论是使用云、数据中心还是托管服务)。系统的规模、地理架构、业务领域或数据中心的使用情况不同,你的用例和系统有可能要进行专业的评估或重新平台化。

12.1 管理成本驱动因素

假设你是一名顾问,正在帮助一家公司将一个支持会议和活动的平台迁移到公共云。该公司要求你"提升和转移"其数据中心中的配置到公共云中。你帮助该公司团队在 GCP 中构建了基础设施,并在这个过程中应用了本书中的所有原则和实践。最终,你的团队在 GCP 上启用了该平台,并成功地支持了第一个客户:一个小型的三小时社区会议。

活动结束几周后,你的客户安排了一次神秘的会议。会议开始时,客户向你展示了他们的云账单。仅用于开发和支持一个为期三小时的会议,其开支总计就超过了 10 000 美元!财务团队对成本似乎不太满意,尤其是运营该会议是亏损的。因此,你接到了下一个任务:尽可能地减少每次会议的成本。

一个使用云计费账单的示例

本文中的示例使用了一个虚构的、非常简化的云账单,基于 GCP 的价格计算器(网址见链接[1]),估算了 2021 年会议平台服务的成本。这些估算可能不包括你需要的所有产品、平台的最新定价、环境差异对比或适用规模等内容。我对汇总数据进行了四舍五入以简化这个示例。

如果运行这个示例,实际可能会接近 N2D 机器类型实例的 GCP 配额。这些服务器将超出平台的免费配额!但你可以将机器类型更改为免费配额实例,从而在不产生费用的情况下运行这些示例。

由于你借鉴了第 8 章的标签实践,该账单使用标记来确定哪些资源属于社区会议。你成功地对云计算账单进行了拆分,如表 12.1 所示,按基础设施资源的类型和规模确定了费用。

表 12.1　按环境和产品分类的账单

产品	测试环境小计	生产环境小计	分类小计
计算资源(服务器)	$400	$3 600	$4 000
数据库(云SQL资源)	$250	$2 250	$2 500
消息系统(Pub/Sub)	$100	$900	$1 000
对象存储 (云存储)	$100	$900	$1 000
数据传输(网络出站流量)	$100	$900	$1 000
其他(云CDN，技术支持)	$50	$450	$500
总计	$1 000	$9 000	$10 000

AWS 和 Azure 等效用法说明

云计费账单大致给出了等价的 Azure 和 AWS 服务的名称。为了更加清晰，我列出了一些 GCP 的产品及 AWS 或 Azure 的等效产品：

- 数据库(Cloud SQL)—Amazon RDS，Azure SQL 数据库
- 消息传递(Pub/Sub)—Amazon Simple Queue Service(SQS)和简单通知服务(SNS)，Azure 服务总线
- 对象存储(Cloud Storage)—Amazon S3，Azure Blob 存储
- 其他(Cloud CDN、支持)—Amazon CloudFront，Azure 内容传递网络(CDN)

将费用按服务和环境分类，有助于你确定哪些因素会对费用产生影响，以及你应该进一步调查哪些方面。在开始缩减成本之前，你必须确定费用驱动因素，即哪些因素或活动会影响总费用。

定义 **成本驱动因素**是影响云计算总成本的因素或活动。

在评估成本驱动因素时，应计算云服务的成本百分比。一些服务的成本总是比其他服务高。你可以使用分类来帮助你识别需要优化的服务。按环境划分成本有助于确定测试环境与生产环境的费用支出情况。这两者的比较可以让你更好地了解哪个环境里存在应缩减的支出。

根据你的费用明细表，你计算了每种服务和环境的费用百分比。在图 12.1 中，可视化地展示了计算资源占账单的 40%。你还发现团队在测试环境上花费了总费用的 10%，在生产环境上花费了 90%。

从图上看，大部分费用都花在了计算资源上，尤其是服务器。如果你的团队需要支持一个更大的会议，他们需要控制所创建的资源类型，并根据使用情况来优化资源用量。因此，你决定研究一些方法来控制团队可以使用的服务器类型和大小。

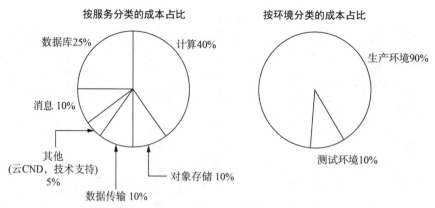

图 12.1   根据资源标签按服务和环境划分成本

12.1.1   实施测试以控制成本

你检查了会议期间的监控数据和每个服务器的资源使用情况。没有任何服务器超过它们的虚拟 CPU(vCPU)或内存用量。在大多数情况下，你确定该生产环境最多需要 32 个 vCPU。你客户的基础设施团队也确认最大使用量不超过 32 个 vCPU。

> **注意** GCP 使用"机器类型"一词来指代预定义的虚拟机规格，具有特定的 vCPU 和内存比例，以适应你的工作负载要求。类似的，AWS 使用"实例类型"一词，Azure 则使用"大小"。

然而，公有云使得任何人都可以轻松地将服务器调整为使用 48 个虚拟 CPU。由于增加了额外的 CPU，账单上的费用增加了 50%，而你甚至没有使用全部资源。为了更积极地使用 IaC 来控制成本，你结合第 6 章的单元测试和第 8 章的策略来进行一些控制。

如图 12.2 所示，在服务器的交付流水线上增加了一个新的策略测试。该测试检查 IaC 中定义的每个服务器的 vCPU 数量，并将其与 GCP API 返回的值进行比较。如果返回值超出了最大 vCPU 限制 32，测试将失败。

图 12.2   你的测试应该从服务器配置中解析机器类型，检查 GCP API 以获取 CPU 数量，并验证它们没有超过限制

为什么要调用基础设施提供商的 API 来获取 vCPU 信息？许多基础设施提供商提供一个 API 或者客户端来从他们的目录中检索给定机器类型的信息。你可以使用它来动态地获取有关 CPU 和内存数量的信息。

之所以调用基础设施提供商的 API 获取 vCPU 信息，是因为基础设施提供商会频繁地更改其服务内容，而且你无法考虑到每种可能的服务器类型。可编写测试用例来调用基础设施提供商的 API，获取最新的信息，从而提高测试的整体演化。

在代码清单 12.1 中，我们来实现检查最大 vCPU 限制的策略测试。首先，你需要构建一个方法来调用 GCP API 获取给定机器类型的 vCPU 数量。

代码清单 12.1　从 GCP API 获取相应机器类型的 vCPU 数量

```
import googleapiclient.discovery


class MachineType():                              定义一个机器类型对象，用于存储你可能
    def __init__(self, gcp_json):                 需要检查的任何属性，包括 vCPU 数量
        self.name = gcp_json['name']
        self.cpus = gcp_json['guestCpus']
        self.ram = self._convert_mb_to_gb(
            gcp_json['memoryMb'])
        self.maxPersistentDisks = gcp_json[
            'maximumPersistentDisks']
        self.maxPersistentDiskSizeGb = gcp_json[      将兆字节内存转换为千兆字节内
            'maximumPersistentDisksSizeGb']           存，以保持单位的一致性
        self.isSharedCpu = gcp_json['isSharedCpu']

    def _convert_mb_to_gb(self, mb):
        GIGABYTE = 1.0/1024
        return GIGABYTE * mb

def get_machine_type(project, zone, type):
    service = googleapiclient.discovery.build(
        'compute', 'v1')
    result = service.machineTypes().list(          调用 GCP API 以检索给定机器类
        project=project,                           型的 vCPU 数量
        zone=zone,
        filter=f'name:"{type}"').execute()
    types = result['items'] if 'items' in result else None
    if len(types) != 1:
        return None
    return MachineType(types[0])   ◀——            返回一个带有 vCPU 和磁盘属
                                                   性的机器类型对象
```

AWS 和 Azure 等效用法说明

可以使用 AWS 的 Python SDK 来检索 EC2 实例并解析实例类型，然后描述实例类型以获取 vCPU 和内存信息(网址见链接[2])。

对于 Azure，可使用 Python 的 Azure 库来获取机器类型和库存单位(SKUs)。在从实例列表中获取大小后，可以调用 Resource Skus API 获取有关 CPU 数量和内存的信息(网址见链接[3])。

每当你使用新的机器类型时，都可以使用相同的函数来检索 vCPU 和内存。接着，编写一个测试来解析配置中定义的每个服务器的机器类型。在代码清单12.2 中，你检索了一个服务器列表中的机器类型的 vCPU 数量，并验证 vCPU 没有超过 32 的限制。

代码清单 12.2　编写一个策略测试，检查服务器不超过 32 个虚拟 CPU

```
import pytest
import os                                    解析并提取测试和生产环境
import compute                               中的任何服务器 JSON 配置
import json

ENVIRONMENTS = ['testing', 'prod']
CONFIGURATION_FILE = 'main.tf.json'

PROJECT = os.environ['CLOUDSDK_CORE_PROJECT']


@pytest.fixture(scope="module")
def configuration():
    merged = []
        for environment in ENVIRONMENTS:
            with open(f'{environment}/{CONFIGURATION_FILE}', 'r') as f:
                environment_configuration = json.load(f)
                merged += environment_configuration['resource']
        return merged

def resources(configuration, resource_type):
    resource_list = []
    for resource in configuration:
        if resource_type in resource.keys():
            resource_name = list(
                resource[resource_type].keys())[0]
            resource_list.append(
                resource[resource_type]
                 [resource_name])
    return resource_list


@pytest.fixture
def servers(configuration):
    return resources(configuration,
                     'google_compute_instance')


def test_cpu_size_less_than_or_equal_to_limit(servers):
```

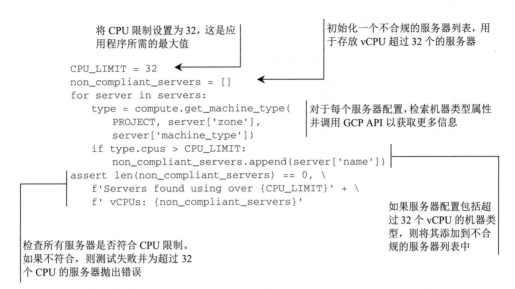

将 CPU 限制设置为 32，这是应用程序所需的最大值

初始化一个不合规的服务器列表，用于存放 vCPU 超过 32 个的服务器

```
CPU_LIMIT = 32
non_compliant_servers = []
for server in servers:
    type = compute.get_machine_type(
        PROJECT, server['zone'],
        server['machine_type'])
    if type.cpus > CPU_LIMIT:
        non_compliant_servers.append(server['name'])
assert len(non_compliant_servers) == 0, \
    f'Servers found using over {CPU_LIMIT}' + \
    f' vCPUs: {non_compliant_servers}'
```

对于每个服务器配置，检索机器类型属性并调用 GCP API 以获取更多信息

如果服务器配置包括超过 32 个 vCPU 的机器类型，则将其添加到不合规的服务器列表中

检查所有服务器是否符合 CPU 限制。如果不符合，则测试失败并为超过 32 个 CPU 的服务器抛出错误

这里，你使用了一个软强制策略来配置此测试。软强制意味着你的团队在创建更昂贵的资源类型之前会审查和批准它。如果是出于商业考虑，那么重写该机器类型以使用一个更大的尺寸即可。

除了检查机器类型是否符合 vCPU 和内存限制，可能还需要为某些特定应用场景(如机器学习)添加针对独特架构或机器类型的强制执行策略。这是因为，它们的成本比通用资源类型高很多。

另外，可以测试 IaC 在默认情况下是否采用通用资源类型。因为通用机器或资源类型提供了低配版本。如果有人需要更专业、更昂贵的资源，你可以启用软强制策略来单独允许他们使用这些资源。

还可以做些其他测试，比如检查特定的配置，如计划的重启、自动扩展或私有网络。每个配置都有助于优化你的资源成本。将它们表达在 IaC 中，可以让你在开发过程中尽早验证配置是否是符合降低成本要求的最佳实践。

12.1.2　将成本估算自动化

对于过大或过于昂贵的资源变更，你可以通过策略测试来控制成本。如果你想以一种主动的方式来检查如何更改成本驱动因素以调整预算，该怎么办？假设你想知道将生产服务器大小调整为 n2d-standard-16 机器类型(16 vCPU)时，是否会影响另一个为期三小时的会议的未来成本。

图 12.3 概述了用于估算 n2d-standard-16 机器类型的五台服务器成本的工作流程。一旦计算出价格，就可以添加策略测试以验证总费用是否超过了每月预算。

成本估算会分析你的基础设施即代码(IaC)的资源属性，并生成它们的成本估算。你可以使用成本估算来检查你的变更是否在预算范围内，或评估成本驱动因素变化的影响。

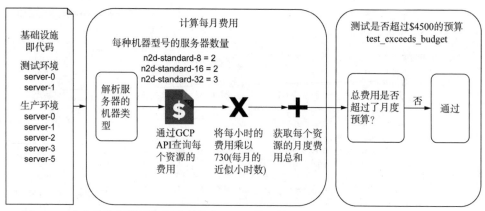

图 12.3 成本估算解析了机器类型的费用，计算了资源的月度费用，并生成一个值以与
你预期的预算进行比较

定义 成本估算会提取基础设施资源的属性，并生成它们的总成本估算。

成本估算如何在基础设施演进过程中提供帮助？成本估算能让影响架构的成本驱动因素一目了然。当你更改系统时，你可以使用这些测试来帮助制定预算和跨团队沟通费用。

成本估算示例和工具

我尽量用最少的代码来演示成本估算的一般工作流程。为了清晰起见，我省略了一些代码，完整的代码清单见链接[4]。

该示例使用了 Google Cloud Billing Catalog API，该 API 提供带有定价的服务目录。我还使用了专门用于访问计费 API 的 Cloud Catalog 的 Python 客户端库(网址见链接[5])。该示例没有考虑特殊的定价，例如额外折扣或预留(相当于 AWS 中的 spot 实例)。

也有一些现成的成本估算工具。每个云服务提供商都提供了自己的成本估算工具。还有些工具实现了比我的示例代码更可扩展的工作流程，可以解析配置，调用云服务提供商的 API 并计算成本估算值。由于这些工具经常变化并且云服务提供商和你所用的 IaC 工具的具体情况不同，这里不再列举。

获取单位价格

我建议动态地从云服务提供商的服务目录 API 请求信息。由于单位价格会变化，硬编码价格通常会导致错误的成本估算。要在示例中实现成本估算，你需要一些逻辑来调用云服务提供商的目录，并根据你的机器类型来检索单位价格。

Google 云计费目录 API 提供了基于单位 CPU 或内存(RAM)价格的服务和 SKU 列表。在代码清单 12.3 中，你可以获得 Google Compute Engine 服务的服务标识符。Google 云计费目录 API 根据服务标识符对价格进行分类，这些标识符必须通过动态检索方式获取。

代码清单 12.3　从目录中获取 Google Compute Engine 服务

```
from google.cloud import billing_v1

class ComputeService:
  def __init__(self):
    self.billing = \
        billing_v1.services.cloud_catalog.CloudCatalogClient()
    for result in self.billing.list_services():
      if result.display_name == 'Compute Engine':
        self.name = result.name
```

使用 Python 库为 Google Cloud 计费目录 API 创建客户端

获取 Google Compute Engine 在目录中的服务标识符

AWS 和 Azure 等效用法说明

更新 GCP 客户端库以调用 AWS 的 Cost Explorer API(网址见链接[6])。另外，Azure 提供了一个公开的 REST API 端点，用于查询零售价格(网址见链接[7])。你可以编写一些额外的代码来请求目录信息。

在代码清单 12.4 中，你可以再次调用 Google Cloud 计费目录 API 来获取机器类型的价格。使用前面步骤中的服务标识符，你可以获得 Google Compute Engine 服务的 SKU 列表。你可以编写一些代码来解析其 SKU 响应列表以匹配机器类型和用途，并检索每个 CPU 或每 G 内存的单位价格。

代码清单 12.4　获取 Compute Engine SKU 的 CPU 和 RAM 价格

```
from google.cloud import billing_v1

class ComputeSKU:
    def __init__(self, machine_type, service_name):
        self.billing = \
            billing_v1.services.cloud_catalog.CloudCatalogClient()
        self.service_name = service_name
        type_name = machine_type.split('-')
        self.family = type_name[0]
        self.exclude = [
            'custom',
            'preemptible',
            'sole tenancy',
            'commitment'
        ] if type_name[1] == 'standard' else []

    def _filter(self, description):
        return not any(
            type in description for type in self.exclude
        )
```

使用 Python 库为 Google Cloud 计费目录 API 创建客户端

对于像 n2d-standard-16 这样的机器类型，提取机器系列(N2D)和用途(standard)以识别 SKU

如果使用标准机器类型，则不需要在目录中搜索任何专用的 Compute Service SKU

```
def _get_unit_price(self, result):          ← 检索每个 CPU 或 RAM 的单位价
    expression = result.pricing_info[0]       格,单位为纳米(10⁻⁹)美元
    unit_price = expression. \
        pricing_expression.tiered_rates[0].unit_price.nanos \
        if expression else 0
    category = result.category.resource_group
    if category == 'CPU':
        self.cpu_pricing = unit_price
    if category == 'RAM':                   调用 Google Cloud 计费目录并检索
        self.ram_pricing = unit_price       Compute Service 的 SKU 列表

def get_pricing(self, region):    ←
for result in self.billing.list_skus(parent=self.service_name):
    description = result.description.lower()
    if region in result.service_regions and \   根据机器类型的描述,查找
            self.family in description and \     与区域、机器系列用途匹
            self._filter(description):           配的 SKU
        self._get_unit_price(result)
return self.cpu_pricing, self.ram_pricing
```

Google 云计费目录根据 CPU 和内存(以 GB 为单位)的数量设置单位价格。因此,你无法根据机器类型的名称进行搜索。相反,你需要将通用机器类型与目录的描述进行匹配。

计算特定资源实例的月度费用

当你获取给定机器类型的 CPU 和 RAM 单位价格后,就可以用它来计算机器单个实例的月成本。一些云目录会以自己定义的因子作为计价单位。例如,GCP 使用纳米单位,这意味着还要乘以该因子。代码清单 12.5 实现了计算单个服务器月成本的代码。你需要将单位价格乘以每月的平均小时数 730 和纳米单位。

代码清单 12.5   计算单个服务器的月费用

```
HOURS_IN_MONTH = 730    设置一个常量,表示一个月有 730 小时的    从 Google Cloud 计费目
NANO_UNITS = 10**-9      平均值,并将纳米美元转换为美元(10⁻⁹)    录 API 中获取 Compute
                                                              Engine 服务的标识符
def calculate_monthly_compute(machine_type, region):
    service_name = ComputeService().name    ←
    sku = ComputeSKU(machine_type.name, service_name)    设置机器类型的 SKU 并获
    cpu_price, ram_price = sku.get_pricing(region)       取其 CPU 和 RAM 单价

    cpu_cost = machine_type.cpus * cpu_price * \    将机器类型的CPU数量乘以单
        HOURS_IN_MONTH if cpu_price else 0          位价格和一个月的小时数
    ram_cost = machine_type.ram * ram_price * \     将机器类型的内存(RAM)千兆字节
        HOURS_IN_MONTH if ram_price else 0          数乘以单位价格和一个月的小时数
    return (cpu_cost + ram_cost) * NANO_UNITS    ←
```

将 CPU 和 RAM 成本相加,并将其转换为美元单位

你现在拥有了一个简易版的成本估算方式,可以计算单个服务器的成本。通过对单个服务器的初始成本进行计算,你可以解析你的 IaC 以获取所有服务器的

机器类型和区域,并计算总成本。在将来,你可以添加更多逻辑以检索其他服务(如数据库或消息传递)的 SKU。

验证你的成本没有超过预算

你决定进一步优化成本估算。你编写了一个测试,采用软强制方法来检查预估成本是否超出了每月预算。例如,你的客户告诉你,会议的预算不应超过每月4500 美元。你可以将成本估算与预算进行比较,并主动识别任何成本驱动因素。

让我们编写一个测试来估算服务器的新成本,并将其与预算进行比较。在代码清单 12.6 中,你将解析所有服务器的 IaC,并计算这些服务器的机器类型和区域。

代码清单 12.6 解析所有服务器的 IaC 代码

```python
from compute import get_machine_type
import pytest
import os
import json

ENVIRONMENTS = ['testing', 'prod']
CONFIGURATION_FILE = 'main.tf.json'

@pytest.fixture(scope="module")          # 读取每个环境定义的配置文
def configuration():                      # 件,例如测试和生产环境
    merged = []
    for environment in ENVIRONMENTS:
        with open(f'{environment}/{CONFIGURATION_FILE}', 'r') as f:
            environment_configuration = json.load(f)
            merged += environment_configuration['resource']
    return merged


@pytest.fixture                          # 对于配置文件中的每个服务器,
def servers(configuration):              # 创建其区域和机器类型的列表
    servers = dict()
    server_configs = resources(configuration,
                               'google_compute_instance')
    for server in server_configs:
        region = server['zone'].rsplit('-', 1)[0]
        machine_type = server['machine_type']
        key = f'{region},{machine_type}'
        if key not in servers:
            type = get_machine_type(          # 调用 Google Compute API 并
                    PROJECT, server['zone'],  # 获取机器类型的详细信息,如
                    machine_type)             # CPU 数量和内存
            servers[key] = {
                    'type': type,
                    'num_servers': 1          # 跟踪具有特定机器类型和区域
            }                                 # 的服务器数量,以简化需要检索
        else:                                 # 的 SKU
            servers[key]['num_servers'] += 1
    return servers
```

可以在测试中调用这些方法,以检索特定区域各机器类型的成本信息并计算总成本。代码清单 12.7 中的测试会检查总成本是否超过了每月预算的 4500 美元。

代码清单 12.7   获取 Compute Engine SKU 的 CPU 和 RAM 价格

```
from estimation import calculate_monthly_compute        ← 设置一个常量来传递
                                                           预期的每月预算
PROJECT = os.environ['CLOUDSDK_CORE_PROJECT']
MONTHTLY_COMPUTE_BUDGET = 4500   ◄──────────────

                                                          测试服务器的成本
                                                          是否超过每月预算
def test_monthly_compute_budget_not_exceeded(servers):  ◄──
    total = 0
    for key, value in servers.items():
        region, _ = key.split(',')
        total += calculate_monthly_compute(value['type'], region) * \
            value['num_servers']
        assert total < MONTHTLY_COMPUTE_BUDGET   ◄────────────
```

根据机器类型和区域计算每台服务器每月的总费用,乘以该机器类型的服务器数量,并对总费用求和

确认预估的总成本不超过每月预算

现在你已经有了一个测试,用于对计算资源的总开销进行估算,并与你的预算进行比较!每当有人更改基础设施时,该测试会重新计算系统的新成本。

成本估算可以让你大致了解基础设施的费用,但可能无法准确反映实际的账单。你需要考虑一定的误差。如果你的估算超出了月度预算,这可能表明你需要重新评估规模和资源使用情况。随着系统的增长,你还需要逐步完善月度预算。

持续交付中的成本估算

如何检查基础设施更改是否超出预算?每次更改 IaC 并将其推送到存储库时,你的成本估算和预算测试都会运行。流水线中的预算测试能帮助你识别昂贵的基础设施变更并在测试环境中调整资源。该过程可以防止生产环境中出现超支问题。

例如,假设你想为另一个会议添加另一台服务器到测试环境中。如图 12.4 所示,你创建了一个配置以添加具有 n2d-standard-8 机器类型的另一台服务器。流水线运行测试以计算具有新服务器的月度成本,并将其与月度预算进行比较。

你将配置推送到存储库,然后交付流水线运行测试以检查是否符合预算。但是,流水线失败了!你检查日志发现你的成本估算超出了预期的月度预算:

```
$ pytest test_budget.py
FAILED test_budget.py::test_monthly_compute_budget_not_exceeded -
➥assert 4687.6161600000005 < 4500
```

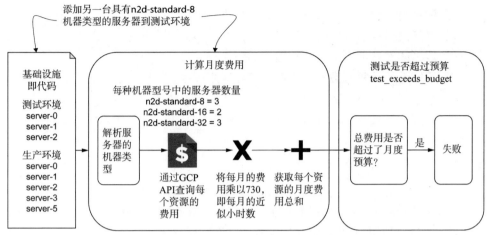

图 12.4　添加另一台服务器超出了你的 4500 美元预算，导致测试失败

你与财务团队进行了沟通。财务分析师确认允许增加预算以容纳新的测试实例。你将测试的月度预算更新为 4 700 美元，以适应未来的变化！

无论你是编写一个成本估算机制还是使用一个工具，你都应该将它添加到交付流水线中作为另一个策略测试。成本估算有助于判断实例大小和使用方式。它不应该在生产之前影响任何变更。相反，它应能满足你重新评估资源的需求。

不要把每个成本因素都作为成本估算的一部分。相反，应选择你账单中重量级资源来进行估算。本例主要关注计算资源，例如服务器，这些资源通常对成本影响很大。也可以针对其他资源(例如数据库或消息框架)实施成本估算。

应始终质疑成本估算的准确性！你无法预测你将创建的资源或使用它们的方式。例如，很难估计在各地区或服务之间传输数据的成本，只有出账单了才会清楚这部分费用。将你的成本估算与每月账单进行对比，评估哪些成本驱动因素导致了差异。

每月进行比较可以帮助你识别任何变化，并根据估计的乘数预算实际成本。在本章的其余部分，我们将讨论如何在测试或估算之外通过减少云浪费和优化来降低成本。

练习题 12.1

针对下面的代码，以下哪几项陈述是正确的(多选)

```
HOURS_IN_MONTH = 730
MONTHLY_BUDGET = 5000
DATABASE_COST_PER_HOUR = 5
NUM_DATABASES = 2
BUFFER = 0.1

def test_monthly_budget_not_exceeded():
    total = HOURS_IN_MONTH * NUM_DATABASES * DATABASE_COST_PER_HOUR
    assert total < MONTHLY_BUDGET + MONTHLY_BUDGET * BUFFER
```

A. 测试将通过，因为数据库的成本在预算范围内

B. 该测试会预估数据库的月度成本

C. 该测试没有考虑不同的数据库类型

D. 测试会计算每个数据库实例的月度成本

E. 作为软件强制策略，测试包含一个任意成本超支 10%的缓冲

答案见附录 B。

12.2　降低云浪费

可以使用 IaC 来实施积极的措施，以管理云计算的成本驱动因素。然而，仍需要将它们与其他实践结合起来，以持续降低和优化成本。毕竟，在示例中，你的客户非常不希望为三小时的会议支付一笔高达 10 000 美元的云计算账单！

如果你创建了一台大型服务器，但未能使用所有的 CPU 或内存，就浪费了未使用的 CPU 或内存。这种情况下，你有机会降低云计算成本！可以采取的一种方法是降低云浪费，就是将那些未使用或未充分利用的基础设施资源清理掉，这样可以改善你的账单状态。

定义　**云浪费**是指未使用或未充分利用的基础设施资源。

要减少云浪费，可以删除，设置到期，或停止未使用的资源；或者根据使用情况协调或扩展实例；以及评估系统的正确资源大小或类型，如图 12.5 所示。

减少云计算浪费

| 停止使用未充分利用或未使用的资源 | 按计划停止资源 | 选择正确的资源类型、大小和预留方式 | 为资源启用自动扩展 | 为资源添加过期标签 |

图 12.5　可以通过删除未使用的资源，或者按照使用模式调度和分配资源来减少云浪费

通常，只有当公有云账单出现意外的高额费用时，大家才会想到要识别和减少云浪费。其实，也可以在数据中心中使用这些技术，特别是对于私有云。虽然它们不会立即带来短期利益，但它们有助于优化数据中心资源的使用和降低长期成本。

12.2.1　停止未标注和未使用的资源

有时，你和你的团队出于测试或其他目的会创建基础设施资源，然后忘记此

事，直到它们出现在云账单上。作为减少云浪费的第一步，你可以识别未使用的资源并将其删除。

回想一下，你的任务是为客户降低会议的运营成本。可以通过识别未使用的资源来降低成本吗？可以！有时我们的团队为测试创建资源，但忘记将其删除。

例如，你在 Google Cloud 项目中检索服务器列表，并在表 12.2 中对它们进行检查。尽管许多测试和生产实例都有标签，但你注意到两个实例没有标签。这两台 n2d-standard-16 机器每月费用约为 700 美元(占总费用的 7%)。

表 12.2　不同类型和环境下服务器的成本

机器类型	环境	服务器数量	总计
n2d-standard-8	测试	2	$400
n2d-standard-16	生产	2	$700
n2d-standard-32	生产	3	$2 900
总计			$4 000

你向团队询问生产环境中未标记实例的情况。他们说创建这些服务器是用于验证应用程序的沙盒，但从未使用过。为了确认这个情况，你检查了一个月内的服务器使用量监控数据，发现它们始终为 0。这些情况说明你已经识别了一些云浪费！

团队确实使用 IaC 创建了这些服务器。你删除了配置并推送了更改以便删除未使用的实例。删除配置将删除连接到实例的磁盘和其他资源。幸运的话，你下一次会议的云账单将反映这种减少。

为什么要查看监控数据并和团队成员确认服务器的使用情况呢？因为你不想意外地删除资源。有时那些看似未使用的资源会有意想不到的依赖关系。因此，你需要确认这些实例确实未被使用，以免误删资源，产生不必要的风险和成本。

请确保你打算删除的任何资源都没有其他依赖项。如果你对删除未标记或未使用的资源有顾虑，你可以暂停该资源一两周，等确定它不会影响系统再删除它。

12.2.2　按计划启动和停止资源

由于删除了未使用的服务器，你的下一个云账单减少了 7%。但是，财务团队希望你将成本进一步降低。在与客户的一位团队成员交谈后，你才了解到他们从不在周末运行测试或使用任何基础设施资源。会议前的周末不必保持资源可用。

你可以找到一种方法，在每周五晚上关闭服务器，并在每周一开启它们。这样在服务器关闭的 48 小时中将不产生费用。定期关闭服务器可以实现成本降低。你发现 GCP 使用计算资源策略(网址见链接[8])定义了一个实例关闭计划。你每周一启动服务器，然后每周六关闭它们，如图 12.6 所示。

定时关闭实例可以减少运行服务器的成本。但是，只有当你了解系统的行为时，这种技术才有效。因为按计划启动和停止资源可能会干扰开发工作。

图 12.6 你可以通过在资源不使用时启动和停止服务来降低成本

一些应用程序没有容错能力，即使资源成功地重启，它们仍然会继续处于错误状态。通常，大多数重启计划仅在测试环境中使用。每个周末的计划停机时间也为团队提供了验证系统可靠性的机会。

代码清单 12.8 展示了一个 GCP 中实例调度的资源策略。这个计划会在会议前一周失效，因此它不会在这个周末关闭服务器。因为开发团队可能需要在会议前几天在平台上工作。

代码清单 12.8 创建实例调度的资源策略

```
def build(name, region, week_before_conference):
    expiration_time = datetime.strptime(
        week_before_conference,
        '%Y-%m-%d').replace(
            tzinfo=timezone.utc).isoformat().replace(
                '+00:00', 'Z')          # 使用 RFC 3339 日期
                                        #  格式，在会议前一周
                                        #  将调度计划过期
    return {
        'google_compute_resource_policy': {
            'weekend': {
                'name': name,
                'region': region,        # 创建一个具有实例调
                                         #  度的计算资源策略
                'description':
                'start and stop instances over the weekend',
                'instance_schedule_policy': {
                    'vm_start_schedule': {
                        'schedule': '0 0 * * MON'    # 每周一凌晨启动虚拟机
                    },
                                                     # 每周六凌晨关闭虚拟机
                    'vm_stop_schedule': {
                        'schedule': '0 0 * * SAT'
                    },
                    'time_zone': 'US/Central',       # 由于开发团队在
                    'expiration_time': expiration_time   # 美国中部工作，因
                }                                    #  此在美国中部时
            }                                        #  区运行调度
        }
    }
```

AWS 和 Azure 等效用法说明

其他公有云服务提供商通常也提供类似的自动化功能，可以按计划启动和停止虚拟机。例如，AWS 使用 Instance Scheduler 来启动和停止服务器和数据库(网址见链接[9])。类似的，Azure 使用基于 Azure 函数的启动/停止虚拟机工作流程(网址见链接

[10])。

如果你使用的公共或私有云平台不支持计划关闭功能,那么需要编写自己的自动化程序,按照固定的计划运行。我之前使用过各种工具来实现这个功能,包括无服务器函数、容器编排器上的 cron 作业,以及在持续集成框架上设置定时任务。

相比每个月运行七台服务器 730 小时,你现在可以将它们的运行时间缩短约144 小时(假设一个月中有三个周末,每次关闭时间为 48 小时)。使用你的成本估算代码,你将运行时间更新为每月 586 小时。输出结果显示,你将整体费用降低了 700 美元(总月度账单的 7%)!

该示例将计划添加到测试环境中。然而,如果生产环境具有周期性的使用模式,也可以将定期重启计划应用到生产环境中。举例来说,如果某个会议平台仅在工作日提供用户流量服务并按需运行 3 个小时,那么在平台关闭服务器和数据库的 48 小时内不会影响用户流量。然而,如果生产环境需要持续服务请求,那么不必实施重启计划。

12.2.3　选择正确的资源类型和大小

如果你的生产环境需要全年无休地为客户提供服务,那么即使不使用定期计划,你仍然可以通过评估资源类型和大小来减少云资源的浪费。许多资源并未充分利用其 CPU 或内存。

通常情况下,我们会预留更大的资源,因为我们不知道实际需要多少。在系统运行一段时间后,你可以根据其实际使用情况调整资源的大小。通过更改资源类型、大小、预留、副本,甚至云服务提供商,如图 12.7 所示,可以降低成本。

如果以下内容不影响你的应用及其履行请求的能力:

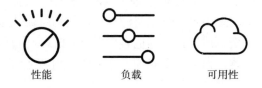

性能　　　　负载　　　　可用性

你可以通过更改资源的以下属性来降低基础设施的成本

大小　　　　类型　　　　预留策略

图 12.7　你可以更改资源的属性以更好地利用它,从而降低成本

你决定对客户的会议平台进行调查,查找资源类型和大小方面的云资源浪费。在检查后你发现,降低计算资源的类型和大小来减少成本不可行,因此你将目光

转向了数据库(Cloud SQL)，你发现生产数据库被配置为使用 4TB 固态硬盘(SSD)存储，表 12.3 中详细列出了配置信息。

表 12.3　按服务和资源分类的云账单

功能	类型	环境	数量	合计
Cloud SQL				$2 500
	db-standard-1, 400 GB SSD, 600 GB backup	测试	1	$250
	db-standard-4, 4 TB SSD, 6 TB backup	生产	1	$2 250

在检查了指标和数据库使用情况后，你意识到该数据库只需要 1TB 的 SSD。于是，你在 IaC 中更新了数据库的磁盘大小。这个改动降低了数据库的成本，减少了 1350 美元(占月度总账单的 22.5%)的开支！

在许多其他方面，你可能无法充分利用资源。如果某个资源使用了更昂贵的机器类型，你可以考虑更改资源类型。你需要问问自己和团队："如果我们不运行性能测试，我们是否需要在测试环境中使用这个高性能数据库？"

很可能不需要！选择适合特定环境的正确资源类型和大小必须要经历几次迭代。你需要选择一个资源类型、大小和副本，以模拟生产环境，而不必完全复制相同成本的环境。

以会议平台为例，你的生产环境中可能有三个 n2d-standard-32 实例，但测试环境中有三个 n2d-standard-8 实例就够了。这个配置仍然可以测试三个应用实例，但却不需要花费 72 个 CPU 的费用。

有时，你可以更改资源的预留类型。GCP 和许多其他云提供商都提供了一种短暂的(也称为 spot 或 preemptible)资源类型。这种资源成本较低，但云服务提供商有权利随时停止资源或停止向其他客户提供 CPU 或内存。虽然短暂的资源预留可以进一步降低成本，但你需要仔细考虑你的应用和系统能否妥协。

12.2.4　使用自动缩放

你在环境中尽可能多地确定了云浪费，并且仍然想进一步降低成本。你发现许多系统的客户并不需要每天每小时都占用系统中的 CPU、内存或带宽。

例如，会议平台仅在会议的三个小时内需要 100%占用！那么你是否可以根据需求自动增加或减少服务器数量？

图 12.8 将目标利用率设置为 75%的 CPU 使用率，以便 GCP 管理的实例组会启动和停止服务器来达到目标。它根据需求增加和减小组的大小。

你为每个服务器组添加了自动缩放功能。自动缩放会根据 CPU 或内存等指标增加或减少组内资源的数量。许多公有云服务提供商允许自动缩放组资源，可以使用基础设施即代码创建。

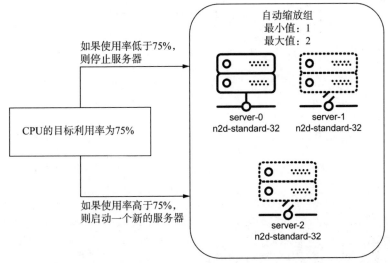

图 12.8　自动缩放组包括一个目标利用率，它可以自动启动和停止资源以调整使用情况

定义　**自动缩放**是根据指标自动增加或减少组内资源数量的实践。

GCP 自动缩放需要设置一个指标，以便根据需要扩大或缩小资源规模。在大部分月份中，由于流量较低，你预计只需要使用一个服务器。但是，在会议平台经历流量高峰时，你需要最多三台服务器。因此，你决定使用 CPU 利用率作为指标，并将目标设为 75%。

你更新了服务器的 IaC 代码。在代码清单 12.9 中，你使用托管实例组和自动缩放策略替换了原始服务器和实例调度资源策略。自动缩放计划每天早上启动，增加或减少实例数量以达到 75%的 CPU 利用率，并在每天晚上将实例数量减少到零。

代码清单 12.9　基于 CPU 利用率创建自动缩放组

```
def build(name, machine_type, zone,
          min, max, cpu_utilization,
          cooldown=60,
          network='default'):
    region = zone.rsplit('-', 1)[0]
    return [{
        'google_compute_autoscaler': {
            name: {
                'name': name,
                'zone': zone,
                'target': '${google_compute_instance_group_manager.' +
                f'{name}.id}}',
                'autoscaling_policy': {
```

将实例组附加到自动缩放资源。为清晰起见，我们省略了实例组

设置最大副本数，以
便在 CPU 利用率超过
75%时进行扩展

将 CPU 利用率作
为自动缩放组的
目标指标

```
'max_replicas': max,
'min_replicas': 0,
'cooldown_period': cooldown,
'cpu_utilization': {
    'target': cpu_utilization
},
'scaling_schedules': {
    'name': 'weekday-scaleup',
    'min_required_replicas': min,
    'schedule': '0 6 * * MON-FRI',
    'duration_sec': '57600',
    'time_zone': 'US/Central'
    }
  }
 }
}]
```

默认情况下将最小副本数设置
为零，这意味着停止虚拟机

设置一个扩展计划，根据开发
团队的使用模式，在每个周一
到周五的早上增加最小副本数

AWS 和 Azure 等效用法说明

GCP 将托管实例组与自动缩放策略关联。GCP 不允许你附加资源策略，你必须在自动缩放组中实现计划。

其他公共云服务提供商也提供了服务器自动缩放功能，有时也提供数据库的自动缩放功能。AWS 中的这个功能称为自动缩放组，Azure 则使用自动缩放规则来缩放集合。

你可以在该示例中设置一个缩放计划，以模拟之前实施的周末关闭操作。通常，会使用模块模式来创建自动缩放模块，并在模块中设置一个可靠的默认指标，以满足你的工作负载需求。

如果你的工作负载与模块预设的指标不匹配，你可以将其默认设置为目标 CPU 利用率或内存，并随着时间的推移评估其行为。当你发布实例组时，可以应用第 9 章中的蓝绿部署模式，以替换活动的工作负载或实例。发布计划和自动缩放组的行为不应对应用程序造成任何干扰。

为了鼓励团队使用自动缩放组和计划功能，你可以创建几个策略测试，以确保你的自动缩放组能有效减少云浪费。例如，测试你的 IaC 中是否没有单独的服务器，而只包含自动缩放组。这个测试将鼓励团队充分利用弹性资源。

另一个你可以添加的测试是，应该检查最大副本限制。假设你的应用程序突然消耗大量的 CPU 或内存，或者一个恶意用户在你的计算机上注入了一个加密货币挖矿二进制文件(比特币挖矿应用)，你肯定不希望自动缩放组自动将其容量增加到 100 台机器。

12.2.5　为资源添加过期时间标签

可以根据利用率缩放资源以减少云资源的浪费，但你还需要处理因需求手动创建的资源。例如，客户团队成员抱怨他们经常要创建沙盒服务器进行进一步测试。然而，他们也经常会忘记这些服务器。如果没有人更新它们，你能否在一段时间后将这些"过期"的服务器清理掉呢？

你决定更新你的标签模块，为测试环境附加一个新的标签，标识过期日期。回想一下，在第 3 章中，你可以使用原型模式来建立标准标签。在第 8 章中应用策略测试检查标签的合规性后，你知道测试环境中的每个资源都有一个过期日期标签。

例如，团队成员可能创建一个过期日期为 2 月 2 日的服务器，如图 12.9 所示。但是，他们决定更新服务器。作为更改的一部分，标签模块检索当前日期(2 月 5 日)，然后添加七天，并将服务器上的标签更新为新日期(2 月 12 日)。

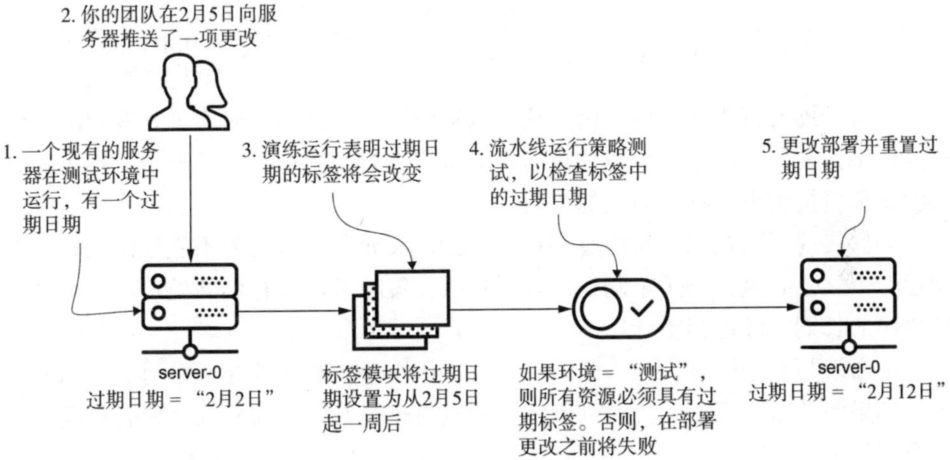

图 12.9　在标签模块中创建一个过期日期，将模块的过期日期重置为更改起一周后的时间

为什么将过期设置作为标签模块的一部分？因为标签模块应该被应用到所有 IaC 上。这样就可以建立一个 7 天的默认持续时间，并应用于所有的基础设施资源。

还可以控制何时将过期标签作为模块的一部分应用。只有当该资源没有在生产环境中创建资源或者在测试环境中持续运行的情况下，模块才会应用过期标签。代码清单 12.10 更新了默认标签的原型模块，并设置了过期日期。

代码清单 12.10　具有过期日期的标签模块

将日期格式化为年、月、日的字符串

```
    import datetime

    EXPIRATION_DATE_FORMAT = '%Y-%m-%d'
    EXPIRATION_NUMBER_OF_DAYS = 7


    class DefaultTags():
        def __init__(self, environment, long_term=False):
            self.tags = {
                'customer': 'community',
                'automated': True,
```

计算从当前日期开始七天后的过期日期

```
        'cost_center': 123456,
        'environment': environment
    }
    if environment != 'prod' and not long_term:
        self._set_expiration()

def get(self):
    return self.tags

def _set_expiration(self):
    expiration_date = (
        datetime.datetime.now() +
        datetime.timedelta(
            days=EXPIRATION_NUMBER_OF_DAYS)
    ).strftime(EXPIRATION_DATE_FORMAT)
    self.tags['expiration'] = expiration_date
```

如果你没有在生产环境中创建资源或将其标记为长期资源，则设置过期标签

计算从当前日期开始七天后的过期日期

将日期格式化为年、月、日的字符串

你将一周设置为默认值，因为这可以给团队成员足够的时间来开发和测试资源。如果需要的话，他们可以通过运行流水线来自动更新标签。但是，你也需要在测试环境提供重写这些策略的方式。

如何实现既默认强制实施过期日期标记，又允许某些资源不进行标记？可以创建一个软强制执行的策略测试。软强制执行策略可以进行例外处理，并对测试环境中的长期资源进行审计。

下面编写一个测试，在代码清单 12.11 中对每个服务器资源强制实施到期标记。如果服务器不在豁免资源列表中，测试将失败并阻止流水线将所有更改部署到生产环境。

代码清单 12.11   测试检查测试资源是否有过期日期

```
import pytest

def test_all_nonprod_resources_should_have_expiration_tag(
        servers, server_exemptions):
    noncompliant = []
    for name, values in servers.items():
        if 'expiration' not in values['labels'].keys() and \
                name not in server_exemptions:
            noncompliant.append(name)
    assert len(noncompliant) == 0, \
        'all nonprod resources should have ' + \
        f'expiration tag, {noncompliant}'
```

获取配置中的服务器列表以及那些被豁免的服务器

检查服务器标签中是否存在过期标签

如果你没有豁免该服务器，则必须将该服务器标记为不符合策略

将资源添加到豁免列表中意味着你的团队成员将仔细检查测试环境中保留的资源。在代码评审(第 7 章)期间，你可以根据豁免列表的变化来确定新增的长期资源。在测试环境中维护一份长期资源的唯一记录可确保你可以在开发过程的早期审计和讨论成本控制。

在 IaC 中实现过期标签后，你需要编写一个每日运行的脚本。图 12.10 显示

了脚本的工作流程。它检查过期日期是否与当前日期匹配。如果是，则自动化程序将删除该资源。

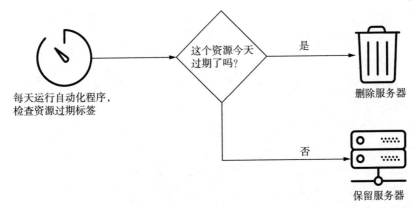

图 12.10　设置过期标签可以让每日运行自动化程序决定临时资源的去留，从而降低成本

　　为什么要使用 IaC 设置过期日期？使用标记模块设置过期日期的工作流程内置了更新资源过期日期的能力！这样可以避免添加单独的自动化而导致维护性问题，而是将更新嵌入到开发过程中。

　　例如，如果团队仍需要该资源，它可以随时重新运行 IaC 的流水线以将过期日期延长七天。对资源的活动更改也会重置过期日期。这都是基于一个基本规则：如果对资源进行了更新，那么很可能仍需要该资源。

　　当资源过期并且你仍然需要它时应如何？你可以随时重新运行 IaC 并创建一个新资源。使用 IaC 来添加和更新过期日期，既能让成本符合要求，又能让团队对功能可见。

注意　有时，也有专门用于添加标记的自动化流水线。这种自动化程序会在基础设施资源创建后添加过期日期。虽然自动添加标签可以增加成本的可控性，但它也会引入实际配置与预期配置之间的漂移。此外，自动过期经常会使团队成员感到困惑。除非他们注意到了你的通知信息，否则他们可能会惊讶地发现他们的资源在几天后被删除！

　　始终可以将过期时间间隔设置为几天之外的其他值。如果你想为团队提供更多的灵活性，可以通过标签模块提供一个天数范围。我建议使用绝对过期日期并将其添加到标签中，而不是使用时间间隔以便更容易进行清理动作的自动化。

　　在示例中进行所有更改后，你客户的云计算账单发生了什么变化呢？你的账单从略高于 10 000 美元降至约 6 500 美元(降低了 35%)！你的客户对云资源的充分利用很满意。

　　实际上，你可能无法像示例中那样显著地降低成本。但是，你始终可以将这些实践和技术应用于你的 IaC 中，以尽可能地减少成本。可在 IaC 中使用测试来记录成本减少的实践，这样每个人在编写代码时都会考虑成本因素。

练习题 12.2

假设你有三台服务器。请检查它们的使用情况并注意以下事项：

- 流量低谷时，需要一台服务器。
- 流量高峰时，需要三台服务器。
- 服务器每周 7 天、每天 24 小时处理流量。

你可以采取哪些措施来优化下个月的服务器成本？

A. 在周末将所有的资源都停止。

B. 添加 autoscaling-policy 以基于内存进行自动缩放。

C. 为所有服务器设置 3 小时的过期时间。

D. 将服务器更改为 CPU 和内存更小的主机类型。

E. 将应用程序迁移到容器，并在服务器上更密集地打包应用程序。

答案见附录 B。

12.3 成本优化

可以应用其他 IaC 原则和实践来减少云浪费并管理成本驱动因素。这方面涉及很多技术，如按需构建环境、更新区域之间的路由或在生产环境中进行测试等，均可使用 IaC 进一步优化成本，如图 12.11 所示。

成本优化技术

按需构建环境　　使用多个云平台，并　　评估不同地区和云平台　　允许在生产环境中
　　　　　　　　根据工作负载、服务　　之间的路由　　　　　　　进行测试
　　　　　　　　提供商或时间选择云
　　　　　　　　平台

图 12.11　成本优化需要 IaC 最佳实践来扩展和部署基础设施资源

特别是可重复性、可组合性和可演进性原则再结合创新技术可进一步优化成本。这些技术包括根据需求重建环境以减少持续的测试环境使用，跨云提供商组合基础设施，以及在区域和云提供商之间演进生产基础设施。

回想一下，你曾经成功地将客户会议的云计算成本降低了 35%。一年后，财务团队请你帮忙优化他们的平台成本。他们的业务已经增长，希望在数百个客户和托管服务之间优化成本。

12.3.1　按需构建环境

从更大的角度来看，你需要检查测试和生产中存在哪些环境。你可以从减少所有环境中的云浪费开始。但是，随着公司不断成长，还会添加更多环境以支持和测试更多产品。

想象一下这个场景，你正在检查客户的基础设施。客户拥有许多测试环境。你确定其中三到四个测试环境正在持续运行，并用于支持专业测试。例如，质量保证(QA)团队每年两次使用其中一个环境进行性能测试。在其余时间里，这些环境处于未使用状态。

你决定移除持续运行的环境。如果 QA 团队需要一个性能测试环境，他们可以按需创建。该团队复制了生产环境及其工厂和构建模块，这些模块允许定制参数。这些模块提供了灵活性，可以为不同的环境指定变量和参数。

图 12.12 展示了按需创建环境的工作流程。质量保证(QA)团队将 IaC 复制到组织的多存储库结构中专用于测试环境的新存储库中。该团队会更新参数和变量，运行测试，然后删除环境。

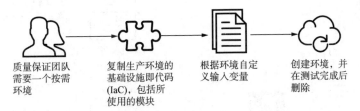

质量保证团队　　　复制生产环境的　　　根据环境自定　　　创建环境，并
需要一个按需　　　基础设施即代码　　　义输入变量　　　在测试完成后
环境　　　　　　　(IaC)，包括所　　　　　　　　　　　删除
　　　　　　　　　使用的模块

图 12.12　可以复制生产环境的配置，创建并定制按需测试环境

为什么要使用可重建性来按需创建并删除新环境呢？一个新的、更新的环境可以确保最新的配置与生产环境匹配。如果你一年只使用这个环境一次，那么你肯定不希望将其持续运行 11 个月。

虽然创建一个新环境需要时间，但不这样你很可能要花同样的时间来修复测试环境和生产环境之间的漂移问题。

识别不必要的长期运行的环境并将其切换到按需模式可以帮助减少成本，特别是当你可以轻松地重建它们时。

12.3.2　使用多云环境

如果有多个云服务提供商可供选择，你还可以考虑将应用程序部署到其他云平台，并根据资源、工作负载和一天中的时间来优化成本。基础设施即代码(IaC)可以帮助标准化和组织多个云平台的配置。部署到多个云平台可以适应特定的工作负载或需要特定基础设施资源的团队。

例如，如果你的客户使用谷歌云数据流(Google Cloud Dataflow)进行流数据处理。然而，其成本取决于数据处理流水线的类型。你可以说服一些报表开发团队将一些批处理管道转换为 Amazon EMR，以降低整体成本。

在图 12.13 中，报表开发服务团队将其基础设施即代码(IaC)切换为使用 Amazon EMR 模块。为了最小化作业中断，团队成员使用第 9 章介绍的蓝绿部署模式，逐步增加在 Amazon EMR 中运行的作业数量。

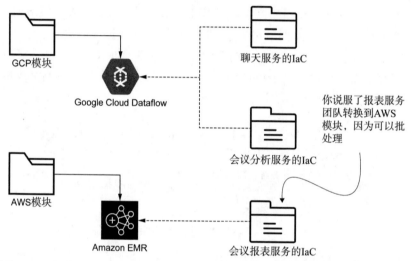

图 12.13 报表服务通过引用不同的模块将其批处理作业从 Google Cloud Dataflow 切换到 Amazon EMR

可组合性原则成为多云配置的重要组成部分。基础设施即代码(IaC)使得跨不同云服务提供商管理和识别基础设施资源变得更容易。使用模块表达云之间的依赖关系，还可以帮助你随着时间的推移逐步演进你的资源。

在第 5 章中，我们根据工具和提供商将 IaC 配置分成不同的文件夹。许多 IaC 工具并没有为云服务提供商资源提供统一的数据模型。你可以为每个计划支持的云服务构建一个不同的模块。按提供商分离模块可以减少复杂性，并支持对模块进行隔离测试。为每个云服务提供商维护单独的模块也能够轻松识别基础设施资源和提供商。

12.3.3　对多云和多区域之间的数据传输进行评估

使用多个云服务后，你可能会发现并没有减少云计算的总费用。此时，你要仔细考虑多个云服务的选择问题，因为服务提供商会对区域之间和云网络之外的数据传输收费。数据传输成本会以令人惊讶的方式累积！

你查看客户的云计算账单，发现其中很多费用来自区域之间和网络之外的数据传输。经过一番调查，你发现许多服务和测试环境之间都会跨地区，不在可用区域内，以及通过公共互联网进行通信。

例如，us-central1-a 的聊天服务的集成测试显示，使用的却是 us-central1-b 配置的公共 IP 地址！你意识到，集成测试环境中的所有服务都不需要在地区、可用区域或网络之外进行测试。

集成测试仅测试服务能否为其他服务提供功能，而不需要针对整个系统。图 12.14 使用第 10 章的重构技术，将集成测试环境中的基础设施资源合并到一个可用性区域中。

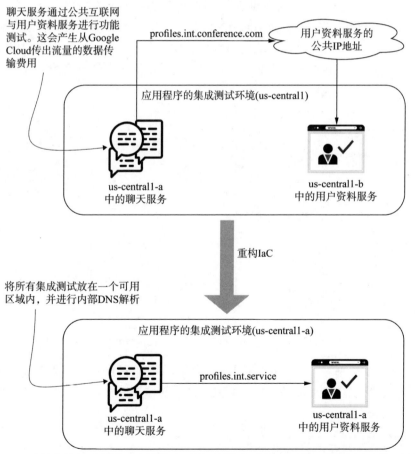

图 12.14　重构你的基础设施以支持单个可用区域的集成测试环境，并解析为私有 IP 地址

如果可用区域出现故障，会发生什么呢？你可以随时将 IaC 切换到另一个地

区或可用区域。应用程序仍然通过私有网络进行通信，不会收取 Google Cloud 网络之外或区域之间的数据传输费用。

之所以更倾向于使用私有网络而不是公共网络，不仅是出于安全考虑，还是为了成本和效率。如果你使用多个云服务，请确定哪些资源需要在云之间进行通信。有时，你可能会发现将整套服务转移到另一个云服务比支付云之间的数据传输费用更具成本效益。应用第 9 章和第 10 章的变更和重构技术可以帮助合并服务和通信。

12.3.4　在生产中测试

即使切换到多云模式并优化数据传输，测试环境也无法完全模拟生产环境，并且运行成本过高。在某些情况下，你无法在隔离环境中进行测试。与其完全模拟生产环境，也可以直接在生产环境中进行测试来优化成本。

对于会议平台的例子，你帮助视频服务团队实现要在生产环境中测试的更改。如图 12.15 所示，团队成员使用隐藏在特性开关后面的预期更改来分阶段部署一组新的基础设施资源。然后，他们切换开关以逐步导入所有应用程序和用户流量到新的基础设施，并在生产中验证其功能。两组资源同时运行几周。几周后，他们删除旧的基础设施资源。

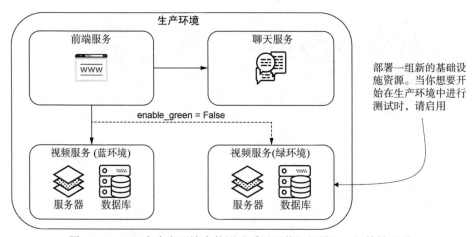

图 12.15　LaC 在生产环境中的测试采用了蓝绿部署和一组特性开关

团队以蓝绿部署的方式在生产环境中测试了他们的服务，而不是使用测试环境。在生产环境中进行测试需要一系列实践，这些实践可以让你对生产数据和系统运行测试。

> **定义**　在生产环境中测试需要一系列实践，允许你对生产数据和系统运行测试。

在软件开发中，你可以使用特性开关等技术在生产环境中隐藏某些功能以进行测试。同样，你可以使用金丝雀部署在少量用户中测试功能，然后再向平台上的所有人提供该功能。

对于 IaC，直接在生产环境中进行测试并不完全符合软件开发实践。你不会想要仅向少量用户测试代码是否正常运行，而是想知道是否创建了可能会影响用户的错误的基础设施系统！对此你可以应用一些技术，例如特性开关和金丝雀部署。第 9 章和第 10 章中已有详细介绍。

也可以直接在生产环境中测试 IaC，而无须使用蓝绿部署模式或特性开关。但是，如果失败，你将需要建立一个可行的回前滚计划。我曾在一家组织中工作，该组织完全依赖本地测试，在将更改推送到生产环境之前进行测试。如果我们的更改失败，我们会尝试将系统更新为先前的状态。如果一切都失败了，我们将创建一个全新的基础设施环境，并将所有应用程序和用户流量引导到新环境。

现实中，也可能所有的成本优化、云浪费减少和成本驱动控制技术都试过了，但仍无法完全优化云账单！随着时间推移，组织使用资源的情况和产品需求也会发生变化。

如果你的系统中有适当的监视和仪表化工具，你可能会发现需求高峰与低谷的规律。例如，你的客户平台在 5 月、6 月、10 月和 11 月有最高的需求，这是会议高峰季节。

注意　你可能需要重新设计你的系统以利用公有云的弹性，即能够根据需要增加或减少规模，并随着时间的推移降低成本。而且某些软件架构并不能让你轻松地动态扩展或缩减资源。解决方案通常需要重构应用程序或重构平台，以提高系统成本效益。

随时了解系统的资源使用和需求情况可以帮助你在本章描述的技术之外进一步优化成本。通过与基础设施提供商积极谈判也可以进一步降低成本。因为选择新的定价模型会节省一定数量的预留实例或争取到容量上折扣。

系统运行时间越长，收集到的指标就越多。这些信息可以帮助你在 IaC 中迭代成本驱动控制、降低云浪费优化和总体成本。你还可以使用这些信息与云服务提供商谈判，共同减少云计算账单上的"惊喜"！

12.4　本章小结

- 在优化 IaC 成本之前，需要确定可能影响总成本的成本驱动因素(资源或活动)。
- 通过添加策略测试来管理基础设施中的成本驱动因素(如计算资源)并检查资源类型、大小和预留情况。
- 成本估算会解析你的基础设施即代码(IaC)，根据云服务提供商的 API 生成资源属性的成本估算。

- 可以添加策略测试来检查成本估算的输出，以估算是否超出了预算。
- 云浪费是指未使用或未充分利用的基础设施资源。
- 消除云浪费可以帮助降低云计算成本。
- 可通过移除或停止未标记或未使用的资源、按计划启动和停止资源、调整基础设施资源大小以获得更好的利用率，通过启用自动缩放和标记资源过期日期来减少云浪费。
- 自动缩放可以根据监控指标(如 CPU 或内存)增加或减少给定组中的资源数量或数量。
- 优化云计算成本的技术包括按需构建环境、使用多个云、评估数据传输，以及在生产中测试。
- 在生产中测试可以使用诸如蓝绿部署和特性开关等实践来测试基础设施更改而不需要测试环境。

第 *13* 章

工具管理

本章主要内容
- 评估开源基础设施模块和工具的使用
- 应用技术来更新或迁移 IaC 工具
- 实现事件驱动 IaC 的模块模式

我们已经学习了如何编写基础设施即代码，如何使用交付流水线和测试与团队协作更新，以及如何在组织内管理安全性和成本。随着基础设施的发展，这些模式和实践也会相应地调整，以适应新的工作流和用例。同样的，工具也会发生变化，但是工具的变化不应该给基础设施扩展、协作和运维的模式和实践带来破坏。

工具的更新包含诸多动作，可能是升级到工具的新版本、用新的工具替换已有工具，或者为 IaC 处理更多的动态用例。本章将讨论处理 IaC 工具更新的常见模式和实践。

这些模式能在任何涉及置备、配置管理和镜像构建等用例的工具上应用。你也会发现它们同样能应用于软件的开发，只是我们以一种通用而严格方式将其应用于基础设施。这些模式和实践的使用能够减小工具更新的影响范围，使新工具能够跨团队推广，并持续演进我们的系统以支持业务需求。

定义 本章不包括任何代码清单，因为添加一个代码示例意味着引入一个工具。我将以更高的层次来描述这些模式和方法，以便可以将这些技术应用到支持 DSL 或编程语言的任何工具。

你已经阅读了本书中的许多章节，并在不同的行业和企业中实践了 IaC，也

在树立和推广 IaC 实践方面有了良好的声誉。突然有一天，一家社交媒体公司的平台团队为你提供了一个职位。

该公司已经开展了多年的 IaC 实践，雇主需要你来帮助维护和更新他们的 IaC 及相关工具。在你接受了这个工作后，第一天就有了一堆待办项目要开始处理。

13.1 使用开源的工具和模块

版本控制和公共仓库的无障碍访问使得我们寻找现成的工具或基础设施模块比自己编写更加简单。你可以通过 GitHub 等服务寻求自动化和工具来满足你的需求。然而，在引入新的工具到任何组织之前，我们需要确保做好充足的准备。

举个例子，假设维护社交媒体动态功能的团队成员向你提出了要求，他们在网上搜索并找到了一个用于创建数据库的基础设施模块，他们想要使用它来加快开发流程，从而避免等待另一个团队审核他们的数据库配置。毕竟，为什么要重新发明轮子呢？

因此，你帮助评审该模块的安全性和最佳实践。在将该模块引入社交媒体公司的其他团队之前，我们使用图 13.1 所示的工作流对数据库模块进行功能性、安全性和生命周期的评估以判断是否正式采用它。

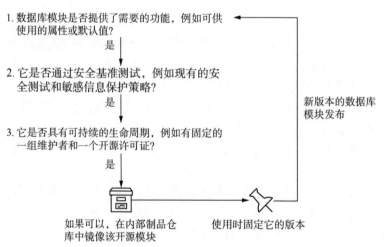

图 13.1 在使用一个工具或模块之前，要评估它的功能性、安全性和生命周期

每当开源维护者发布新的数据库模块时，都需要重新评估该模块。你可以应用这个决策工作流来安全地采用外部的 IaC 模块和工具。你希望确保能用到对应的工具或模式，并避免在基础设施系统中进行不安全的配置，毕竟这可能会让危险分子利用我们的系统。

13.1.1 功能性

你可能会发现某个很有前景的模块或工具，它允许你非常灵活地配置所需的属性。然而，请回想第 2 章和第 3 章提到的内容——模块应该包含一些通用而严格的默认设置。如果没有这些默认设置，一个灵活性过高的模块或工具可能会导致一次性的配置，并最终破坏你的系统。

在你的鼓励下，Feed 团队开始验证数据库模块中的默认值。他们根据图 13.2 所示的工作流评估该模块。该模块使用非常通用而严格的默认设置，固定了数据库版本，还进行了充分的兼容性测试。

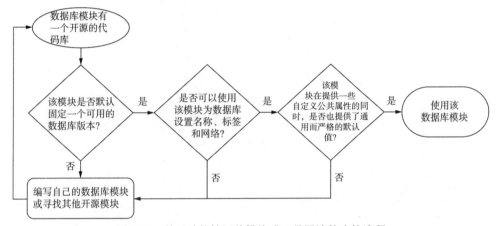

图 13.2　基于功能性评估模块或工具用法的决策流程

文档指出该模块固定了数据库版本以充分地测试配置和特定版本的兼容性。Feed 团队成员确认他们使用的是该版本的数据库，并同意使用该模块的默认值。

接着，他们评估了该模块的输入变量。数据库模块允许他们设置所需的属性，如数据库名称。它还允许设置标签和网络。Feed 团队成员也确认他们不需要设置更多的变量。

由于该模块没有将所有属性都作为输入变量提供，并且也提供了适合团队的通用而严格的默认值，因此你基于功能性批准该模块。通常，我们还需要评审模块的文档和提交历史。如果该模块测试了版本兼容性，并提供了一组适合功能需求的通用而严格的默认值，就可以继续推进安全性的评估。

如果发现该模块没有提供一些需要更改的特定默认值或输入变量，则可以寻找另一个模块，或是编写自己的模块，或是在明白模块的限制条件的情况下继续使用该模块。同样，你可以将该决策流程应用于工具，并发现它的不足。要知道，一个单一的工具无法完成所有任务！你必须在功能的灵活性和基础设施变更的可预测性之间取得平衡。

13.1.2　安全性

虽然评估模块或工具的功能性是我们首先要做的工作，但接下来的安全性评估也必不可少。安全性往往是决定是否使用开源工具或模块的成败标准。如果不仔细评估开源模块或工具的安全配置或代码，可能会在无意中为危险分子敞开一扇能危害系统的大门。

在 Feed 团队成员可以使用他们的数据库模块之前，他们需要你检查该模块是否存在任何安全问题。你需要检查数据库模块是否公开或输出敏感信息，是否发送信息到第三方地址，是否通过现有的安全性和合规性测试，如图 13.3 所示。

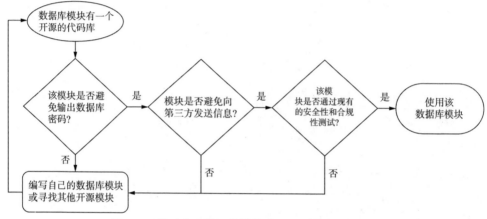

图 13.3　基于安全性评估模块或工具用法的决策流程

在这个例子中，数据库模块不会输出密码或任何敏感配置，也不会将信息发送到第三方端点。该模块也通过了我们在第 8 章中编写的数据库的安全性和合规性测试。那么，为什么在采用模块之前要进行上述三项检查呢？

模块可能会意外地公开或输出敏感信息。例如，配置可能会在模拟运行时意外地输出密码。如果确实如此，请确保有一种方法可以减轻风险或掩盖密码，并对其进行替换。

同样，模块不应该写入或发送信息给未经授权的第三方。危险分子可能会添加一个将我们的网络信息发送到 HTTP 端点的微小配置，所以请审核每个资源并检查它们不会发送任何信息给第三方。

安全性与开源

当攻击者在供应商的软件中包含恶意代码时，就会发生软件供应链攻击，这些恶意代码会被发送给客户并危害他们的数据和系统。开源的好处在于，作为客户，你可以在决定使用代码之前检查代码中的内容。

在本节中，我过分简化了防止供应链攻击的风险评估和防护措施。如需了解更多信息，可参阅 NIST 白皮书(网址见链接[1])，其中包含了一些良好的实践。

最后，运行已经为基础设施资源编写好的安全性和合规性测试。我们理应确保安全且合规的资源，否则就需要返回并更新模块以满足需求。

在我们的 IaC 中，应将该模块部署在一个独立的测试环境中，并针对该模块运行安全性和合规性测试。在独立的环境中隔离模块可以确保我们不会将不合规的配置引入到运行环境中。

记住，并非所有的安全性和合规性测试都会通过，那些失败的测试需要进行微小的重构才能与该模块一起工作。在所有测试都通过后，就可以批准该模块正常使用了。

在评估工具的安全性时，可以采用类似的决策流程。不过，对于 IaC 工具的安全性和合规性测试可能需要包括静态代码分析和来自组织的额外审查。对于在模拟运行期间的输出配置或其他信息的工具，需要应用第 8 章中的补救步骤。

13.1.3 生命周期

现在你已检查了模块的功能和安全性，但合规团队成员提出了一个非常好的问题。他们的问题是谁在维护这个公共模块。如果模块的维护者不再更新它，组织将需要获得该模块或工具的私有(或可能是公共)的所有权。

你查看文档以了解模块的生命周期和维护者，如图 13.4 所示。如果数据库模块有企业赞助和适当的许可证，那么你就可以使用它。

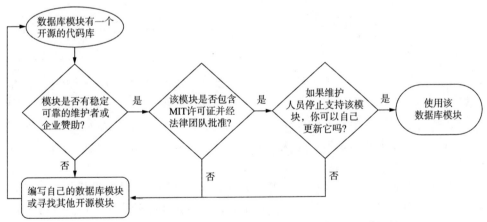

图 13.4　基于模块生命周期评估模块或工具用法的决策流程

你查看了数据库模块的维护者，这些维护者来自一家知名的技术公司，并且还拥有很多贡献者，这意味着该项目培养了一个活跃的社区。他们每隔几个月会更新并发布模块的新版本，每个贡献都必须通过测试套件来验证更改不会破坏模块。

接下来，你获取了关于数据库模块的开源许可证的信息。由于你不知道开源许可证如何影响你的公司，所以你联系了公司的法务团队，确保在 feed 团队能够使用该模块之前得到法务的评审。

该模块包含 MIT 许可证。作为一种宽松的开源许可证，MIT 许可证意味着如果你派生(维护副本)或修改数据库模块，则必须包括许可证的副本和原始版权声明。如果维护者废弃模块或工具，则该宽松许可证类型允许由你自己来修改和更新模块。

定义 一个宽松的开源许可证允许你派生或修改代码，只需要你包含许可证的副本和原始版权声明。

你的法律团队批准了许可证，因为该模块对整个基础设施配置而言风险很小。如果需要，公司可以编辑该模块，但不必对外公开发布。或许你甚至可以在获得法务的批准后，自己为该开源模块做贡献。

模块或工具还可以在 copyleft 类别中包含开源许可证。copyleft 类别的许可证包含一个条款，即你必须发布你修改过的代码库。

定义 只要你发布带有你修改的代码库，copyleft 开源许可证就允许你派生或修改代码。

许可证的 copyleft 类别通常包括对修改和分发工具或模块的更多限制。你公司的法务团队将评估公司是否可以使用许可证约束性更强的开源 IaC。

注意 有关开源许可证的更多信息，请查看 Open Source Initiative(网址见链接[2])概述的许可证和标准。

feed 团队对可以使用这个数据库模块感到非常高兴。你建议该团队通过将其镜像复制到内部制品库中来固定模块版本。将模块镜像到内部制品库可以确保团队仅使用内部制品库中批准的模块。如果模块的公共端点出现故障，团队始终可以在内部制品库中使用副本。每次维护者发布新的模块版本时，我们必须检查更改并批准最新版本。

如果组织允许，可以考虑向开源社区贡献代码。派生一个开源模块或工具并自行维护，同时保持与公共版本的同步更新将导致操作上的开销。但是，我们可能需要花费很多时间来同步开源版本和自己版本之间的更改。因此创建一个流程，直接将修改贡献给公共版本，这有助于减少维护特殊更改的开销，这些更改可能会破坏基础设施。

13.2　工具升级

当运行 IaC 实践几年后,我们不可避免地会遇到需要升级工具或插件的问题。工具版本与最新版本的差距越大,我们就越难以在最小的干扰下更新基础设施。

在第 5 章我们了解了模块版本控制带来的挑战。在本节中,我将介绍一些升级工具时可参考的注意事项和模式。

> **注意**　我们并不能找到完美迁移所有内容的神奇工具,升级工具始终都会面临很多困难。IaC 中的特有模式(如内嵌脚本)可能会在升级过程中破坏系统。因此,在可能的情况下,应尽量减少 IaC 逻辑的复杂性。

假设你在审计了公司的 IaC 工具(工具包括置备、配置管理和镜像构建)后,发现公司大部分 IaC 使用的工具版本为 1.7。然而,最新的工具版本是 4.0,并且你的第一个重大项目就涉及将 IaC 工具升级到 4.0 版本。

13.2.1　升级前检查清单

在开始升级工具或插件之前,我们需要检查一些基本的做法,以尽可能减少对基础设施带来的潜在干扰。该检查清单应包括一些步骤来解耦、稳定和协调 IaC。

图 13.5 展示了这个检查清单。我们需要解耦所有依赖性、核对版本划分、固定所有版本,并部署 IaC 以减少漂移。

用依赖注入解耦基础设施依赖

检查所有模块都有版本控制

跨存储库固定模块的版本

固定工具及其插件的版本

运行IaC工具并确保应用版本中的所有更改

图 13.5　在升级某个工具之前,检查清单应该包括固定并核对模块、插件和工具的所有版本

如果工具的升级会添加或删除字段,那么需要传递每个资源子集所需的正确信息。依赖注入为基础设施资源之间的配置属性提供了一个抽象层(参阅第 4 章),它保护每个子集免受其他子集变更的影响。

我们需要检查所有 IaC 模块是否添加了版本化模块(第 5 章)。同样,还需要确保任何使用该模块的 IaC 或存储库固定到指定的版本。

例如,社交媒体公司的某个团队总是使用模块的最新版本。在你将模块的 2.3.1 版本添加到该团队的存储库中并固定后,随着工具的升级,当你发布模块的

3.0.0 版本时，该团队的 IaC 将不会随之升级。如果像之前那样不固定模块的版本，那就可能向所有该模块使用者带来新版本的更新，并推送一个破坏性变更。

你还需要验证每个团队是否固定了工具的当前版本和它的插件版本。虽然插件可能没有向前兼容性，但我们仍需要保留当前版本并避免在不同版本中添加新的配置。最后，将所有已固定版本的模块、工具和插件推送到每个 IaC 模块和配置中。自此我们确保了版本固定后就不会引入新的更改。

完成升级前检查清单后，就必须规划工具升级路径。图 13.6 显示了从工具的 1.0 版本升级到 4.0 会引入一些重大变更。你决定可以先升级到 3.0 版，该版本与 1.7 具有向后兼容性。然后我们再从 3.0 升级到 4.0 版本，这应该可以减少其他破坏性的变更。

图 13.6　规划工具升级路径，并考虑向后兼容版本和具有重大变更的版本

不要立即升级到最新版本。相反，检查工具中的重大变更的列表，并评估是否可以接受这些变更。避免一次升级超过两个版本(或是 Beta 版本情况下的子版本)，绝大多数工具的升级在其行为或语法上都有破坏性变更。

在将升级推向生产环境之前，请考虑在测试环境中进行升级测试。根据系统及其测试环境，我们可以确定工具升级是否会破坏基础设施。升级永远不会像预期的那样顺利，测试环境有助于在升级生产之前识别出重大问题。

13.2.2　向后兼容性

许多 IaC 工具为变更提供一定程度的向后兼容性。它们通常在一到两个版本之内同时支持旧版和新版功能，之后再弃用旧版的功能。即使工具支持向后兼容性，也要确保尽快移植和重构到新功能。

在示例中，你将工具从版本 1.7 升级到 3.0。幸运的是，版本 3.0 确实支持与版本 1.7 的向后兼容性。它提供了新的功能，但没有带来任何会影响 IaC 的破坏性变更。为了以防万一，你采取了谨慎的升级方法。

你先从 Feed 团队成员开始，因为他们同意在升级期间接受你的帮助。Feed 团队部署所有变更，并确保不向 IaC 添加新的更改。然后，由你来检查配置，从而在不中断社交媒体动态的情况下以最佳方式进行工具升级。

在图 13.7 中，你应用了第 10 章的重构技术来升级工具。你从高层级资源开始，因为其他资源不依赖于它们，部署变更，测试系统，然后升级较低层级的资源。

你通知 Feed 团队，将首先升级的基础设施资源是 DNS 和负载均衡器，因为其他资源不依赖于它们。优先更新它们可以测试升级模式是否有效。可以通过更改版本并运行 IaC 来为资源升级工具版本，并通过检查交付流水线中的模拟运行和测试，确保不会破坏任何内容。

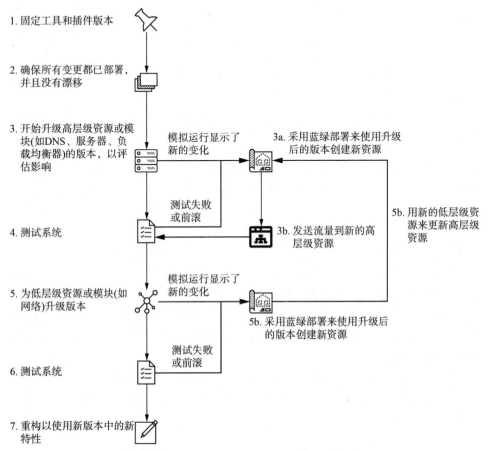

图 13.7　应用重构技术将向后兼容的工具版本从高层级资源到低层级资源进行升级

如 DNS 和负载均衡器这样的高层级资源在更新过程中没有发生任何中断。接下来，我们开始更新服务器，使用第 10 章中的滚动更新模式。与其同时升级所有服务器，我们从单个服务器开始升级，但很快就遇到了一个问题。

生产服务器配置中有一个覆盖脚本，在升级工具时会出现问题。幸运的是，只有一台服务器受到影响，因为我们使用了滚动更新。毕竟，我们希望保持社交媒体动态功能的正常运行和可用性。

在图 13.8 中，我们应用了第 11 章中的滚动更新的技术来修复无法工作的服务器。我们实施了手动修复，并在测试环境中调试旧服务器的问题。一旦解决了覆盖脚本的问题，就可以继续滚动更新服务器。

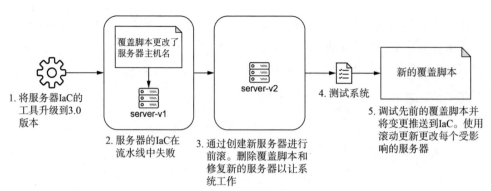

图 13.8　使用滚动更新模式来最小化工具升级失败的爆炸半径，并在变更失败时前滚

服务器通过了测试，我们开始处理最底层的资源——网络。为了以防万一，我们使用第 9 章中的蓝绿部署模式部署了网络的第二个版本。将所有内容部署到新的网络后，运行所有端到端测试并检查系统是否仍可工作。自此，我们就完成了工具的升级！

为什么要重新审视诸如重构、蓝绿部署和滚动升级之类的模式？因为我们需要最小化潜在故障的影响范围。这些模式看上去似乎有些重复，但它们提供了一种结构化、风险较低的系统升级方法。毕竟更改工具必然会更改基础设施，因此我们可以使用非常类似的技术以获得相同的结果。

一般来说，对于服务器或其他计算资源的 IaC 升级，使用滚动升级。对于高风险、低层级基础设施资源的工具升级，使用蓝绿部署。通常情况下，我们可以直接更新高层级资源。

但是，我们无法防止所有的故障。在这种情况下，如果系统出现故障，可以使用第 11 章的前滚实践和模式。高层级资源可以就地还原配置，而低层级资源则需要创建包含之前变更的新资源。

13.2.3　升级中的破坏性变更

每隔一段时间，你就会发现基础设施工具或插件发布了包含破坏性变更的新版本。具有破坏性变更的新版本常见于工具的早期版本，例如当工具处理全新的或边缘用例时。如果需要进行带有破坏性变更或功能的工具升级，请使用第 9 章中的变更技术。

对于社交媒体公司，你已经将 Feed 团队的工具从版本 1.7 升级到 3.0。但是，从版本 3.0 升级到 4.0 涉及一些破坏性变更。版本 4.0 包含可能影响资源的后端模式的更改。那么如何在不影响系统的情况下将基础设施升级到版本 4.0 呢？

回想一下，在第 4 章中，我们提到了“工具状态”。工具会保留一份基础设施状态的副本，它被用来检测实际资源状态和配置之间的差异，并跟踪其管理的资源。工具状态与实际基础设施状态会有不同，当我们升级工具时，需要将旧的工具状态与新的工具状态分离开来。

在这个例子中,我们需要将版本 3.0 的旧工具状态与版本 4.0 的新工具状态隔离开来。在分离工具状态时,我们可以通过隔离工具需要变更的基础设施资源来将潜在故障的影响最小化。更少的资源意味着更快地恢复,对系统的其他部分影响也可能更小。

如图 13.9 所示,社交媒体公司的每个团队将其工具状态分别存储在不同的位置。分离工具状态确保对 Feed 团队蓝色基础设施的变更不会影响绿色基础设施。

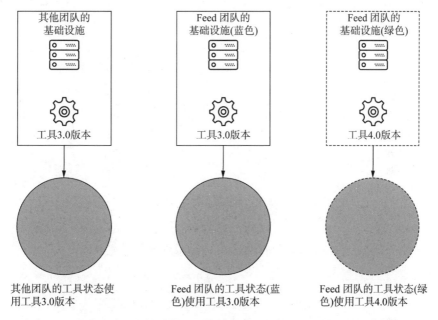

图 13.9　工具状态为工具捕获基础设施的状态以进行对比,并且可以存储在不同位置供工具使用

首先,需要固定 Feed 团队 IaC 的工具和模块的版本。接下来,将基础设施模块更新到工具的 4.0 版本。最后,我们发布一个新版本的模块,并注明是破坏性变更。

接下来,将现有配置复制到新文件夹中,每个新文件夹创建一个新的工具状态。找到网络文件夹,使用 4.0 版本的工具创建一个新网络。现在,我们应该拥有来自工具 3.0 版本的原始"蓝色"资源和来自工具 4.0 版本的全新"绿色"资源。

将蓝绿部署策略应用于工具状态,以使用新工具创建新资源。使用新版本创建一组新资源可以确保任何破坏性变更不会影响到现有的基础设施。

> **定义** 工具状态的"蓝绿部署"是一种模式,它使用新版本工具创建新的基础设施资源子集,随后逐步将流量从旧资源集(蓝色)转移到新资源集(绿色)。该模式将破坏性变更隔离到新的资源集以进行测试。

在创建低层级资源之后,可以将高层级资源复制到一个新文件夹中,更新其依赖项以使用来自工具 4.0 版本的低层级资源。毕竟,我们希望所有资源都使用新的工具版本。

图 13.10 总结了上述策略——创建高层级资源、运行测试,并将流量转发到新资源。

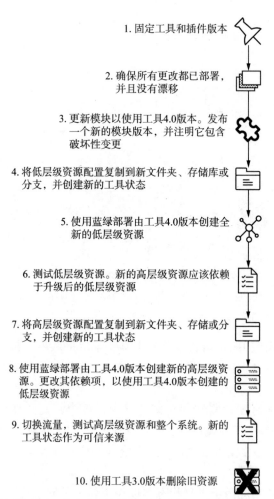

1. 固定工具和插件版本

2. 确保所有更改都已部署,并且没有漂移

3. 更新模块以使用工具4.0版本。发布一个新的模块版本,并注明它包含破坏性变更

4. 将低层级资源配置复制到新文件夹、存储库或分支,并创建新的工具状态

5. 使用蓝绿部署由工具4.0版本创建全新的低层级资源

6. 测试低层级资源。新的高层级资源应该依赖于升级后的低层级资源

7. 将高层级资源配置复制到新文件夹、存储或分支,并创建新的工具状态

8. 使用蓝绿部署由工具4.0版本创建新的高层级资源。更改其依赖项,以使用工具4.0版本创建的低层级资源

9. 切换流量,测试高层级资源和整个系统。新的工具状态作为可信来源

10. 使用工具3.0版本删除旧资源

图 13.10 对于破坏性变更,考虑在不同的状态下创建一个全新资源,并将流量切换到包含工具最新版本的资源

这种方法与第 9 章中的蓝绿部署有所不同。当创建了一组新资源和全新的工

具状态时，如果依赖关系是松耦合的，那么子集资源可以使用不同的工具版本而不影响系统功能。

记住，可以使用不同的存储库结构(第 5 章)和分支模型(第 7 章)来处理 IaC。根据存储库结构和分支模型，我们可以以不同的方式隔离工具状态。我们可以通过合并一个新分支，并更改其流水线以部署基础设施，或将单独的文件夹复制到存储库的主干配置中。

如果你所在的组织对交付流水线有严谨且固定的使用方法，并仅允许在主干分支上部署生产环境，则可以为工具升级创建一个新的存储库并归档旧存储库。

如果可以全面地模拟运行并测试变更，则可以使用原地升级方式。如果失败，则使用升级的工具在新工具状态下创建全新资源。如果不确定是否可行，请参考工具的升级文档。作为一般的用法，如果该工具提供某种迁移工具或脚本来简化更新，我将尝试进行原地升级。

13.3　工具替换

我会尽可能确保本书与工具无关，并提供具体的示例来演示模式和实践。我意识到我或许需要对本书进行更新，用最新最好的技术替换所有的工具。当落地一段时间的 IaC 后，我们不可避免地会更换工具以提升功能性或供应商支持。当迁移到新工具时，应该使用哪些模式呢？

本书中的许多模式和实践都有助于使我们的系统免受这些工具变化的影响。比如，可使用第 3 章中的模式确定基础设施的范围并进行模块化，使用第 4 章中的模式进行依赖解耦，使得团队使用适合其用例的工具，并在需要时进行替换。如果你没有采用这些模式，迁移到新工具时可能会遇到一些困难。

假设你已经完成了社交媒体公司的 IaC 工具升级。当你想要休息一下时，网络团队成员向你寻求帮助，他们想从商用的 DSL 转换到开源的 DSL。他们的配置需要社交媒体 Feed 团队进行额外的评审，而该团队对这个供应商一无所知。

经过研究你找不到一个商用或开源脚本来开展简单的迁移。你们希望有一个可以将商用的 DSL 翻译成开源 DSL 的工具，如果没有这个工具，你和网络团队就需要小心地进行迁移。

13.3.1　新工具支持导入

在工具之间进行"转换"时，你无法找到自动化的方式。但是，我们可以应用本书中的模式来跨工具进行迁移。一些工具支持导入功能，它会向工具状态中添加新的资源。我们可以使用第 2 章中的实践将现有资源迁移到新的工具。

在图 13.11 中，我们升级模块以使用新的开源 DSL。并且更新了模块的测试，以便让测试通过。首先，我们识别一些可以更改的低层级资源，并创建一个单独的文件夹、分支或存储库，用来将新的 DSL 与供应商 DSL 隔离开来。在编写新 DSL 的配置之后，将现有资源导入新 DSL 的状态中。

再次，我们需要重写测试以测试开源 DSL 中的新语法。测试通过后，继续编写配置并导入高层级资源。最后，删除 IaC。

在使用开源 DSL 编写新的 IaC 的每个环节中，都需要检查模拟运行并重写测试。模拟运行显示新工具的默认值是否与现有状态匹配。如果它们不匹配，则需要更新这个新的 IaC 并修复漂移。

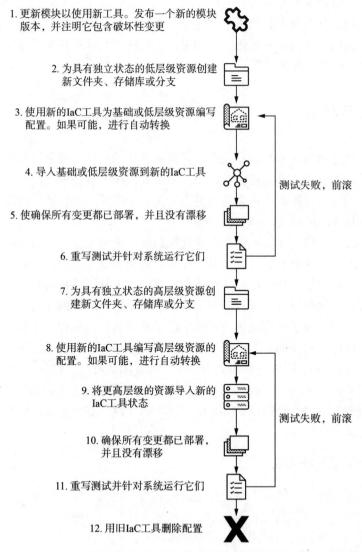

1. 更新模块以使用新工具。发布一个新的模块版本，并注明它包含破坏性变更

2. 为具有独立状态的低层级资源创建新文件夹、存储库或分支

3. 使用新的 IaC 工具为基础或低层级资源编写配置。如果可能，进行自动转换

4. 导入基础或低层级资源到新的 IaC 工具

测试失败，前滚

5. 使确保所有变更都已部署，并且没有漂移

6. 重写测试并针对系统运行它们

7. 为具有独立状态的高层级资源创建新文件夹、存储库或分支

8. 使用新的 IaC 工具编写高层级资源的配置。如果可能，进行自动转换

9. 将更高层级的资源导入新的 IaC 工具状态

测试失败，前滚

10. 确保所有变更都已部署，并且没有漂移

11. 重写测试并针对系统运行它们

12. 用旧 IaC 工具删除配置

图 13.11 支持导入资源的新工具允许你在不改变现有资源的情况下进行迁移

13.3.2 不支持导入能力

有些工具不支持导入现有资源，因此你需要为新工具创建新资源。假设网络团队要求你帮助他们从一家商用 DSL 转换为另一个商用 DSL。但新的商用 DSL 不允许将现有资源导入它的状态中。

如果新工具不支持导入现有资源，则需要使用蓝绿部署策略为工具状态创建新的资源。如图 13.12 所示，我们首先为低层级资源编写新的 IaC，并为新工具重构测试。随着不断重复此过程并完成高层级资源的迁移，最终切换流量并测试整个系统。

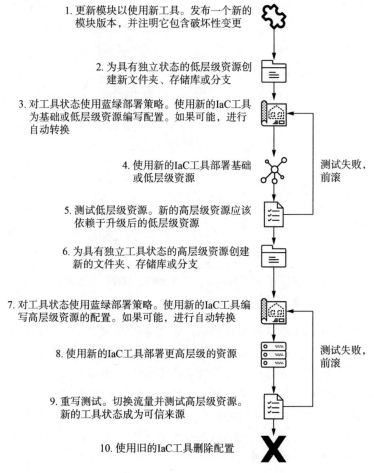

图 13.12　无法导入资源的新工具需要使用蓝绿部署策略进行工具迁移

不论是否具有导入功能，工具迁移的模式始终都保持一致。但是，没有导入功能的迁移需要更多的工作，因为需要重新创建系统。即使有一个神奇的脚本可以从一个工具迁移到另一个工具，我们可能也需要考虑应用一些模式和实践，以避免破坏关键基础设施资源，如网络。

替换或添加工具到基础设施生态系统中是不可避免的，因为你的组织会选择符合其架构目标的工具。应用模块化、隔离和管理 IaC 的技术将适应 IaC 的演进。而我总是会回顾这些实践和模式，以使得基础设施、IaC、模块、工具能有组织地进行变更，并减少它们对关键系统潜在影响。

无论工具是否具有导入功能，都需要为每个重构的资源重写测试。如图 13.13 所示，我们必须为每个模块和资源子集重构单元和契约测试，而端到端和集成测试则有可能保持不变。

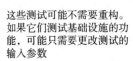
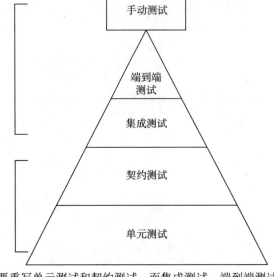

图 13.13   当升级工具时，需要重写单元测试和契约测试，而集成测试、端到端测试和
手动测试可能基本保持不变

新工具将影响单元测试和契约测试，因为该工具使用不同的状态和元数据格式，原有测试可能无法从新工具中解析正确的信息。集成测试和端到端测试可能保持不变，因为它们评估基础设施的功能而不是工具本身。

测试的重构将允许我们添加更多的测试、删除冗余的测试或更新至更广泛的安全或策略测试。由于存在不同的资源，我们应该使用新的输入参数更新手动、集成和端到端测试。但是，这些测试本身不会发生太大变化，因为它们测试的是系统功能，而不是基础设施属性。

13.4   事件驱动的 IaC

本书大部分内容涵盖了协作编写 IaC 的实践，以减少关键系统故障的潜在影响。一旦我们熟悉了这些原则和实践，就可以将它们扩展到更多的动态用例中。

例如，某个开发团队希望在其 IaC 中实现非常动态的自动化。每当开发团队成员部署一个应用程序实例时，他们需要更新防火墙规则，以允许该实例访问数据库。他们希望有一些自动化，在应用程序实例启动后运行基础设施模块以配置防火墙规则，而不是推送新的实例后，人为地记住在稍后需要更新防火墙规则。

图 13.14 展示了实施的自动化。部署一个新的应用程序并获得一个新的 IP 地址，一个自动化脚本捕获新的 IP 地址并运行一些 IaC。该配置使用新的 IP 地址更新防火墙，每次部署新的应用程序时，这个自动化过程就会重复。

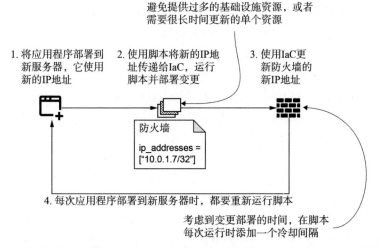

图 13.14　当应用实例获得新的 IP 地址时，基础设施模块将使用该新 IP 地址更新防火墙规则

可以考虑在系统发生变化时自动运行基础设施模块。事件驱动的 IaC 意味着运行最小范围的基础设施模块来配置基础设施以响应事件。我们可以使用自动化来更新其他资源或根据事件来修复系统。

定义　事件驱动的基础设施即代码(Event-driven IaC)是指针对某一事件运行一个最小化范围的基础设施模块，以响应该事件并进行基础设施的配置。

更新应用程序等同于一个事件。在某个脚本、应用程序或自动化程序检测到事件后，会通过运行一个基础设施模块来更新基础设施进行响应。我们可以编写自己的代码，也可以找到开源工具来识别和响应事件。一些现实中的自动化程序可以用来检测和响应事件，包括 Kubernetes 的 Operator、无服务器函数或使用事件队列的应用程序。

这不是 GitOps 吗？

在第 7 章中，我们提到本书中的许多实践和模式都倾向于 GitOps。GitOps 结合了声明式配置、漂移检测、版本控制和持续部署，这种方法实现了事件驱动的

IaC。我认为 GitOps 是事件驱动 IaC 的子集，因为其自动化响应了配置漂移中的事件。

如果 GitOps 框架检测到漂移，那么它运行自动化来调整配置。例如，容器编排工具 Kubernetes 使用控制器自动协调声明式配置和资源状态。但是，事件驱动的 IaC 描绘的是由更广泛的事件来自动化的 IaC，而不仅仅是针对漂移。

事件驱动 IaC 的用例在动态的服务和应用程序中变得更加普遍。如果使用事件驱动的 IaC，请记住以下几点：

- 避免需要很长时间来创建或配置的基础设施资源。我们不希望引入需要一个小时才能创建好的基础设施资源。
- 不要在事件驱动模块中添加过多的资源。否则我们将需要很长的时间来创建诸多实例。
- 模块运行时间与事件间隔时间应保相对平衡。
- 将第 2 章的模块实践与第 6 章的测试模式相结合，以验证事件驱动的 IaC 能够快速且正确地运行。

有些事件的发生频率很高。我们需要部署速度更快的基础设施，或者编写一个自动化脚本以指定的间隔时间批量更改。我们应该选择最小的基础设施资源子集来布置事件驱动的 IaC。

从基于代码提交的静态 IaC 到基于事件运行的动态 IaC，我们应用相同的模式、实践和原则来管理和协作。我们的目标、团队的要求以及组织的业务会随着时间的推移而发展和变化，希望你的 IaC 实践也会随之提升。请时刻记住测试策略、基础设施的成本，以及安全性和合规性维护。

13.5　本章小结

- 在组织中采用开源工具或模块之前，请先评审其功能性、安全性和生命周期。
- 开源工具或模块应该具有默认的值或行为以提供变更的可预测性和稳定性。否则，需要编写一层代码来添加组织内置的默认属性。
- 通过扫描基础设施工具或模块的安全性、检查第三方数据收集以及运行安全性和合规性测试，可保护基础设施免受供应链攻击。
- 工具或模块的维护人员类型、数量以及许可证也会影响组织的使用。
- 开源的工具和模块可以有两种许可证类别：宽松许可和公共版权。
- 宽松许可证允许修改和更新模块或工具，只要我们包含许可证副本和其原始版权声明。
- 公共版权许可证允许修改和更新模块或工具，只要我们包含许可证副本、其原始版权声明并公开发布我们的副本。

- 在升级 IaC 工具之前，应解耦基础设施依赖项并固定模块、插件和工具的版本。
- 通过可变地重构高层级资源和逐步处理低层级资源，可以开始以向后兼容的方式更新工具。
- 工具状态的蓝绿部署策略意味着创建一个与现有配置隔离的新基础设施资源集。
- 工具状态是指 IaC 工具使用的基础设施状态副本，它被用来检测漂移或资源的状态是否符合其管理要求。
- 通过将蓝绿部署策略应用于工具状态，从低级开始到高层级资源，可实现对具有破坏性变更的工具进行更新。
- 当用一个工具替换另一工具时，可使用新工具的导入功能将现有资源迁移到新工具。从低层级资源开始应用到高层级资源，然后删除旧工具的配置。
- 如果新工具没有现有基础设施资源的导入功能，则需要为工具状态应用蓝绿部署策略。
- 事件驱动的 IaC 运行一个最小的 IaC 模块来响应系统事件，从而自动化基础设施的变更。
- 应确保用尽可能少的资源快速部署事件驱动的 IaC 模块。

示例运行说明

运行本书的示例代码时，要先用 Python 生成 JSON 配置文件，再用 HashiCorp Terraform 运行所生成的文件。本附录提供了运行示例的指导。为什么要有这样的两个手动步骤呢？

首先，我希望让所有想运行示例代码的人，包括那些不能使用 Google 云平台 (GCP)的人，都能有机会进一步检视这些配置。这样就让"本机"开发、测试验证工作成为可能，你也可根据需要实际创建这些基础设施资源。

其次，JSON 文件的内容十分冗长，作为示例代码过于累赘。以 Python 作为包装，就可以专注于讲解各个模式的例子，而不会迷失在繁复的 JSON 配置中。在 Terraform JSON 格式之上套一层 Python 代码，可以让代码拥有更好的适配能力。这样，如果要使用其他工具，就不必完全重写这些例子。

定义 书中所引用的链接、类库和工具的语法可能会发生变化。若要获取最新的代码，网址见链接[1]。

图 A.1 回顾了运行示例代码的工作流程。通过运行 python main.py，可以生成一个以.tf.json 为后缀的 JSON 文件。从命令行运行 terraform init 完成工具的初始化之后，再运行 terraform apply 就可以启动对应资源的制备过程。

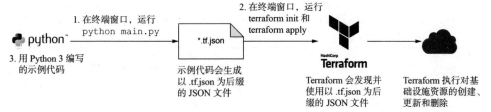

图 A.1 用 Python 语言编写的示例代码生成 JSON 文件，并用 Terraform 运行该文件

下面先简要讨论如何创建各种云厂商的账户。接着，会以基础设施 API 的访

问与测试过程为例介绍 Python 和书中示例所引用的类库。最后，会简要解释一下如何使用 Terraform 与 GCP。

A.1 云厂商

书中的示例使用 GCP 作为云厂商。如果你希望使用其他云服务提供商，本书在很多示例附近提供了附注，说明了可用于实现类似效果的替代做法。表 A.1 列出了各种资源类型在 GCP、Amazon Web Services(AWS)，以及 Microsoft Azure 之间的近似对应关系。

表 A.1　云服务提供商之间的资源对应关系

资源	GCP	AWS	Azure
资源分组	Google项目	AWS账号	Azure订阅及资源组
身份与访问控制(IAM)	Google IAM	AWS IAM	Azure活动目录
Linux 服务器(Ubuntu)	Google计算实例	AWS EC2实例	Azure Linux虚拟机
网络	Google虚拟专有云(VPC) 子网 注意：不支持默认网络	AWS虚拟专有云(VPC) 子网 路由表 网关 注意：不支持默认网络	Azure虚拟网络 子网 路由表关联关系
防火墙规则	防火墙规则	安全组 网络访问控制列表	网络安全组
负载均衡	Google计算转发规则(L4) HTTP(S)负载均衡(L7)	AWS弹性负载均衡(ELB)(L4) AWS应用负载均衡(L7)	Azure负载均衡(L4) Azure应用网关(L7)
关系型数据库(PostgreSQL)	Google云SQL	亚马逊关系型数据库服务(RDS)	Azure数据库PostgreSQL版
容器编排工具(Kubernetes)	Google Kubernetes引擎(GKE)	AWS弹性Kubernetes服务(EKS)	Azure Kubernetes服务(AKS)

在这一节，我会概要地介绍各个云服务提供商的初始配置步骤，你可根据实际有选择地阅读。

A.1.1　GCP

开始使用 GCP 时，要创建一个新的项目(网址见链接[2])，并用这个项目运行

书中所有的例子。这样你就可以在完成本书的学习后，整体删除这个项目以及对
应的资源。

　　接着，安装 gcloud 命令行工具(网址见链接[3])，借助这一工具完成登录后，
Terraform 才能访问 GCP API：

```
$ gcloud auth application-default login
```

　　这一过程会在本机配置凭据，然后 Terraform 才能与 GCP 通信((网址见链接[4])。

A.1.2　AWS

　　开始使用AWS 时，要创建一个新的账户(网址见链接[5])，在这个账户下运行
书中所有的例子。这样你就可以在完成本书的学习后，整体删除这个账户以及对
应的资源。

　　接着，打开AWS 控制台，创建一组访问令牌(网址见链接[6])，你需要保存好
这些令牌信息，Terraform 才能访问 AWS API。

　　复制访问令牌的标识和密钥信息，并存储到环境变量中：

```
$ export AWS_ACCESS_KEY_ID="<Access key ID>"
$ export AWS_SECRET_ACCESS_KEY="<Secret access ID>"
```

　　接着，配置要使用的 AWS 地域：

```
$ export AWS_REGION="us-east-1"
```

　　通过上面的过程就能完成本机凭据的配置，这样，Terraform 就可以与 AWS
通信(网址见链接[7])。

A.1.3　Microsoft Azure

　　开始使用Azure时，要创建一个新的账户(网址见链接[8])。创建账户会自动创
建一个订阅。有了订阅，我们就可以用它创建资源，并使用资源组对资源进行分
组。完成本书的学习之后，可以整体删除这个资源组。

　　接着，安装 Azure 命令行工具(网址见链接[9])。借助这一工具完成登录后，
Terraform 才能访问 Azure API。

　　登录到 Azure 命令行工具：

```
$ az login
```

　　列出所有订阅，并从中获取默认订阅的标识：

```
$ az account list
```

　　复制其中的订阅标识，并存储到环境变量中：

```
$ export ARM_SUBSCRIPTION_ID="<subscription ID>"
```

这样就完成了本机凭据的配置，然后，Terraform 就可以与 Azure 通信(网址见链接[10])。建议为书中每个例子都创建单独的 Azure 资源组(网址见链接[11])。之后可通过删除资源组来删除其中所有的基础设施资源。

A.2　Python

一定要先下载 Python，才能运行书中的示例代码。书中的代码清单使用的是 Python 3。Python 的安装方法有很多，例如，可以用你日常顺手的包管理器，也可以从 Python 的下载页(网址见链接[12]获取。我平常比较喜欢用 pyenv(网址见链接[13])来帮我下载并管理 Python 的版本。pyenv 支持我们按需选择 Python 版本，然后它会利用 Python 的 venv 库(网址见链接[14])把选择的版本安装到一个虚拟的环境中。

之所以要用到虚拟环境，是因为我平常项目很多，它们需要的 Python 版本各不相同。在同一套环境里针对各个项目安装不同版本的 Python 不光引发混乱，还常常破坏代码的运行。最终，我选择为每个项目维护一个开发环境，在其中配置对应的依赖与 Python 版本。

A.2.1　安装 Python 类库

在开发环境，或虚拟环境里装好 Python 之后，还需要安装一些外部类库。代码清单 A.1 所示的是一些类库与依赖，来自项目的 requirements.txt 文件，这个文本文件的作用是列举项目所需的外部包及版本号。

代码清单 A.1　本书的 Python 项目的 requirements.txt 文件列举的类库

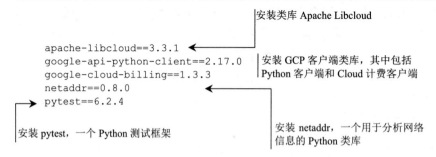

示例代码仓库的 requirements.txt 对类库的版本进行了固定。在你的开发环境，请使用 CLI 工具 pip 来安装这些类库，pip 是 Python 的包安装器：

```
pip install -r requirements.txt
```

有些例子需要比较复杂的自动化和验证过程。它们引用的一些类库需要单独导入。下面我们详细了解这些类库的下载方法。

Apache Libcloud

Apache Libcloud(网址见链接[15])以 Python 接口的方式提供了云资源的创建、更新、读取和删除能力。它以统一的接口封装了不同云服务提供商的操作方法。本书一开始的集成测试和端到端测试里,有用到这一类库。在代码清单 A.2 里,使用 Apache Libcloud 时,需要导入 libcloud 包,并配置用于连接 GCP 的驱动程序。

代码清单 A.2　导入 Apache Libcloud

导入用于初始化特定云厂商驱动的函数

导入用于配置云厂商的对象,如 GCP

```
from libcloud.compute.types import Provider
from libcloud.compute.providers import get_driver

ComputeEngine = get_driver(Provider.GCE)
driver = ComputeEngine(
  credentials.GOOGLE_SERVICE_ACCOUNT,
  credentials.GOOGLE_SERVICE_ACCOUNT_FILE,
  project=credentials.GOOGLE_PROJECT,
  datacenter=credentials.GOOGLE_REGION)
```

配置用于连接 Google 云的驱动

传入凭据,才能连接 Google 云 API,从而完成驱动的初始化

我之所以在测试里使用 Apache Libcloud,而没有采用 Google 云的客户端类库,是因为它能为访问各类云服务提供商提供一套统一的 API。如果要把示例程序改为使用 AWS 或是 Azure,就只要换成对应云服务提供商的驱动即可。Apache Libcloud 相关的测试只是从云服务提供商处读取一些信息,并不会运行什么复杂的操作。

AWS 和 Azure 等效用法说明

要把 Apache Libcloud 驱动改为 Amazon EC2 驱动(网址见链接[16])或 Azure ARM 计算服务驱动(网址见链接[17])。

Google 云 Python 客户端

书中后面的 IaC 和验证流程比较复杂,就没法用 Apache Libcloud 来实现了。在我们的场景里,如果用 Apache Libcloud 操作 Google 云资源,就无法支持查询一些必要的信息,如价格。代码清单 A.3 展示了在这些场景里,使用 Google 云特有客户端的过程:

代码清单 A.3　导入 Google 云客户端类库

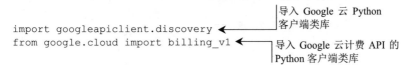

导入 Google 云 Python 客户端类库

```
import googleapiclient.discovery
from google.cloud import billing_v1
```

导入 Google 云计费 API 的 Python 客户端类库

AWS 和 Azure 等效用法说明

在示例中操作 AWS 或 Azure 时，要导入 Python 版本的 AWSSDK(网址见链接[18])或 Azure 的 Python 类库(网址见链接[19])。

我在示例代码中用到了两个由 Google 云维护的类库。其中，Google 云 Python 客户端类库(网址见链接[20])，提供了利用各类 Google 云 API 进行资源的创建、读取、变更和删除的功能。但是它不包括 Google 云的计费 API 的功能。

因此，在第 12 章讨论到成本时，我又导入了另一个由 Google 云维护的类库，才查询到费用账单信息。Google 云计费 API 的 Python 客户端类库(网址见链接[21])提供了访问 Google 服务目录的功能。

如果 IaC 内容要引用的某些资源或 API，正好 Apache Libcloud 这类"标准化 API"没有提供，此时就要找找其他能查询这些信息的类库了。我们当然希望依赖项要尽量的少，但也不得不接受不存在一个类库能解决所有场景需求的现实。如果发现当前的类库无法满足自动化过程的需求，就有必要添加其他类库了。

netaddr

第 5 章涉及 IP 地址段的修改。虽然我开玩笑说可以用数学公式直接计算获得正确的地址，但我还是决定要用一个类库。Python 内置的 ipaddress 类库并没有提供我需要的功能。于是，我就安装了 netaddr(网址见链接[22])，这样就减少了用于计算 IP 地址的额外代码。

pytest

本书大量的测试中都用到了 pytest，它是一个 Python 的测试框架。Python 的 unittest 模块也可用于编写和运行测试。用 pytest 编写和运行测试时，使用的接口极为简便，不涉及额外的复杂测试功能，所以我更喜欢用 pytest。我不打算深入介绍 pytest，下面简要介绍几个我在测试中用到的功能，以及运行方法。

pytest 会搜索以 test_开头的 Python 文件。这样的文件名就表示其中包含 Python 测试，其中的测试方法，也以 test_开头命名。pytest 根据这些前缀来查找和运行测试。

书中不少测试都包含测试预置功能。测试预置捕捉一个已知的对象，如名称或常量，你可以用它来跨多个测试进行比较。在代码清单 A.4 中，我就用到了预置，在多个测试之间传递公用的、都要处理的对象，如网络属性。

代码清单 A.4 pytest 的用法示例

```
import pytest          ←———— 导入 pytest 类库

@pytest.fixturedef network():  ←┐ 以测试预置的方式
                                 └ 设置一个已知对象
```

```
    return 'my-network'
```

返回预置的网络名称
"my-network"，并传
入第一个测试

```
def test_configuration_for_network_name(network):
    assert network == 'my-network', 'Network name does not match expected'
```

断言网络名称与预期匹配，如果不匹配则测试失
败。我们还可以声明一个描述性的错误消息

测试最重要的部分是要验证实际值与预期值匹配，这个过程称为断言。pytest
建议每个测试只包含一个 assert 断言语句。由于这样能让代码更具描述性、更有用，
所以我也遵循这个惯例。你的测试应该尽可能地描述其意图和测试的目标。

在 pytest 中，如果要批量运行测试，就需要传入测试所在的目录。不过，传
入的目录要能涵盖 pytest 需要读取的所有文件的绝对路径。例如，第 4 章的测
试需要读取外部 JSON 文件。于是，我们就要把工作目录切换到对应的章节：

```
$ cd ch05/s02
```

通过在 pytest CLI 传入点(.)，可以运行当前目录所有的测试：

```
$ pytest .
```

给 pytest CLI 传入文件名，可以运行单个文件：

```
$ pytest test_network.py
```

书中的测试大多都是用这样的方式使用测试预置和 assert 语句的。有关 pytest
其他功能的详细信息，请查阅它的文档(网址见链接[23])。运行示例测试的时候，
既可以用 pytest 也可以用 python main.py CLI 命令。

A.2.2　运行 Python

我用单独的文件存放每一种基础设施资源。类似于代码清单 A.5，每个目录
都包含 main.py 文件。这个文件都包含用于将 Python 字典写入 JSON 文件的代码，
这一文件要使用基础设施资源的 Terraform JSON 配置语法。

代码清单 A.5　将目录输出为 JSON 文件的 main.py 文件示例

```
import json

if __name__ == "__main__":
    server = ServerFactoryModule(name='hello-world')
    with open('main.tf.json', 'w') as outfile:
        json.dump(server.resources, outfile, sort_keys=True, indent=4)
```

为 GCP 服务器生成
一个目录

把服务器字典输出到
JSON 文件中

以"main.tf.json"为名创建 JSON 文件，
内容是 Terraform 的 JSON 兼容配置

从终端运行 Python 脚本的方法为：

```
$ python main.py
```

此时如果列出文件，就可以看到新生成的 JSON 文件 main.tf.json：

```
$ ls
main.py    main.tf.json
```

书里的例子一般都要求用 Python 运行 main.py 来生成 JSON 文件 main.tf.json，除非另有说明。不过，还有些例子在自动化和测试的过程中，用到了一些额外的类库。

A.3　HashiCorp Terraform

用 python main.py 生成 main.tf.json 文件之后，就需要到 GCP 上创建对应的资源了。对于.tf.json 类型的文件，创建、读取、变更和删除 GCP 资源是通过 HashiCorp Terraform 实现的。

我们可以用自己习惯的包管理工具下载和安装 Terraform(网址见链接[24])。通过输入一系列 CLI 命令下载对应二进制文件后，还要确保可通过终端启动运行。Terraform 会在文件目录里搜索以.tf 和.tf.json 作为扩展名的文件，并根据文件的内容执行资源的创建、读取、变更和删除。

A.3.1　JSON 配置语法

Teffaform 支持多种创建基础设施资源的方式。官方文档通常用的是 HashiCorp 配置语言(HCL)格式，HCL 是一种用于为各云服务提供商定义基础设施资源的特定领域语言(DSL)。有关 Terraform 的更多信息，网址见链接[25]。

本书的示例并没有使用 HCL，而是使用了 Terraform 专用的 JSON 配置语法(网址见链接[26])。这种语法使用与 HCL 相同的 DSL，只是格式上是以 JSON 呈现的。

Python 文件 main.py 用于将目录输出为 JSON 文件。代码清单 A.6 展示了我如何创建一个字典，用 JSON 配置语法定义一个 Terraform 资源。这个 JSON 资源引用由 Terraform 定义的 google_compute_instance 资源(网址见链接[27])，并设置所有必填属性。

代码清单 4.6　以 Terraform JSON 描述服务器的 Python 字典

```
JSON                              告诉 Terraform，此        声明一个 "google_compute_instance"
terraform_json = {                处定义资源列表          实例，它是一种 Terraform 资源，用
  'resource': [{  ◄────                                  于在 GCP 上创建和配置服务器
    'google_compute_instance': [{  ◄────
```

```
'my_server': [{
  'allow_stopping_for_update': True
  'boot_disk': [{
    'initialize_params': [{
        'image': 'ubuntu-1804-lts'
    }]}],
  'machine_type': 'e2-micro',
  'name': 'my-server',
  'zone': 'us-central1-a',}]}]}]}
```

为服务器定义唯一标识符，
以便 Terraform 可以跟踪它

AWS 和 Azure 等效用法说明

使用 AWS 时，要把 Terraform 资源换成 aws_instance，并使用默认 VPC(网址见链接[28])。使用 Azure 时，需要先创建虚拟网络和子网。然后，在网络上创建 Terraform 资源 azurerm_linux_virtual_machine(网址见链接[29])。

当你将 Python 字典写入 JSON 文件时，它就变成了 Terraform 的 JSON 配置语法。Terraform 只会从当前目录查找.tf 和.tf.json 作为扩展名的文件，并创建其中的资源。如果修改代码，将配置写入一个扩展名不是.tf.json 的 JSON 文件，Terraform 就不会识别文件中的资源。

A.3.2 状态初始化

通过运行 Python 并创建 JSON 文件后，还要在当前工作目录中初始化 Terraform。图 A.2 简要描述了用于状态初始化，以及执行基础设施变更所需要运行的终端命令。

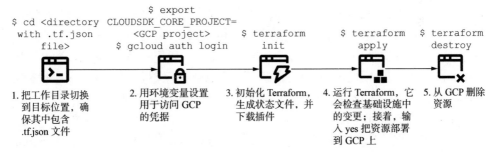

图 A.2 初始化 Terraform 并用它部署工作目录中的资源。最后在示例完成时，销毁这些资源

在终端中，把工作目录切换到一个包含.tf.json 文件的目录。例如，我把目录切换到 2.3 小节的示例所在的位置：

```
cd ch02/s03
```

在终端中，初始化 Terraform：

```
$ terraform init

Initializing the backend...

Initializing provider plugins...
- Reusing previous version of hashicorp/google from the dependency lock file
- Using previously-installed hashicorp/google v3.86.0

Terraform has been successfully initialized!

You may now begin working with Terraform. Try running "terraform plan"
➥to see any changes that are required for your infrastructure.
➥All Terraform commands should now work.

If you ever set or change modules or backend configuration
➥for Terraform, rerun this command to reinitialize
➥your working directory. If you forget, other
➥commands will detect it and remind you to do so if necessary.
```

　　Terraform 运行初始化步骤，创建一个名为 backend 的工具状态，然后完成插件和模块的安装。请不要从磁盘上删除初始化过程中生成的一系列文件。在初始化之后，如果显示目录的内容，就能看到新生成了几个隐藏文件：

```
$ ls -al
drwxr-xr-x  .terraform
-rw-r--r--  .terraform.lock.hcl
-rw-r--r--  main.py
-rw-r--r--  main.tf.json
-rw-r--r--  terraform.tfstate
-rw-r--r--  terraform.tfstate.backup
```

　　为了快速对我们在基础设施资源上做出的变更进行对比分析，Terraform 以单独的状态文件存储它自身的工具状态。Terraform 支持从本地文件、远程服务器、制品仓库、对象存储，以及各种其他方式引用状态文件。我们的示例都把工具状态存储在了本地文件中，文件名是 terraform.tfstate。如果不小心删除了这个文件，Terraform 就无法识别由它管理的资源了。所以要确保不要删除这个本地状态文件，否则就要改写示例，让它们使用远程的后端。我们注意到其中还有一个文件名为 terraform.tfstate.backup，它是 Terraform 在执行变更之前对工具状态文件的备份。

　　初始化过程还会安装用于支持 Terraform 与 Google 云通信的插件。Terraform 使用一个插件系统来拓展它的引擎，以及它与云服务提供商的接口。有些例子用的是 AWS，自动下载 AWS 插件时，使用的也是相同的 terraform init 命令。已下载的插件和模块，都存储在了.terraform 文件夹。

　　与 Python 的 requirements.txt 类似，Terraform 也会把用到的插件的版本号固定记录下来，.terraform.lock.hcl 文件记录了这些插件的版本信息。我把这些.terraform.lock.hcl 提交到了本书示例代码的仓库，所以 Terraform 会按照我编写这些示例时所验证的版本来安装插件。

A.3.3　在终端设置凭据

大多数 Terraform 插件都会从环境变量读取基础设施提供商的 API 凭据。所以，我设置好 GCP 项目相关的环境变量后，Terraform 就能连接到正确的 GCP 项目：

```
$ export CLOUDSDK_CORE_PROJECT=<your GCP project ID>
```

我也用命令行工具 gcloud 登录 GCP，它会自动设置 Terraform 访问 GCP 所需的凭据：

```
$ gcloud auth login
```

如果是其他云服务提供商，我建议以设置终端环境变量的方式登录 AWS 或 Azure 账户。请参阅 A.1 节了解具体配置方法。

A.3.4　执行 Terraform 变更

完成凭据的设置后，就可以使用 Terraform 进行基础设施资源的模拟运行和部署。启动终端，运行 terraform apply 可以启动对变更内容的部署：

```
$ terraform apply

Terraform used the selected providers to generate
➥the following execution plan. Resource actions
➥are indicated with the following symbols:
  + create

Terraform will perform the following actions:

 # google_compute_instance.hello-world will be created
 + resource "google_compute_instance" "hello-world" {

 ... OMITTED ...

Plan: 1 to add, 0 to change, 0 to destroy.

Do you want to perform these actions?
  Terraform will perform the actions described above.
  Only 'yes' will be accepted to approve.

  Enter a value:
```

命令输出到 Enter a value 后会暂停，等待用户输入 yes，以便用户仔细查看变更内容，确认资源的增加、修改或销毁操作正确无误。每次在输入 yes 之前，都要仔细检查变更内容！

输入 yes 后，Terraform 就会启动资源的部署操作：

```
Enter a value: yes

google_compute_instance.hello-world: Creating...
google_compute_instance.hello-world:
➥Still creating... [10s elapsed]
google_compute_instance.hello-world:
➥Creation complete after 15s [id=projects/infrastructure-as-code-book/zones
➥/us-central1-a/instances/hello-world]

Apply complete! Resources: 1 added, 0 changed, 0 destroyed.
```

运行 terraform apply 后，就可以在 GCP 项目看到这些资源了。

A.3.5 清理

不少示例中使用的资源名称和网络 CIDR 区段都有重复或重叠。我建议在章节的例子之间切换时，执行资源清理。Terraform 中用于从 GCP 删除 terraform.tfstate 所列资源的命令是 terraform destroy。打开终端，先登录到 GCP 或你的基础设施的厂商。

运行 terraform destroy 后，会输出将要销毁的资源清单。请仔细检查资源列表，确认它们确实应该删除！

```
$ terraform destroy


Terraform used the selected providers to generate
➥the following execution plan. Resource actions
➥are indicated with the following symbols:
 - destroy

Terraform will perform the following actions:

  # google_compute_instance.hello-world will be destroyed

 ... OMITTED ...

Plan: 0 to add, 0 to change, 1 to destroy.

Do you really want to destroy all resources?
  Terraform will destroy all your managed infrastructure,
  ➥as shown above.
  There is no undo. Only 'yes' will be accepted to confirm.

  Enter a value:
```

仔细检查期望删除的资源后，在命令提示处输入 yes，然后 Terraform 就会从 GCP 上删除这些资源。删除可能需要一些时间，可能预计会运行几分钟。在有些示例中，部署和销毁的过程可能需要更长时间，因为它们涉及的资源较多。

```
  Enter a value: yes

google_compute_instance.hello-world: Destroying... elapsed]
google_compute_instance.hello-world: Still destroying…
➥[id=projects/infrastructure-as-code-book/zones
➥/us-central1-a/instances/hello-world, 2m10s elapsed]
google_compute_instance.hello-world: Destruction complete after 2m24s

Destroy complete! Resources: 1 destroyed.
```

　　资源销毁后，如果需要，可以删除 terraform.tfstate、terraform.tfstate.backup 和.terraform 这些文件。每次完成一个例子的练习，别忘了从 GCP 上删除资源(或者整个项目)，从而减少一些云浪费。

附录 ***B***

练习题答案

练习题 1.1

请从你所在的组织选择一个基础设施脚本或配置，评估它是否遵循 IaC 的原则。它是否促进了可重建性，使用了幂等性，有助于可组合性和简化可演进性？

答案：

可以使用以下步骤来判定你的配置脚本是否遵循 IaC 原则：

- 可重建性——复制并粘贴脚本或配置，与其他人共享，并且他们可以在不修改或变更配置的情况下创建资源。
- 幂等性——多次运行该脚本，它不应该改变你的基础设施。
- 可组合性——复制配置的一部分，并将其构建在其他基础设施资源之上。
- 可演进性——向配置添加新的基础设施资源，并验证你可以在不受影响的情况下进行变更。

练习题 2.1

下面的基础设施配置代码使用的是命令式还是声明式风格？

```
if __name__ == "__main__":
    update_packages()
    read_ssh_keys()
    update_users()
    if enable_secure_configuration:
        update_ip_tables()
```

答案：

该代码片段使用命令式网格来配置基础设施。它定义了如何按照特定的顺序逐步配置服务器，而不是声明一个特定的目标配置。

练习题 2.2

不可变性有助于改善下列哪些变更？(多选)

A. 网络缩容，减少可用 IP 地址数

B. 向关系型数据库添加新的列

C. 向现有的 DNS 记录增加新的 IP 地址

D. 更新服务器上的软件包，更新至向后不兼容版本

E. 将基础设施资源迁移到另一个区域

答案：

正确答案是 A、D 和 E。每个更改都受益于在执行变更时，产生一组新的资源。如果你尝试在适当的地方进行更改，可能会意外地导致现有系统的崩溃。例如，减少网络中的可用 IP 地址数，可能会移除使用该网络的所有资源。

将包更新到向后不兼容的版本，这意味着包更新失败可能会影响服务器处理用户请求的能力。将基础设施资源迁移到另一个区域则需要时间，并非所有云服务商的区域都支持所有类型的资源。创建新资源有助于缓解迁移带来的问题，你可以在不影响系统的情况下对答案 B 和 C 进行可变更改。

练习题 3.1

以下 IaC 适用于哪些模块模式？(多选)

```
if __name__ == "__main__":
 nvironment = 'development'
 name = f'{environment}-hello-world'
 cidr_block = '10.0.0.0/16'

 # NetworkModule.returns a subnet and network
 network = NetworkModule(name, cidr_block)

 # Tags returns a default list of tags
 tags = TagsModule()

 # ServerModule returns a single server
 server = ServerModule(name, network, tags)
```

A. 工厂模式

B. 单例模式

C. 原型模式

D. 生成器模式

E. 组合模式

答案：

该基础设施即代码适用于 A、C、E 模式。网络模块采用组合模式组成子网和网络，标记模块使用原型模式返回状态元数据，服务器模块使用工厂模式根据名称、网络和标记返回单个服务器。

该代码没有使用单例模式或生成器模式，因为它没有创建单一的全局资源或

内部逻辑来构建特定的资源。

练习题 4.1

如何通过下面的 IaC 更好地解耦数据库对网络的依赖?

```
class Database:
  def __init__(self, name):
    spec = {
      'name': name,
      'settings': {
        'ip_configuration': {
          'private_network': 'default'
        }
      }
    }
```

A. 以上实现已经足够

B. 通过变量传递网络 ID,而不要硬编码为 default

C. 为所有网络属性实现一个 NetworkOutput 对象,并将这个对象传递给数据库模块

D. 在网络模块上增加一个函数,将网络 ID 推送到数据库模块

E. 向数据库模块添加一个函数,基于该默认的网络 ID 调用基础设施的 API

答案:

可以实现适配器模式来输出网络属性(选项 C)。由数据库选择它要使用的网络属性,如网络 ID 或 CIDR 地址段。这种方法最好地遵循了依赖注入的原则。虽然选项 D 实现了依赖倒置,但它没有实现控制反转。答案 E 确实实现了依赖注入,但硬编码网络 ID 的情况仍然存在。

练习题 6.1

你注意到一个新版本的负载均衡器模块破坏了 DNS 配置。你的同事更新了模块之后,打印输出的是私有 IP 地址而非公共 IP 地址。可以做些什么来帮助你的团队更好地记住模块需要输出公共 IP 地址?

A. 为私有 IP 地址创建单独的负载均衡器模块。

B. 增加模块的契约测试,以验证模块私有和公共 IP 地址的输出。

C. 更新模块的文档,注明它需要公共 IP 地址。

D. 在模块上运行集成测试,检查 IP 地址是否可公开访问。

答案:

我们可以添加一个契约测试,而非创建一个新的模块,这样就能够帮助团队记住高层级资源需要私有和公共 IP 地址(选项 B)。你可以创建一个单独的负载平衡模块(选项 A),然而它可能无法帮助团队记住特定的模块必须输出特定的变量。更新模块的文档(选项 C)意味着团队必须记得先阅读文档。当契约测试已经能够

充分解决问题时，就不再需要运行集成测试，避免不必要的时间花费和财务成本(选项 D)。

练习题 6.2

你添加了一些防火墙规则以允许应用程序访问新队列。以下哪种测试组合对团队中的此次变更最有价值?

A. 单元测试和集成测试

B. 契约测试和端到端测试

C. 契约测试和集成测试

D. 单元测试和端到端测试

答案:

两个最有价值的测试是单元测试和端到端测试(D 选项)。单元测试有助于确保不会有人删除新的规则，端到端测试检查应用程序是否可以成功访问队列。契约测试不会提供任何帮助，因为我们不需要测试防火墙规则的输入和输出。

练习题 7.1

在你的组织中为基础设施变更定义标准流程。为了有信心将变更持续地交付到生产中，你需要做些什么? 持续部署是否能够开展? 在你的交付流水线中为这两种方式勾勒出所有阶段的要点或草图。

答案:

当我们进行此练习题时，应考虑以下事项:

- 我们是否有单元测试、集成测试或者端到端测试?
- 我们使用什么样的分支模型?
- 公司是否有合规性要求? 例如，在投产前必须有两个人进行变更批准。
- 当有人需要执行变更时会发生什么?

练习题 9.1

考虑以下代码:

```
if __name__ == "__main__":
  network.build()
  queue.build(network)
  server.build(network, queue)
  load_balancer.build(server)
  dns.build(load_balancer)
```

该队列依赖网络，并且服务器依赖于网络和队列。如何以蓝绿部署的方式更新队列的 SSL 配置?

答案:

你可以创建一个启用了 SSL 的绿色队列。然后，创建一个依赖于该队列的新的绿色服务器。测试绿色服务器上的应用程序是否可以通过 SSL 配置访问队列。如果测试通过，可以将绿色服务器添加到负载均衡器中。使用金丝雀部署逐步通过绿色服务器处理流量，直到确认所有请求都成功。然后，删除原始服务器和队列。

也可以省略创建绿色服务器的步骤，将流量从原始服务器直接发送到 SSL。但是，这种方法可能不支持运行金丝雀部署，因为我们更新了服务器的配置从而直接与新队列进行通信。

练习题 10.1

对于下面的代码，你会使用什么顺序和资源分组来重构和分解这个单体？

```
if __name__ == "__main__":
  zones = ['us-west1-a', 'us-west1-b', 'us-west1-c']
  project.build()
  network.build(project)
  for zone in zones:
    subnet.build(project, network, zone)
  database.build(project, network)
  for zone in zones:
    server.build(project, network, zone)
  load_balancer.build(project, network)
  dns.build()
```

A. DNS，负载均衡器，服务器，数据库，网络+子网，项目
B. 负载均衡器+DNS，数据库，服务器，网络+子网，项目
C. 项目，网络+子网，服务器，数据库，负载均衡和 DNS
D. 数据库，负载均衡+DNS，服务器，网络+子网，项目

答案:

降低重构风险的顺序可以按类别从 DNS 开始，然后是负载均衡器、队列、数据库、服务器、网络和子网以及项目(选项 A)。我们从 DNS 开始，将其作为最高层的依赖项，并与负载均衡器分开来演进，因为负载均衡器需要项目和网络属性。应按服务器、数据库、网络和项目的方式重构下一个资源。

我们在重构数据库之前重构服务器，是因为服务器不直接管理数据，而是依赖于数据库。如果你对重构数据库没有信心，至少你已经将服务器从这个庞然大物中移出。你可以始终将数据库、网络和项目作为一个整体考虑。把这一大部分资源从单体中拆分出来，就让系统获得了足够支撑可伸缩的解耦条件。

练习题 11.1

团队报告其应用程序无法再连接到另一个应用程序。该应用程序上周工作正常，但自周一以来请求一直失败。该团队尚未对其应用程序进行任何变更，并怀疑问题可能出自防火墙规则。你可以采取哪些步骤来诊断问题?(多选)

A. 登录云服务提供商网址并检查应用程序的防火墙规则

B. 将新的基础设施和应用程序部署到绿色环境中进行测试

C. 检查应用程序的 IaC 变更

D. 对比云服务提供程商和 IaC 的防火墙规则

E. 编辑防火墙规则，允许应用程序之间的所有流量通过

答案:

步骤是 A、C 和 D。你可以通过检查防火墙规则中的各类漂移来排除故障。如果发现没有漂移，可以在应用程序的 IaC 中搜索其他的差异。从故障排除的角度看，这个问题可能不需要一个全新的环境来测试或允许应用程序之间的所有流量。

练习题 12.1

给定下面的代码，以下哪几项陈述是正确的?(多选)

```
HOURS_IN_MONTH = 730
MONTHLY_BUDGET = 5000
DATABASE_COST_PER_HOUR = 5
NUM_DATABASES = 2
BUFFER = 0.1


def test_monthly_budget_not_exceeded():
    total = HOURS_IN_MONTH * NUM_DATABASES * DATABASE_COST_PER_HOUR
    assert total < MONTHLY_BUDGET + MONTHLY_BUDGET * BUFFER
```

A. 测试将通过，因为数据库的成本在预算范围内。

B. 该测试会预估数据库的月度成本。

C. 该测试没有考虑不同的数据库类型。

D. 测试会计算每个数据库实例的月度成本。

E. 作为软强制策略，测试包含一个任意成本超支 10%的缓冲

答案:

答案是 B、C 和 E。数据库每月的预估总成本是 7300 美元，而每月预算有 10%的缓冲是 5500 美元，这意味着测试失败了。测试本身并没有考虑不同的数据库类型，也不计算每个数据库实例的月度成本。它根据每小时的费率和数据库的数量进行计算。在每月预算中添加 10%的缓冲将为预算创建一个软强制策略。一些小的变化会导致小的成本超支，这将减少交付至生产的摩擦，但需要标记任何重大的成本变化。

练习题 12.2

假设你有三台服务器，请检查它们的使用情况并注意以下事项:

● 流量低谷时，需要一台服务器

● 流量高峰时，需要三台服务器

● 服务器每周 7 天，每天 24 小时处理流量

你可以采取哪些措施来优化下个月的服务器成本?

A. 在周末将所有的资源都停止

B. 添加 autoscaling_policy 以基于内存进行自动扩缩容

C. 为所有服务器设置 3 小时的过期时间

D. 将服务器更改为 CPU 和内存更小的主机类型

E. 将应用程序迁移到容器，并在服务器上更密集地打包应用程序。

答案:

　　B 选项。你可以添加一个自动缩放策略。由于周末至少需要一台服务器，因此无法在周末执行将所有资源都停止的计划。在这种情况下，设置过期策略或缩小服务器规格对降低成本没有帮助。而将应用程序迁移到容器又涉及到一个长期的解决方案，它不会优化下个月的成本。